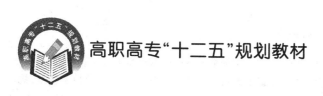

高职高专"十二五"规划教材

典型零件数控加工
（第 2 版）

主编　吴京霞　张　鹏

北京航空航天大学出版社

内 容 简 介

本书将培养学生的数控加工程序编制技能作为核心,以国家职业标准中级数控车工、铣工考核要求为基本依据,以工作过程为导向,典型零件为知识载体,详细介绍了数控加工工艺设计,FANUC数控系统车、铣、加工中心的编程指令,数控软件的仿真应用等。

全书共分三篇:第一篇 基础篇;第二篇 数控车床加工工艺及编程;第三篇 数控铣床及加工中心加工工艺及编程。第一篇通过两章介绍了数控加工的基础知识;第二篇通过7个源于企业的典型案例,由简单到复杂、由单一到综合地培养学生掌握数控车削零件加工工艺设计及程序的编制;第三篇包含了6个典型案例,每个项目由项目导入、相关知识、项目实施、小结、思考与习题等几部分组成,涵盖了数控镗铣床、加工中心常见的工艺问题处理方法及常用的编程指令。

本书可作为高等职业院校、高等专科院校、成人高校数控技术、模具设计与制造、机电一体化、机械制造及自动化等专业的教学用书,也可供有关技术人员、数控机床编程人员参考、培训之用。

图书在版编目(CIP)数据

典型零件数控加工 / 吴京霞,张鹏主编. -- 2版.
-- 北京 :北京航空航天大学出版社,2015.2
　　ISBN 978 - 7 - 5124 - 1681 - 9

　　Ⅰ. ①典… Ⅱ. ①吴… ②张… Ⅲ. ①机械元件-数控机床-加工-高等职业教育-教材 Ⅳ. ①TG659

中国版本图书馆CIP数据核字(2015)第024682号

典型零件数控加工
(第2版)
主编 吴京霞 张 鹏
责任编辑 罗晓莉
*
北京航空航天大学出版社出版发行

北京市海淀区学院路37号(邮编100191)　http://www.buaapress.com.cn
发行部电话:(010)82317024　传真:(010)82328026
读者信箱:goodtextbook@126.com　邮购电话:(010)82316936
北京兴华昌盛印刷有限公司印装　各地书店经销
*
开本:787×1092　1/16　印张:19.75　字数:506千字
2015年2月第2版　2015年2月第1次印刷　印数:3 000册
ISBN 978 - 7 - 5124 - 1681 - 9　定价:39.00元

前　言

数控加工作为一种先进的零件加工技术，在产品研制中得到了广泛的应用。零件的数控加工程序编制是数控加工设备操作工、数控工艺员、编程员的典型工作任务，是数控技术高技能人才必须掌握的技能，也是高职数控技术、机械、模具类专业中一门重要的骨干专业课。

本书以培养学生的数控加工工艺设计能力、训练数控加工程序编制技能为目标，详细介绍了数控加工工艺设计，数控车、镗铣类及加工中心的编程指令（FANUC 系统）。

本书以工作过程为导向，以企业常见典型零件结合教学需求提升后的案例为载体，采用项目教学的方式组织内容。每个项目由项目导入、相关知识、项目实施、思考与习题等几部分组成，由简单到复杂、由单一到综合，学生通过学习不仅能系统地掌握数控编程知识，而且能够掌握零件工艺性分析，完成零件数控加工工艺设计及程序的编制，达到中级数控车工、数控铣工、加工中心数控操作工的水平。

本书由四川航天职业技术学院吴京霞担任主编，周林、张卓娅主审，孙文珍、郭红霞、高春担任副主编。吴京霞负责全书的统稿和定稿工作，并编写了第一篇的第 1 章、第二篇的项目一和项目二、第三篇的项目六；郭红霞编写了第二篇的项目三和项目四；张卓娅参编了第二篇的项目五和项目七；周林编写了第二篇的项目六及第三篇的项目五；王舟编写了第三篇的项目一、项目二；孙文珍编写了第三篇的项目三、项目四；高春编写了第一篇的第 2 章及第二篇、第三篇的绪论部分；东山阳光中等职业技术学校张鹏老师参与了仿真部分的编写工作。

本书在编写过程中，得到了学院各级领导及企业技术人员的大力支持，参考了大量相关教科书、资料，在此一并表示衷心的感谢！

由于时间仓促，编者水平和经验有限，书中难免有欠妥和错误之处，恳请读者批评指正。

编　者
2014 年 7 月

目　　录

第一篇　基础篇

第二篇　数控车床加工工艺及编程

第三篇　数控铣床及加工中心加工工艺及编程

第一篇　基础篇

第1章　数控加工概论

【学习目标】

① 了解数控机床的产生和发展过程；

② 了解数控机床加工特点；

③ 掌握数控机床的组成以及加工原理。

1.1　数控技术的产生与发展

1.1.1　数控机床的产生与发展

20 世纪 40 年代以来，由于航空航天技术的飞速发展，对各种飞行器的加工提出了更高的要求。这些用于飞行器的零件大多外形轮廓复杂，材料多为难加工的铝、钛合金，用传统的机床和工艺方法进行加工，不仅不能保证零件精度，也很难提高生产效率。为了解决零件复杂形面的加工问题，1948 年美国帕森斯（Parsons）公司在配合美国空军研制加工直升飞机叶片轮廓样板时，提出了数控机床的初始设想。1949 年与麻省理工学院（MIT）合作，开始了三坐标数控铣床的研制工作，1952 年 3 月公开宣布了世界上第一台数控机床的试制成功，可作直线插补。经过 3 年的试用、改进与提高，数控机床于 1955 年进入实用化阶段。

此后，德国、英国、日本等都开始研制数控机床，其中日本发展最快。当今世界著名的数控系统厂家有日本的法那科（FANUC）公司、德国的西门子（SIEMENS）公司、美国的 A - BOS-ZA 公司等。1959 年，美国 Keaney&Treckre 公司成功开发了具有刀库、刀具交换装置及回转工作台的数控机床，可以在一次装夹中对工件的多个面进行多工序加工，如进行钻孔、铰孔、攻螺纹、镗削、平面铣削、轮廓铣削等加工。至此，数控机床的新一代类型——加工中心（Machining Center）诞生了，并成为当今数控机床发展的主流。

半个世纪以来，数控技术依托于电子技术、计算机技术、自动控制和精密测量技术得到了迅猛的发展，加工精度和生产效率不断提高。数控机床的发展至今已经历了 2 个阶段和 6 个时代。

① 数控（NC）阶段（1952—1970 年）。早期的计算机运算速度慢，不能适应机床实时控制的要求，人们只好用数字逻辑电路"搭"成一台机床专用计算机作为数控系统，这就是硬件连接数控，简称数控（NC）。随着电子元器件的发展，这个阶段经历了 3 代，即 1952 年的第 1 代——电子管数控机床；1959 年的第 2 代——晶体管数控机床；1965 年的第 3 代——集成电路数控机床。

② 计算机数控（CNC）阶段（1970—现在）。1970 年，通用小型计算机已出现并投入成批

生产,人们将它移植过来作为数控系统的核心部件,从此进入计算机数控阶段。这个阶段也经历了 3 代,即 1970 年的第 4 代——小型计算机数控机床;1974 年的第 5 代——微型计算机数控系统;1990 年的第 6 代——基于 PC 的数控机床。

随着微电子技术和计算机技术的不断发展,数控技术也随之不断更新,发展非常迅速,几乎每 5 年更新换代一次,其在制造领域的加工优势逐渐体现出来。

1.1.2 数控机床的基本概念

① 数控即数字控制(Numerical Control,NC),数控技术即 NC 技术,是指用输入数控装置的数字化信息控制机械执行预定动作的技术。

② 数控机床(Numericaly Control machine tool),称为 NC 机床。它是以数字化信息实现机床控制的,它把刀具与工件之间的相对位置、机床电动机的启动和停止、主轴的变速、工件的松开与夹紧、刀具的选择、冷泵的启动与停止等各种操作和顺序动作等信息,用代码化的数字信息通过控制介质输入数控装置或计算机,经译码处理与运算,发出各种指令控制机床伺服系统和其他执行元件,使机床自动加工出所需的工件。

1.2 数控机床的组成及分类

1.2.1 数控机床的组成及加工原理

1. 数控机床的组成

现代的计算机数控机床由控制介质与程序输入/输出设备、计算机数控(CNC)装置、伺服系统和位置反馈系统、机床本体等几部分组成,如图 1.1-1 所示。

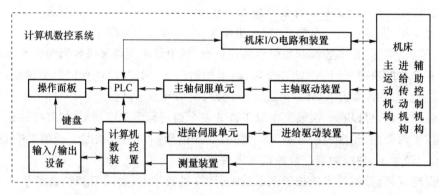

图 1.1-1　数控机床的组成

(1) 控制介质与程序输入/输出设备

控制介质是记录数控加工程序的媒介,是人与机床建立联系的介质。程序输入/输出设备是 CNC 系统与外部设备进行信息交互的装置,其作用是将记录在控制介质上的零件加工程序输入 CNC 系统,或将已调试好的零件加工程序通过输出设备存放或记录在相应的介质上。常用的输入/输出装置有软盘驱动器、RS-232 串行通信接口和 MDI 方式等。

（2）数控装置

数控装置是数控机床的核心，包括微型计算机系统、各种接口电路、显示器等硬件及相应的软件。其作用是接收由输入设备输入的各种数字信息，经过编译、运算和逻辑处理后，输出各种控制信息和指令，控制机床各部分，使其按程序要求实现规定的有序运动和动作。

（3）伺服系统

伺服系统是数控装置和机床的联系环节，包括进给伺服驱动装置和主轴伺服驱动装置。进给伺服驱动装置由进给控制单元、进给电动机和位置检测装置组成，并与机床上的执行部件和机械传动部件组成数控机床的进给系统。它的作用是接收数控装置输出的指令脉冲信号，驱动机床的移动部件（刀架或工作台）按规定的轨迹和速度移动或精确定位，加工出符合图样要求的工件。每一个指令脉冲信号使机床移动部件产生的位移量称为脉冲当量，常用的脉冲当量有 0.01 mm/脉冲、0.005 mm/脉冲、0.001 mm/脉冲等。

主轴伺服装置由主轴驱动单元和主轴电动机组成。主要作用是实现零件的切削运动，其控制量为速度，是数控机床的最后控制环节，它的性能直接影响数控机床的加工精度、表面质量和生产效率。

（4）辅助控制装置

辅助控制装置的主要作用是接收数控装置输出的开关量指令信号，经过编译、逻辑判别和运动，再经功率放大后驱动相应的电器，带动机床的机械、液压、气动等辅助装置完成指令规定的开关量动作。这些控制包括主轴运动部件的变速、换向和启动停止指令，刀具的选择和交换指令，冷却、润滑装置的启动停止，工件和机床部件的松开、夹紧，分度工作台转位分度等开关辅助动作。

由于可编程逻辑控制器（PLC）具有响应快，性能可靠，易于使用，可编制和修改程序，并可直接启动机床开关等特点，现已广泛用作数控机床的辅助控制装置。

（5）机床本体

机床本体是数控系统的控制对象，是实现零件加工的执行部件。其主要由主运动部件（主轴、主运动传动机构）、进给运动部件（工作台、拖板及相应的传动机构）、支撑件（立柱、床身等），以及特殊装置（刀具自动交换系统、工件自动交换系统）和辅助装置（如排屑装置等）组成。

2. 数控机床的加工原理

数控机床的加工过程如图 1.1－2 所示。

① 准备阶段　根据对加工零件图纸进行工艺分析，确定加工方案，选择合适的机床、刀具及夹具，确定合理的走刀路线及切削用量等。

② 编程阶段　根据确定的加工信息，按照数控装置规定的指令和程序格式，编写数控加工程序单。

③ 准备信息载体　将加工程序存储在控制介质（穿孔带、磁带、U 盘等）上，通过信息载体将全部加工信息传给数控系统。当数控加工机床与计算机联网时，可直接将信息载入数控系统。

④ 加工阶段　数控装置将加工程序语句进行译码、寄存和运算，转换成驱动各运动部件顺序动作的指令，在系统的统一协调下驱动各运动部件实现运动，自动完成对工件的加工。

由此可见，数控加工原理就是将数控加工程序以数据的形式输入数控系统，通过译码、刀补计算、插补计算来控制各坐标轴的运动，通过 PLC 的协调控制，实现零件的自动加工。

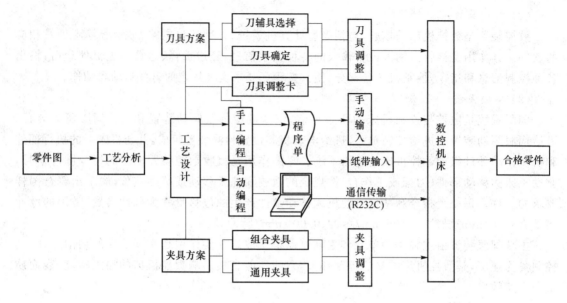

图 1.1-2 数控机床的加工原理

1.2.2 数控机床的分类

目前数控机床的品种繁多,功能各异,通常可按下列方法进行分类。

1. 按控制功能分类

(1) 点位控制数控系统

点位控制数控系统又称点到点控制数控系统,如图 1.1-3 所示。这类系统仅能控制两个坐标轴带动刀具或工作台,从一个点准确地快速移动到下一个点,然后控制第三坐标轴进行钻、镗等切削加工。点位控制的数控机床在刀具的移动过程中,并不进行加工,而是做快速空行程的定位运动,所以对运动轨迹没有要求。

属于点位控制的数控机床有数控钻床、数控镗床、数控冲床和三坐标测量仪等。

(2) 直线控制数控系统

直线控制数控系统是控制刀具或机床工作台以适当速度,沿着平行于某一坐标轴方向或与坐标轴成 45°的斜线方向进行直线加工的控制系统。该系统不能沿任意斜率的直线进行直线加工。如图 1.1-4 所示为直线控制数控系统。

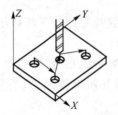

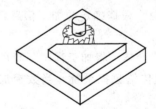

图 1.1-3 点位控制数控系统　　　　图 1.1-4 直线控制数控系统

直线控制数控系统一般具有主轴转速控制、进给速度控制和沿平行于坐标轴方向直线循环加工的功能。一般的简易数控系统均属于直线控制系统。

将点位控制和直线控制结合起来的控制系统称为点位直线控制系统,该系统同时具有点位控制和直线控制的功能。此外,有些系统还具有刀具选择、刀具长度和刀具半径补偿功能。采用点位直线控制系统的数控机床有数控镗铣床和数控加工中心等。

（3）轮廓控制数控系统

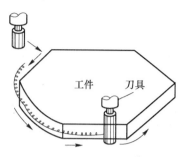

轮廓控制数控系统又称连续控制数控系统,该系统能对刀具相对于零件的运动轨迹进行连续控制,以加工任意斜率的曲线、圆弧、抛物线或其他函数关系的曲线。这种系统一般都是两坐标或两坐标以上的多坐标联动控制系统,其功能齐全,可加工任意形状的曲线或型腔。如图1.1-5所示为连续控制系统。

采用连续控制系统的数控机床有数控车床、数控铣床、加工中心、数控凸轮磨床和数控线切割机床等,现在的数控机床基本上都是这种类型。

图1.1-5 轮廓控制数控系统

2. 按进给伺服系统的类型分类

（1）开环伺服系统

开环数控机床采用开环进给伺服系统,图1.1-6所示为采用步进电动机驱动的开环伺服系统原理图。它一般是由环形分配器、步进电动机功率放大器、步进电动机、齿轮箱、丝杠螺母传动副等组成。每当数控装置发出一个指令脉冲信号,就使步进电动机的转子旋转一个固定角度（步距角）,则机床工作台将移动一定的距离（脉冲当量）。

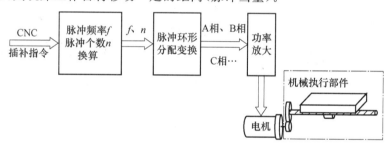

图1.1-6 开环伺服系统原理图

开环伺服系统既没有工作台位移检测装置,又没有位置反馈和校正控制系统,所以工作台的位移精度完全取决于步进电动机的步距角精度、齿轮箱中齿轮副和丝杠螺母副的精度与传动间隙等,由此可见,这种系统很难保证较高的位置控制精度。同时,由于受步进电动机性能的影响,其速度也受到一定的限制。但这种系统结构简单、调试方便、工作可靠、稳定性好、价格低廉,因此被广泛用于精度要求不太高的经济型数控机床。

（2）闭环伺服系统

闭环系统数控机床的进给伺服系统如图1.1-7所示。它主要是由比较环节（直线位移传感器和放大元件、速度传感器和放大元件）、驱动元件、机械传动装置和测量装置等组成。闭环进给伺服系统直接对工作台的实际位置进行检测。理论上讲,可以消除整个驱动和传动环节的误差、间隙和失动量,具有很高的位置控制精度。但由于位置环内的许多机械传动环节的摩擦特性、刚性和间隙都是非线性的,很容易造成系统不稳定。因此闭环系统的设计、安装和调试都有相当的难度,对其组成环节的精度、刚性和动态特性等都有较高的要求,价格昂贵,维护费用也较高。

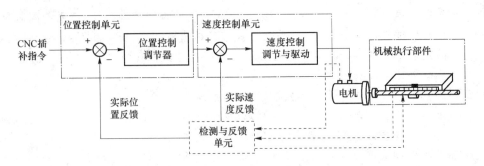

图 1.1－7　闭环进给伺服系统

这类系统主要用于精度要求很高的镗铣床、超精车床、超精磨床以及大型的数控机床等。

(3) 半闭环伺服系统

半闭环数控机床的进给伺服系统如图 1.1－8 所示。半闭环系统的位置检测点是从驱动电动机或丝杠端引出，通过检测电动机和丝杠旋转角度来间接检测工作台的位移量，而不是直接检测工作台的实际位置。由于这种系统不包括或只包括少量的机械传动环节，不能完全补偿该部分装置的传动误差，因此，虽然半闭环伺服系统的加工精度低于闭环伺服系统的加工精度，但可获得较闭环稳定的控制性能。

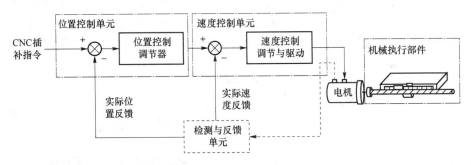

图 1.1－8　半闭环伺服系统

另外，角位移的测量元件比直线位移的测量元件简单，价格也较低，如选用传动精度较高的滚珠丝杠和精密消隙齿轮副，再配备存储有螺距误差补偿和反向间隙补偿功能的数控装置，那么半闭环伺服系统仍能达到较高的加工精度，在现代 CNC 机床中得到了广泛的应用。

3. 按控制坐标数(轴数)分类

按计算机数控装置能同时联动控制的机床坐标轴的数量，分为两坐标数控机床、两轴半坐标数控机床、三坐标数控机床和多坐标数控机床。

(1) 两坐标数控机床

两坐标数控机床是指同时控制两个坐标联动的数控机床，如数控车床中的数控装置可同时控制 X 和 Z 方向的运动，实现两坐标联动，用于加工各种曲线轮廓的回转体类零件。如图 1.1－9所示为数控铣床在两轴联动控制下加工图示形状的零件沟槽。

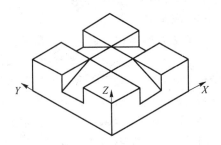

图 1.1－9　两坐标联动加工沟槽零件

（2）两轴半坐标数控机床

有的数控铣床本身虽有 X、Y、Z 三个方向的运动，但数控装置只能同时控制两坐标的联动加工，而第三坐标仅能作等距的周期移动，属于两坐标联动的三坐标机床。如用两轴半坐标数控机床加工如图 1.1−10 所示的空间曲面形状的零件时，在 ZX 坐标平面内控制 X、Z 两坐标联动，加工零件截面轮廓，控制 Y 坐标作等距周期移动，完成零件空间曲面的加工。

（3）三坐标数控机床

三坐标数控机床是指能同时控制三个坐标做相对运动，实现三坐标联动的数控机床。一种是 X、Y、Z 三个直线坐标轴联动，如三坐标数控铣床、加工中心等。如图 1.1−11 所示就是用球头铣刀铣切三维空间曲面。另一种是除了同时控制 X、Y、Z 中的两个直线坐标外，还控制围绕其中某一直线坐标轴旋转的旋转坐标轴。如车削加工中心，除了纵向（Z 轴）、横向（X 轴）两个直线坐标轴联动外，还同时控制围绕 Z 轴旋转的 C 轴联动。

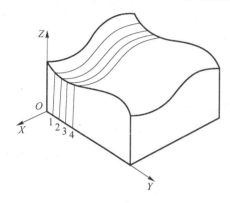

图 1.1−10　两轴半联动加工曲面零件

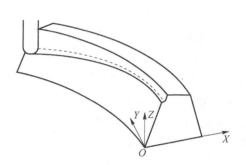

图 1.1−11　三轴联动加工曲面零件

（4）多坐标数控机床

四坐标以上的数控机床称为多坐标数控机床。如图 1.1−12(a)所示是用四轴联动的数控铣床采用立铣刀插补加工曲率变化较小的变斜角零件，如图 1.1−12(b)所示是用立铣刀采用五坐标联动的方式加工曲率变化较大的变斜角零件。多坐标数控机床结构复杂、机床精度高、加工程序设计复杂、机床价格昂贵，主要用于加工形状复杂的零件。

4．按工艺用途分类

（1）金属切削类数控机床

指具有金属切削加工功能的数控机床，包括数控车床、数控铣床、数控镗床、数控磨床和加工中心等。加工中心是带有刀库和自动换刀装置的数控机床，它将铣、镗、钻、攻螺纹等功能集中于一台设备，具有多种工艺手段。在加工过程中由程序自动选用和更换刀具，大大提高了生产效率和加工精度。

（2）金属成形类数控机床

指具有通过物理方法改变工件形状功能的数控机床，如数控板料折弯机、数控弯管机、数控冲床和数控旋压机等。

（3）特种加工类数控机床

指具有特种加工功能的数控机床，此类数控机床在切削加工过程中切削工具不与工件发生直接接触。典型机床有数控线切割机床和数控电火花加工机床和数控激光切割机等。

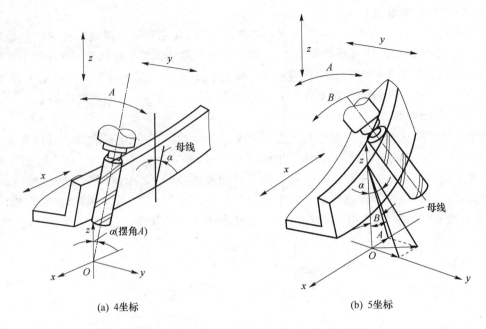

(a) 4坐标   (b) 5坐标

图 1.1 - 12 4、5 坐标数控铣床加工零件变斜角面

（4）其他类数控机床

其他类数控机床是指一些广义上的数控设备,如数控装配机、数控三坐标测量仪和机器人等。

1.3 数控机床加工的特点及应用

1.3.1 数控机床加工的特点

数控机床与普通机床的加工相比,除控制方式不同,还具有以下特点。

1. 加工精度高,产品质量稳定

数控加工是在预先编写好的程序控制下由机床自动完成对工件的加工,消除了操作者的人为误差;数控机床比普通机床具有更好的刚性、热稳定性和更高的定位精度,一般数控机床的定位精度为 ± 0.001 mm,重复定位精度为 ± 0.005 mm;数控加工采用工序集中的原则,减少了工件多次装夹对加工精度的影响;数控系统具有速度、位置反馈装置,可对传动链的换向间隙和丝杠传动误差进行补偿。因此,数控加工零件能获得较高的精度和稳定的质量。

2. 能完成复杂型面零件的加工

数控加工运动的任意可控性使其能完成普通加工方法难以完成或者无法完成的复杂型面的加工,如螺旋桨、气轮机叶片等空间曲面。

3. 对零件的加工适应性强,灵活性好

数控机床加工产品,零件轮廓的形成取决于加工程序,当加工对象改变时,只需更改数控加工程序即可迅速满足新产品的加工要求,不必像普通机床那样更改相应的工艺装备,为复杂结构的单件、小批零件的生产和新产品的研制提供了极大的便利。

4. 生产效率高

数控加工工序的集中安排,缩短了工件重复装夹与定位时间;数控机床主轴转速和进给速度的选择范围大,有利于优化切削参数,缩短切削时间;数控机床的自动换刀及刀具补偿功能,缩短了刀具更换和刀具调整的辅助时间。

5. 减轻劳动强度,改善劳动条件

数控机床加工过程中,除了装卸、检验零件,操作键盘编写、输入程序,观察运行情况,准备加工刀具外,其他的动作由机床按照加工程序的要求自动连续地进行切削加工,极大地降低了操作者的劳动强度。

6. 有利于生产管理现代化

数控机床加工能准确计算零件加工时间,所使用的刀具、夹具、量具可进行规范化管理,加工程序是数字化的标准代码,易于实现加工信息的标准化,数控加工在应用计算机辅助设计(CAD)、辅助制造(CAM)和辅助管理(CAPP)软件的基础上,可以方便地实现制造加工的信息化、网络化和智能化。

1.3.2　数控机床的适用范围

根据数控机床自身的加工特点,适合数控机床加工的主要对象有:

① 加工精度高,形状复杂,需用数学方法确定的曲线、曲面类零件。如图 1.1 - 13(a)所示为三类机床的被加工零件复杂程度与零件批量大小的关系。可以看出数控机床的使用范围很广。

② 多品种小批量生产或新产品试制中的零件。如图 1.1 - 13(b)所示为三类机床的零件加工批量与综合费用的关系。数控机床一般适合于单件小批量加工,有向中批量发展的趋势。由图 1.1 - 13(a)中的 ABC 曲线向 EFG 方向扩展。

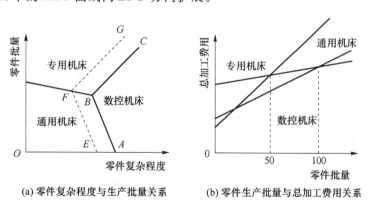

(a) 零件复杂程度与生产批量关系　　(b) 零件生产批量与总加工费用关系

图 1.1 - 13　数控机床加工范围的定性分析

③ 价值昂贵,不允许报废的关键零件。

④ 精度和表面粗糙度要求高的零件。

⑤ 需多种加工方法联合加工的零件。

随着数控技术的发展和数控机床的普及,数控加工适用范围将进一步扩大,数控加工终将成为零件机械加工的主要手段。

1.4 数控机床的发展方向

数控机床的出现不但给传统制造业带来了革命性的变化,使制造业成为工业化的象征,而且随着数控技术的发展和应用领域的扩大,它对国计民生的一些重要行业(IT、汽车、轻工和医疗等)的发展起着越来越重要的作用,因为这些行业所需装备的数字化已是现代发展的大趋势。当前世界上数控机床的发展呈现如下趋势。

1. 运行高速化

速度和精度是数控机床的两个重要技术指标,它直接关系到加工效率和产品质量。新一代高速数控机床的车削和铣削速度已达到 5 000～8 000 m/min 以上;主轴转速 40 000～60 000 r/min(有的高达 100 000 r/min);自动换刀时间在 1 s 以内;工作台交换时间在 2.5 s 以内。高速切削有利于减小机床振动,降低传入到零件的热量,减小热变形,提高加工质量。

2. 加工高精化

随着高新技术的发展和对机电产品性能与质量要求的提高,机床用户对机床加工精度的要求也越来越高。为了满足用户的需要,近 10 多年来,普通数控机床的加工精度已由 $\pm10\ \mu m$ 提高到 $\pm5\ \mu m$,精密级加工中心的加工精度则从 $\pm(3\sim5)\ \mu m$,提高到 $\pm(1\sim1.5)\mu m$。如三井精机的 JidicH5D 型精密卧式加工中心的定位精度为 $\pm0.1\ \mu m$。

3. 功能复合化

复合化包含工序复合化和功能复合化。数控机床的发展已模糊了粗精加工工序的概念。车铣复合中心的出现,把车、铣、镗等需多机床联合完成的工序集中到一台机床上加工,打破了传统的工序界限和工序分散的工艺规则。近年来,又相继生产了许多跨度更大的、功能集中的超复合化数控机床,如铣镗钻车、铣镗钻磨复合中心等。日本池贝铁工所的 TV4L 立式加工中心,由于采用 U 轴,可进行车削加工。

4. 控制智能化

加工智能化趋势有两个方面:一方面是采用加工过程自适应性的控制技术,通过监测加工过程中的切削力、主轴和进给电机的功率、电流、电压等信息,利用传统的或现代的算法进行识别,以辩识出刀具的受力、磨损以及破损状态,机床加工的稳定性状态,并根据这些状态实时修调加工参数和加工指令,使设备处于最佳运行状态,以提高加工精度、降低工件表面粗糙度以及设备运行的安全性。如 mitsubishi Electric 公司用于电火花成形机床的"miracle fuzzy"基于模糊逻辑的自适应控制器,可自动控制和优化加工参数;日本牧野在电火花 NC 系统 Makino mce20 中,用专家系统代替人进行加工过程监控。另一方面是加工参数的智能优化与选择,将工艺专家或技工的经验、零件加工的一般与特殊规律,用现代智能方法,构造基于专家系统或基于模型的"加工参数的智能优化与选择器",利用它获得优化的加工参数,从而达到提高编程效率和加工工艺水平,缩短生产准备时间的目的。采用经过优化的加工参数编制的加工程序,可使加工系统始终处于较合理和较经济的工作状态。如日本大隈公司的 7000 系列数控系统具有人工智能工自动编程功能。

5. 体系开放化

美国电气电子工程师协会(IEEE)关于开放式系统的定义是:能够在多种平台上运行,可以和其他系统互操作,并能给用户提供一种统一风格的交互方式。通俗地说,开放式数控系统允许用户根据自己的需要进行选配和集成,更改或扩展系统的功能迅速适应不同的应用需求,而且,组成系统的各功能模块可以来源于不同的部件供应商并相互兼容。开放式数控系统构件(软件和硬件)具有标准化、多样化和互换性的特征,允许通过对构件的增减来构造系统,实现系统"积木式"的集成,并且构造应该是可移植和透明的。典型的有美国科学制造中心与美国空军共同领导的"下一代工作台/机床控制系结构"NGC(The Next Generation Work - Station/Machine Control)计划、欧共体的"自动化系统中开放式体系结构"OSACA(Open System Architecture for Control with Automation)计划。

6. 驱动并联化

近年来出现的所谓六条脚结构的并联机床(Parallel Machine Tools)——并联加工中心,是数控机床在结构上取得的重大突破,并联结构的机床是现代机器人与传统加工技术相结合的产物,它没有传统机床所必需的床身、立柱、导轨等制约机床性能提高的结构如图1.1-14所示,却具有现代机器人的模块化程度高、重量轻和速度快等优点。它作为一种新型的加工设备,已成为当前机床技术的一个重要研究方向,受到了国际机床行业的高度重视。随着这种结构技术的成熟和发展,数控机床技术将进入一个有重大变革和创新的时代。

7. 交互网络化

网络化数控装备是近年来机床发展的一个热点,支持网络通信协议,既满足单机需要,又能满足 FMC、FMS、CIMS 对基层设备集成要求的数控系统是形成"全球制造"的基础单元。不同的企业可以通过网络信息实现相互之间资源(包括组织、技术、设备、具有技术与技能的人才)的优化组合,共同组成"虚拟企业"以应对制造业日益激烈的竞争市场,获得最大的效益。早在 2001 年,日本山崎马扎克(Mazak)公司的"智能生产控制中心"(Cyber Production Center,CPC),德国西门子(Siemens)公司提出的"开放制造环境"(Open Manufacturing Environment,OME)等,已反映出数控机床加工向网络化方向发展的趋势。

图 1.1-14 并联机床结构示意图

小 结

数控即数字控制(Numerical Control,NC),是指用输入数控装置的数字化信息控制机械执行预定动作的技术。

数控机床由控制介质与程序输入/输出设备、计算机数控(CNC)装置、伺服系统和位置反馈系统、机床本体等几部分组成。其种类繁多,通常按数控机床的控制功能、进给伺服系统的类型、控制坐标数(轴数)和工艺用途 4 种方式分类。

根据数控机床的自身特点,通常最适合加工精度高,形状复杂,需用数学方法确定的曲线、曲面类零件;多品种小批量生产或新产品试制中的零件;价值昂贵,不允许报废的关键零件;精度和表面粗糙度要求高的零件;需多种加工方法联合加工的零件。

数控机床的发展方向:运行高速化、加工高精化、功能复合化、控制智能化、体系开放化、驱动并联化和交互网络化。

本章是对数控加工的基础介绍,通过本章的学习,使学生对数控加工有基本的了解。

思考与习题

一、判断题(请将判断结果填入括号中,正确的填"√",错误的填"×")

1. (　　)半闭环、闭环数控机床带有检测反馈装置。

2. (　　)数控机床伺服系统包括主轴伺服系统和进给伺服系统。

3. (　　)目前数控机床只有数控铣、数控磨、数控车、电加工几种。

4. (　　)数控机床工作时,数控装置发出的控制信号可直接驱动伺服电机。

5. (　　)FMS是柔性制造系统的缩写。

二、选择题(请将正确答案的序号填写在括号中)

1. 数控机床是采用数字化信号对机床的(　　)进行控制。

A. 运动　　　　　B. 运动和加工过程　　　C. 加工过程　　　　D. 无正确答案

2. 世界上第一台三坐标数控铣床是(　　)年研制出来的。

A. 1930　　　　　B. 1947　　　　　　　　C. 1952　　　　　　D. 1958

3. 数控机床加工过程中,只需保证单点在空间的位置,不需保证点到点的路径精度的控制是(　　)。

A. 点位控制　　　B. 点位直线控制　　　　C. 轮廓控制　　　　D. 直纹曲面控制

4. 进给伺服系统中直接对机床的移动部件的实际位置进行直线检测的控制系统是(　　)。

A. 开环控制系统　　　　　　　　　　　B. 半闭环控制系统

C. 闭环控制系统　　　　　　　　　　　D. 混合环控制系统

5. 柔性制造系统的英文缩写是(　　)。

A. FMC　　　　　B. CIMS　　　　　　　C. FMS　　　　　　D. OSEC

6. 加工精度高、(　　)、自动程度高、劳动强度低、生产效率高等是数控机床加工的特点。

A. 装夹困难或必须依靠人工找正、定位才能保证其精度的单件零件

B. 加工轮廓简单、生产批量又特别大的零件

C. 对加工对象的适应性强

D. 适于加工余量特别大、材质及余量都不均匀的坯件

三、简答题

1. 数控机床由哪些基本结构组成?各部分的基本功能是什么?

2. 试述点位控制、直线控制及轮廓控制数控机床的特点。

3. 开环控制系统、半闭环控制系统及闭环控制系统各有什么区别?

4. 数控加工的特点是什么?主要加工对象是什么?

第 2 章　数控加工编程基础

【学习目标】

① 熟悉数控机床坐标系的有关规定,掌握数控机床的坐标系名称及方向判别,以及工件坐标系与机床坐标系的区别与联系;

② 了解数控编程的步骤,掌握编程的方法以及手工编程与自动编程的区别;

③ 掌握数控程序的结构与格式,熟悉数控编程中的规则,熟练应用数控机床的绝对坐标与增量坐标的表达与换算,初步认识数控机床的常用编程指令的含义及功能;

④ 掌握基点和节点的概念,理解尺寸的换算和公差的转换,并能熟练、合理地应用数据处理方法。

2.1　数控机床坐标系

在数控机床上加工零件,刀具与工件的运动是以数字的形式体现的,因此,必须建立相应的坐标系,才能明确刀具与工件的相对位置,数控机床的坐标包括坐标原点、坐标轴和运动方向。为了便于编程时描述机床的运动,简化编程方法及保证记录数控的互换性,数控机床的坐标系和运动方向均已标准化。

2.1.1　数控机床坐标系的确定

1. 坐标系的建立

国际标准和中华人民共和国机械行业标准 JB/T 3051—1999 中有统一规定。标准的机床坐标系是右手直角笛卡尔坐标系。

右手直角笛卡尔定则:基本坐标轴 X、Y、Z 的关系及其正方向用右手直角定则判定。拇指为 X 轴,食指为 Y 轴,中指为 Z 轴,围绕 X、Y、Z 各轴的回转运动及其正方向＋A、＋B、＋C 分别用右手螺旋定则判定,拇指为 X、Y、Z 的正方向,四指弯曲的方向为对应的 A、B、C 的正向,如图 1.2－1 所示。

2. 数控机床坐标系的确定原则

① 刀具运动原则:无论机床的具体运动形式如何,一律看作是工件相对静止,刀具运动。

这一原则使编程人员能在不知道是刀具移近工件还是工件移近刀具的情况下,就能根据零件图样确定机床的加工过程。当工件运动时,在坐标轴符号上加"'"。

② 运动正方向的规定:以增大工件与刀具之间距离的方向为坐标轴正方向。

③ 机床的直线坐标轴 X、Y、Z 的判定顺序:先 Z 轴,再 X 轴,最后按右手直角定则判定 Y 轴。

3. 坐标轴运动方向的确定

(1) Z 坐标轴

Z 坐标轴的运动由传递切削力的主轴决定,与主轴重合或平行的标准坐标轴为 Z 坐标轴,

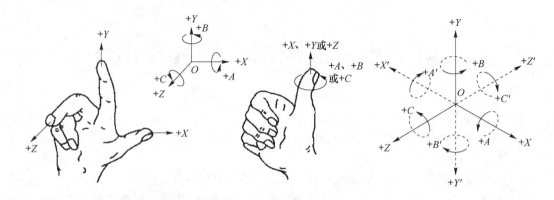

图 1.2 - 1 右手直角笛卡尔坐标系

其正方向为增加刀具和工件之间距离的方向。

① 单一旋转主轴的机床:如图 1.2 - 2 所示的数控车床和立式、卧式数控铣床,以机床主轴轴线作为 Z 轴。

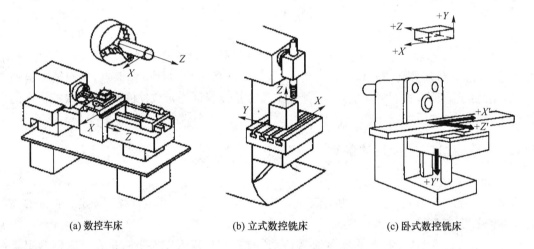

(a) 数控车床　　　　　(b) 立式数控铣床　　　　　(c) 卧式数控铣床

图 1.2 - 2 常用数控机床的坐标系

② 没有旋转主轴的机床(刨床):则 Z 坐标轴垂直于工件装夹面,如图 1.2 - 3 所示的牛头刨床。

③ 有多个旋转主轴的机床:可选择一个垂直于工件装夹面的主要轴为主轴,并以它确定 Z 坐标轴,如图 1.2 - 4 所示。

(2) X 坐标轴

X 坐标轴的运动是水平的且与 Z 轴垂直,它平行于工件装夹面,是刀具或工件定位平面内运动的主要坐标。

1) 对于工件旋转的机床(车床、磨床)

X 坐标的方向在工件的径向上,并且平行于横滑座,刀具离开工件回转中心的方向为 X 坐标的正方向,如图 1.2 - 2(a)图所示。

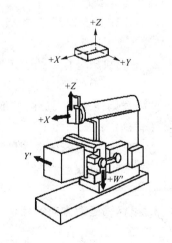

图 1.2 - 3 数控刨床机床坐标系

2）对于刀具旋转的机床（铣床）

① 若 Z 坐标轴是水平的（卧式铣床），如图 1.2 - 2(c) 所示。当由主轴向工件看时，X 坐标轴的正方向指向右方。

② 若 Z 坐标轴是垂直的（立式铣床），如图 1.2 - 2(b) 所示。当由主轴向立柱看时，X 坐标轴的正方向指向右方。

3）对于刀具和工件均不旋转的机床（刨床），X 坐标平行于主要切削方向，并以该方向为正方向，如图 1.2 - 3 所示。

（3）Y 坐标轴

根据 X、Z 坐标轴，按照右手直角笛卡尔坐标系确定。

如图 1.2 - 4 所示数控立式铣床和如图 1.2 - 5 所示数控卧式车床机床坐标系 Y 轴的确定。

（4）机床的附加坐标系

为方便编程和加工，有时需设置附加坐标系。如在 X、Y、Z 主要直线运动之外还有第二组或第三组平行于它们的运动，可分别将它们坐标定为 U、V、W 或 P、Q、R，如图 1.2 - 6 所示。

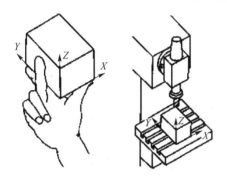

图 1.2 - 4　数控立式铣床坐标系

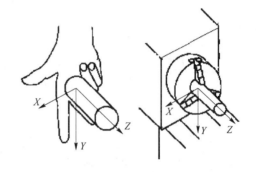

图 1.2 - 5　数控卧式车床坐标系

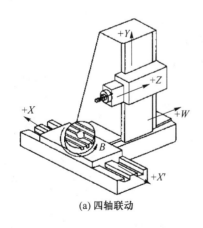

(a) 四轴联动

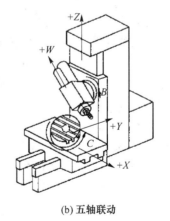

(b) 五轴联动

图 1.2 - 6　多坐标数控机床的坐标系

（5）机床的回转坐标系

数控机床上有回转进给运动时，且回转轴线平行于 X、Y、Z 坐标，则对应的回转坐标分别用 A、B、C，回转坐标轴的正方向根据右手螺旋定则确定，如图 1.2 - 4 所示。

2.1.2 机床坐标系与工件坐标系

1. 机床原点与机床坐标系

（1）机床原点与机床参考点

机床原点又称机械原点，是机床坐标系的原点。机床原点在机床装配、调试时就已确定，通常是不允许用户改变的，是机床参考点、工件坐标系的基准点。其作用是使机床与控制系统同步，建立测量机床运动坐标的起始点。

机床参考点通常设置在机床各轴靠近正向极限的位置，机床制造单位在每个进给轴上先用减速行程开关粗定位，再由零位点脉冲精确定位。机床参考点对机床原点的坐标是一个已知的定值，用于对机床工作台、滑板与刀具相对运动的测量系统进行标定和控制。该值的具体参数已输入数控系统，用户不得更改。

数控车床的机床原点一般设置在卡盘前端面或后端面的中心，参考点通常位于行程的正极限位置，如图 1.2-7 所示。

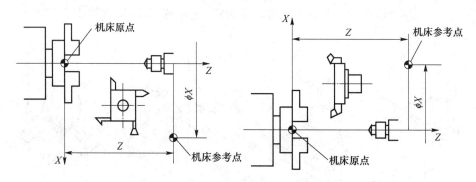

（a）刀架前置的数控车床的机床原点与参考点　　　（b）刀架后置的数控车床的机床原点与参考点

图 1.2-7　数控车床的机床原点与参考点

数控铣床的机床原点各生产厂家不一致，有的设在机床工作台的中心，一般设在 X、Y、Z 坐标轴的正方向极限位置上。通常数控铣床的参考点与机床原点重合，如图 1.2-8 中的机床原点（M）和机床参考点（R）。加工中心的参考点一般为机床的自动换刀位置。

（2）机床坐标系

机床坐标系是机床上固有的坐标系，是用来确定工件坐标系的基本坐标系，是确定刀具（刀架）或工件（工作台）位置的参考系，并建立在机床原点上。如图 1.2-7 所示数控车床的机床原点与机床参考点及如图 1.2-8 所示数控铣床的机床原点与机床参考点。

注意：数控机床在通电后，通常都要做回零（回参考点）操作，使刀具或工作台退离到机床参考点，

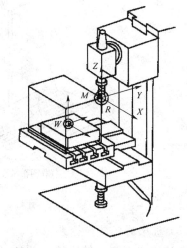

图 1.2-8　数铣的机床原点与机床参考点

回零操作完成后,显示器即显示出机床参考点在机床坐标系中的坐标值,表明机床坐标系已自动建立。回零操作是对基准的重新核定,可消除由于各种原因产生的基准偏差。

机床需回参考点的几种常见情况:

① 机床首次接通电源进入正常工作之前;

② 机床产生报警复位清零后;

③ 机床急停准备再次工作前。

2. 编程坐标系与工件坐标系

(1) 编程坐标系

编程坐标系是编程人员根据零件图样及加工工艺要求,以零件上某一固定点为原点建立的坐标系。

编程坐标系一般仅供编程使用,确定编程坐标系时不必考虑工件毛坯在机床上的实际装夹位置。编程人员根据编程计算方便性、机床调整方便性、对刀方便性、在毛坯上确定位置方便性等具体情况定义在工件上的几何基准点,尽量选择在零件的设计基准或工艺基准上,编程坐标系中各轴的方向应该与所使用的数控机床相应的坐标轴方向一致,确定数控机床编程原点的示意图如图 1.2 - 9 所示。

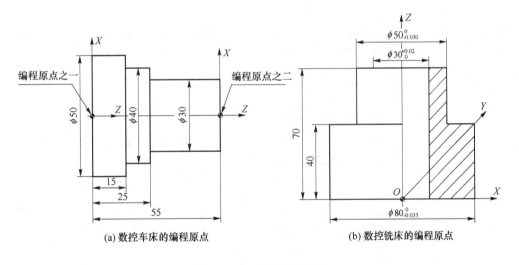

(a) 数控车床的编程原点　　　　　　　(b) 数控铣床的编程原点

图 1.2 - 9　确定编程原点

(2) 工件坐标系

工件坐标系是指以确定的加工原点为基位所建立的坐标系。工件原点也称为编程原点,是指零件被装夹好后,相应编程原点在机床坐标系中的位置。

工件原点一般按如下的原则确定:

① 工件原点应尽量选在工件图样的设计基准上,以便直接运用图纸标注尺寸作为编程点的坐标值,减少数据换算的工作量,如图 1.2 - 9(a)所示的编程原点。

② 能使工件方便的装夹、测量和检验,如图 1.2 - 9(b)所示的编程原点。

③ 尽量选在尺寸精度高,粗糙度低的工件表面上。这有利于提高工件的加工精度,保证同一批零件尺寸的一致性。

④ 最好在工件的对称中心上,这有利于减少尺寸计算的工作量和程序段的编写数量。

⑤ 工件坐标系应与机床坐标系的坐标方向一致,如图 1.2-10 所示。

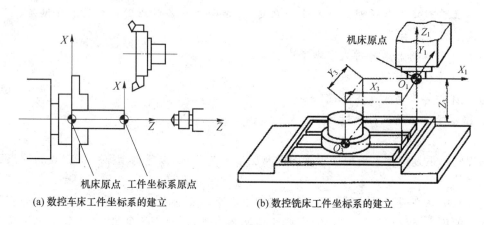

(a) 数控车床工件坐标系的建立　　　　(b) 数控铣床工件坐标系的建立

图 1.2-10　数控机床工件坐标系的建立

2.2　数控编程的步骤及方法

数控编程即把零件的全部加工工艺过程及其辅助动作,按动作顺序,用数控机床指定的指令、格式,编写成加工程序,然后将程序输入数控机床。

2.2.1　数控编程的步骤

如图 1.2-11 所示为数控编程的一般过程,其具体步骤如下。

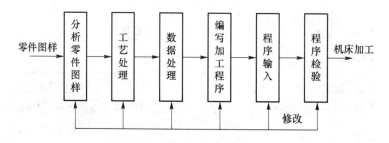

图 1.2-11　数控编程的步骤

1. 分析零件图样

首先要分析零件的材料、形状、尺寸、精度、批量、毛坯形状和热处理要求等,以便确定该零件是否适合在数控机床上加工,或适合在哪种数控机床上加工。

2. 工艺处理

在分析零件图样的基础上进行工艺分析,确定零件的加工方法(如采用的工夹具、装夹定位方法等)、加工线路(如对刀点、进给路线)及切削用量(如主轴转速、进给速度和背吃刀量等)等工艺参数。

3. 数据处理

根据零件图的几何尺寸、确定的工艺路线及设定的坐标系,计算零件粗、精加工运动的轨迹,得到刀位数据。对于形状比较简单的零件(如由直线和圆弧组成的零件)的轮廓加工,要计算几何元素的起点、终点、圆弧的圆心、两几何元素的交点或切点的坐标值,如果数控装置无刀具补偿功能,还要计算刀具中心的运动轨迹坐标。对于形状比较复杂的零件(如由非圆曲线、曲面组成的零件),需要用直线段或圆弧段逼近,根据加工精度的要求计算出节点坐标值,这种数值计算要用计算机来完成。

4．编写加工程序

根据加工路线、切削用量、刀具号码、刀具补偿量、机床辅助动作及刀具运动轨迹,按照数控系统使用的指令代码和程序段的格式编写零件加工的程序,并校核上述两个步骤的内容,纠正其中的错误。

5．程序输入

把编制好的程序记录在控制介质上,作为数控装置的输入信息。通过程序的手工输入或通信传输送入数控系统。

6．程序校验与首件试切

编写的程序和制备好的控制介质,必须经过校验和试刀才能正式使用。校验的方法是直接将控制介质上的内容输入到数控系统中让机床空转,检验机床的运动轨迹是否正确。在有CRT 图形显示的数控机床上,用模拟刀具与工件切削过程的方法进行检验更为方便,但这些方法只能检验运动是否正确,不能检验被加工零件的加工精度。因此,还需要进行零件的首件试切。当发现有加工误差时,分析误差产生的原因,找出问题所在,加以修正,直至达到零件图纸的要求。

2.2.2　数控编程的方法

根据零件结构的复杂程序,数控编程有手工编程和自动编程两种不同的方式。

1．手工编程

手工编程就是从分析零件图样、制定工艺方案、图形的数学处理、编写零件加工程序、制备控制介质到程序的校验等,各个阶段的工作全部由人工来完成数控程序编制。

2．自动编程

自动编程是指在编程过程中,除了分析零件图样和制定工艺方案由人工进行外,其余工作均由计算机完成。采用计算机自动编程时,数学处理、编写程序、检验程序等工作是由计算机完成,由于计算机可自动绘制出刀具中心的运动轨迹,使编程人员可及时检查程序是否正确,需要时可及时修改,以获得正确的程序。

根据输入方式不同,可将自动编程分为图形数控自动编程、语言数控自动编程和语音数控自动编程等,目前,图形数控自动编程是使用最为广泛的自动编程方式。

手工编程与自动编程的区别如表 1.2-1 所列。

表 1.2-1　手工编程与自动编程的区别

方法 内容	手工编程	自动编程
数值计算	复杂、繁琐、人工计算工作量大	简便、快捷、计算机自动完成
出错率	容易出错,人工误差大	不易出错,计算机可靠性高

方法 内容	手工编程	自动编程
程序所占字节	少	多
制作控制介质	人工完成	计算机自动完成
所需设备	通用计算机辅助	专用 CAD/CAM 软件
对编程人员要求	必须具备较强的数学运算能力和编程能力	除具有较丰富的工艺、刀具等知识外,还应有较强的软件应用能力

2.3　数控编程格式

要编写正确的数控加工程序,必须先了解数控程序的结构和编程规则。数控常用的代码有国际标准化组织(ISO)和美国电子工程协会(EIA)代码。

2.3.1　程序结构与格式

1. 程序结构

一个完整的程序由程序号、程序的内容和程序结束 3 部分组成 ,如图 1.2 - 12 所示。

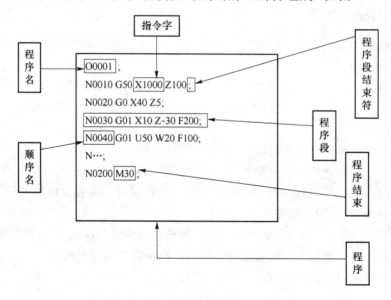

图 1.2 - 12　数控加工程序结构示意图

（1）程序名（号）

位于程序的开始部分,为了区别存贮器中的程序,每一个程序都要求有程序编号。FANUC 系统常用地址符 O 及 1～99 999 范围内的任意数字组成,如下所示。

不同的数控系统程序号地址码也有所差别，通常 FANUC 系统用英文字母"O"，SINU-MERIC 系统用"％"，而 AB8400 系统用"P"作为程序号的地址码。编程时一定要根据说明书的规定去编写指令，否则系统是不会执行的。

（2）程序内容

程序内容是整个程序的核心，由若干个程序段组成，表示数控机床要完成的全部动作；一个程序段由若干个指令字组成，每个指令字是控制系统的一个具体指令，由字母（地址符）和数字（有些数字还带有符号）组成。字母、数字、符号通称为字符。

（3）程序结束指令

程序结束指令是以程序结束指令 M02 或 M30 作为整个程序结束的符号，来结束整个程序。

2．程序段的格式

所谓程序段格式，即一个程序段中字的排列书写方式和顺序，以及每个字和整个程序段的长度限制和规定。不同的数控系统往往有不同的程序段格式，最常用的是可变程序段格式。

所谓可变程序段格式，就是程序段的长短随着字数和字长（位数）都是可变的。

例：一个较完整的程序段的组成内容如图 1.2-13 所示。

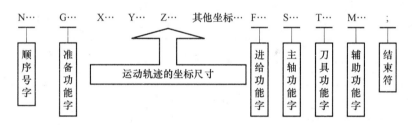

图 1.2-13 较完整的程序段组成内容

说明：

① 程序段中的字的前后排列顺序并不严格，但为了程序便于编辑和修改，最好按一定的规律顺序书写；

② 没有必要的功能字可省略；

③ 功能字分两类：模态指令——续效指令，非模态指令——非续效指令。

例如：N30　G01　X88.1　Y30.2　F500　S2000　T0202　M08；

N40　X90；（本程序段省略了续效字"G01、Y30.2、F500、S2000、T0202、M08"，但它们的功能仍然有效。）

3．程序字说明

（1）程序字的组成

程序字是组成程序段的最基本单元，它由英文字母表示的地址符和地址符后面的数字及符号（字符）组成。程序字的组成如下所示。

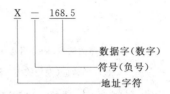

字的功能类别由地址字符决定,在程序中表示地址的英文字母分为尺寸字地址和非尺寸字地址两种。表示尺寸字地址的英文字母有 X、Y、Z、U、V、W、P、Q、I、J、K、A、B、C、D、E、R、H 共 18 个字母;表示非尺寸字地址有 N、G、F、S、T、M、L、O 共 8 个字母。其字母的含义见表 1.2－2。

表 1.2－2　表示地址符的英文字母的含义

功 能	地址字母	意 义
程序号	O、P、%	程序编号,主程序或子程序号的指定
程序段号	N	程序段顺序号
准备功能	G	指令控制系统动作的方式
坐标字	X、Y、Z	坐标轴的移动指令
	A、B、C、U、V、W	附加轴坐标轴的移动指令
	I、J、K	圆弧圆心坐标地址
进给功能	F	进给速度的指令
主轴功能	S	主轴转速的指令(r/min)
刀具功能	T	刀具调用指令
辅助功能	M、B	主轴、冷却液的开关,工作台分度等
补偿功能	H、D	补偿号指令
暂停功能	P、X	暂停时间指定
循环次数	L	子程序及固定循环的重复次数
圆弧半径	R	坐标字的特例

(2) 程序字的功能

1) 顺序号

数控程序的每一程序段之前可以加一顺序号,用地址符 N 后面加上 1～99 999 中任意数字表示,其作用是便于程序的校对和检索修改或用于程序转移。

程序执行的顺序和程序输入的顺序有关,而与顺序号的大小无关,所以,整个程序中也可以全不设顺序号或只有需要的部分设置,以节省内存空间;如需设置顺序号一般编程时习惯将第一程序段冠以 N10,后面以间隔递增的方法设置顺序号,以便修改插入。

2) 准备功能

地址符为 G,又称 G 功能或 G 代码。它是使数控机床建立起某种加工方式的指令,如插补、刀具补偿、固定循环等。G 代码由地址字 G 加后 2 位数值组成,有 G00～G99 共 100 种。

3) 坐标尺寸字

尺寸字给定机床在各种坐标上的移动方向和位移量,由尺寸地址符和带正、负号的数字组成,用来确定机床上刀具运动终点的坐标位置和移动方向。

注:坐标尺寸可以通过 G 指令(G20/G21)选择米制或英制,米制的最小单位为0.001 mm;英制的最小单位为 0.000 1 in。

4)进给功能

进给功能又称 F 功能或 F 指令。它的功能是指定切削的进给速度。一般有两种表示方法。

① 代码法。F 后面跟两位数字,表示机床进给量数列的序号,它不直接表示进给速度的大小。

② 直接代码法。F 后跟的数字就是进给速度的大小,如 F150 表示进给速度为 150 mm/min。这种表示方法较为直观,目前大多数机床均采用这种方法。

5)主轴转速功能

由地址符 S 和若干位数字组成,又称 S 功能或 S 指令。后面的数字直接指定主轴的转速,单位为 r/min。但 S 后面的数字只表示转速的大小,并不会使主轴转动,要使主轴产生转动,必须配以 M03(主轴正转)或 M04(主轴反转)指令。

6)刀具功能

刀具功能又称 T 功能或 T 指令,在自动换刀的数控机床中,该指令主要用来指定加工时所用的刀具和刀具补偿号。加工中心用于指定加工时所用刀具的编号,如 T01;数控车床其后的数字还兼作指定刀具长度补偿和刀尖圆弧半径补偿的作用,T0202 表示调用 2 号刀具及 2 号刀具补偿参数进行长度和半径补偿。

7)辅助功能

由地址字 M 和其后的两位数字组成,又称 M 功能 。M 指令有 M00～M99 共 100 种,用于指定主轴的启动、停止及旋转方向,冷却液的开关,工件或刀具的夹紧和松开,刀具的更换等功能。

8)程序段结束

每个程序段后,都必须有一个结束符表示程序段结束。当用 EIA 标准代码时,结束符为"CR";用"ISO"标准代码时,结束符为"NL"或"LF"。有时用符号";"、"＊"、"♯"表示结束。

2.3.2 编程规则

1. 绝对坐标编程和增量坐标编程

数控加工程序中表示几何点的坐标位置有绝对坐标和增量坐标两种方式。绝对坐标是以"工件原点"为依据来表示坐标位置;增量坐标又叫相对坐标,是指运动终点的坐标值是以"前一点"的坐标为起点来计量的。刀具路线如图 1.2－13 所示,对应的绝对坐标与增量坐标如表 1.2－3 所列。编程时要根据零件的加工精度要求及编程方便与否选用坐标类型。

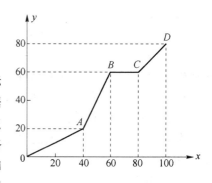

图 1.2－14 刀具路线

表 1.2-3 绝对坐标与增量坐标

绝对坐标			增量坐标		
点	x	y	点	x	y
0	0	0	0	0	0
A	40	20	A	40	20
B	60	60	B	20	40
C	80	60	C	20	0
D	100	80	D	20	20

2. 绝对坐标和增量坐标在编程中的两种表示方法

(1) G 功能字指定

G90 指定坐标值为绝对坐标,G91 指定坐标值为增量坐标。

数控镗铣床或加工中心大都以 G90 指令设定程序中 x、y、z 的坐标值为绝对坐标;G91 指令设定 x、y、z 的坐标值为增量坐标。该种指令形式 G90 或 G91 在同一条程序段中只能用一种,不能混用;且同一坐标轴方向的尺寸字的地址符均为 x、y、z。

例:将如图 1.2-13 所示的刀具路线分别用绝对坐标与增量坐标编程如下。

G90 绝对坐标方式指令:

```
G92  X0  Y0;
S800  M03;
G90;
G01  X40.  Y20.;
X60.  Y60.;
X80. ( Y60.)
X100.  Y80.;
G00  X0  Y0;
M05;
M30;
```

G91 增量坐标方式指令:

```
G92  X0  Y0;
S800  M03;
G91;
G01  X40.  Y20.;
X20.  Y40.;
X20.  (Y0);
X20.  Y20.;
G00  X-100.  Y-80.;
M05;
M30;
```

(2) 尺寸字的地址符指定

绝对尺寸的尺寸字的地址符用 X、Y、Z,增量尺寸的尺寸字的地址符用 U、V、W。

一般数控车床上用尺寸字地址符 X、Z 表示绝对坐标;以尺寸字地址符 U、W 分别表示 x、z 轴向的增量坐标。x 轴向的坐标不论是绝对坐标还是增量坐标,一般都是用直径值表示(称为直径编程)。这种用尺寸字地址符形式控制绝对坐标和增量坐标的编程形式,X、Z 或 U、W 在同一条程序段中可以混用。

例:将如图 1.2-14 所示的刀具路线分别用尺寸字地址符形式进行绝对、增量、混合方式编写程序。

绝对坐标方式:

```
…
G00  X50.  Z2.;
G01  Z-40.  F0.1;
```

增量坐标方式:

```
…
G00  U-150.  W-98.;
G01  W-42.  F0.1;
```

混合编程方式:

```
…
G00  X50.  Z2.;
G01  Z-40.  F0.1;
```

```
X80.  Z-60.;              U30.  W-20.;              X80.  W-20.;
G00 X200. Z100.;          G00 U120. W160.;          G00 X200. Z100.;
...                       ...                       ...
```

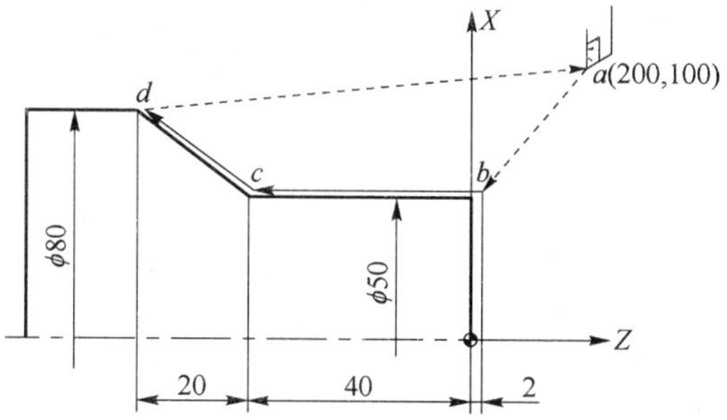

图 1.2-15 尺寸字地址符形式的编程示意图

3. 小数点编程

数控编程时,可以使用小数点编程,每个数字都有小数点,也可使用脉冲数编程,数字中不写小数点。FANUC Oi 有两种小数表示法:计算器型和标准型。

① 计算器型:没有小数点的数字单位被认为是毫米、英寸或度;

② 标准型:没有小数点的数字被认为是最小输入增量单位。

小数点编程及含义见表 1.2-4。

表 1.2-4 小数点编程及含义

程序指令	计算器型小数点编程含义	标准型小数点编程含义
X1000 指令没有小数点	1000 单位:mm	1 mm 单位:最小输入增量单位 (0.001 mm)
X1000.0 或 X1000.	1 000 单位:mm	1 000 单位:mm

一般下面地址可以指定小数点:X、Y、Z、U、V、W、A、B、C、I、J、K、Q、F 和 R;但也有一些地址是不允许用小数点表示的,如 P。

4. 续效性功能

大多数 G 指令和 M 指令都具有续效性功能,除非它们被同组中的指令取代或取消,否则一直保持有效。另外,当 X、Y、Z、F、S、T 字的内容不变时,下一个程序段会自动接收此内容,因此也可省略不写。

2.4 数控编程的数据处理

根据被加工零件图样,按照已经确定的加工工艺路线和允许的编程误差,计算数控系统所需要输入的数据,称为数据处理。

数据处理一般包括两个内容:

① 根据零件图样给出的形状、尺寸和公差等直接通过数学方法(如三角、几何与解析几何

法等),计算出编程时所需要的有关各点的坐标值。

② 当图样给出的条件不能直接计算编程所需坐标,也不能按零件给出的条件直接进行工件轮廓的几何要素的定义时,必须根据所采用的具体工艺方法、工艺装备等加工条件对零件原图形及有关尺寸进行必要的数学处理或改动。

2.4.1 基点坐标计算

零件的轮廓曲线一般由许多不同的几何元素组成,如直线、圆弧、二次曲线等。通常把各个几何元素间的连接点称为基点。基点可以直接作为其运动轨迹的起点或终点,图 1.2 - 16 中的 A、B、C、D、E 都是该零件轮廓上的基点。简单零件的基点坐标值可以通过直接计算的方法确定,一般根据零件图样

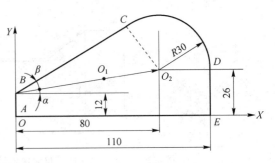

图 1.2 - 16　零件轮廓的基点

所给已知条件用人工完成,即依据零件图样上给定的尺寸,运用代数、三角、几何或解析几何的有关知识,直接计算出数值。复杂零件的基点坐标值可以通过计算机自动计算而得。

例:求解图 1.2 - 16 中的基点 C 在工件坐标系下的坐标值。

C 点是过 B 点的直线与中心为 O_2、半径为 30 mm 圆弧的切点,求解 C 点的坐标可以先求出直线 BC 的方程,再与以 O_2 为圆心的圆的方程联立求解。

为计算方便,将坐标原点平移点 B,过 B 点的直线方程为

$$Y = kX$$

由图可知:$k = \tan(\alpha + \beta) \Rightarrow k = [(26 - 12) + 30]/80 = 0.615\,3$

图 1.2 - 16 中以 O_2 为圆心的圆的方程为

$$(X - 80)^2 + (Y - 14)^2 = 30^2$$

联立两方程求解:

$$(X - 80)^2 + (Y - 14)^2 = 30^2$$
$$Y = 0.615\,3X$$

求得 $C(64.279, 39.551)$,换算成编程坐标系 XOY 中的坐标为 $(64.279, 51.551)$。

2.4.2 节点坐标的计算

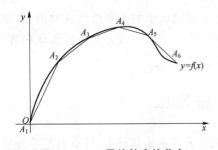

图 1.2 - 17　零件轮廓的节点

当被加工零件轮廓形状与机床的插补功能不一致时,如在只有直线和圆弧插补功能的数控机床上加工椭圆、双曲线、抛物线、阿基米德螺线或列表曲线时,就要采用逼近法加工,用直线或圆弧去逼近被加工曲线。这时,逼近线段与被加工曲线的交点,称为节点。

如图 1.2 - 17 所示,用直线段逼近非圆曲线的情况,曲线与直线的交点 A_1、A_2、A_3、A_4、A_5、A_6 等即为节点。

非圆曲线包括除圆以外的各种可以用方程描述的圆锥二次曲线(如:抛物线、椭圆、双曲线)、阿基米德螺线、对数螺旋线及各种参数方程、极坐标方程所描述的平面曲线与列表曲线

等。数控铣床在加工上述各种曲线平面轮廓时,一般都不能直接进行编程,而必须经过数学处理以后,以直线或圆弧逼近的方法来实现。

处理原则:曲率半径大的曲线,用直线逼近较有利;曲率半径小的曲线,用圆弧逼近较为合理。

2.4.3　辅助计算

编程人员分析零件图样,选定编程原点时,总希望能直接利用图纸尺寸数据编写程序,以减少尺寸换算和数据计算,提高零件的加工质量和编程效率。但实际生产中,选定编程原点建立编程坐标系后,为了实现优化加工,往往需要对图纸上的一些标注尺寸进行适当的转换或计算。

1. 公差转换

零件图的工作表面或配合表面标注的尺寸一般都注有公差。如图 1.2-18 所示的阶梯轴有 6 个尺寸注有公差要求,具均为单向偏置。如果按零件图纸基本尺寸进行编程,加工后的尺寸势必出现两种情况:一是大于基本尺寸,二是小于基本尺寸。从理论上讲,两种情况出现的概率各为 50%,将会造成不必要的经济损失。

基于上述原因,数控编程时通常将公差尺寸进行转换,使其公差带成对称布置,即将图中精度较高的基本尺寸换算成平均尺寸,编程尺寸按换算后的平均尺寸进行。从而最大限度地减少不合格品的产生,提高数控加工产品的质量和效率。

如图 1.2-18 所示零件经换算后尺寸标注如图 1.2-19 所示,编程时使用该图所注的平均尺寸的数据即可。

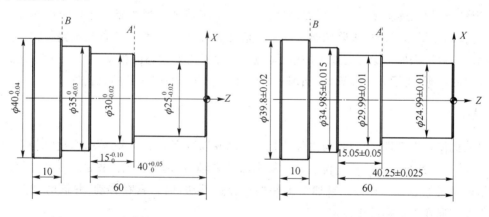

图 1.2-18　阶梯轴零件图　　　　图 1.2-19　阶梯轴零件尺寸转换图

2. 尺寸换算

如图 1.2-18 所示零件,选取其右端面与轴线交点为工件坐标系的原点,为了保证加工质量及方便尺寸控制,需对尺寸进行换算,使得所有控制尺寸全部都以右端面为基准进行标注。

根据图示尺寸关系,可得到 A 面的尺寸链关系,如图 1.2-20 所示,其中 15.05 ± 0.05 为封闭环,A 为减环,40.25 ± 0.025 为增环。

基本尺寸 $=40.25-15.05=25.2(\text{mm})$

$EI=0.025-0.05=-0.025$

ES＝－0.025＋0.05＝＋0.025

所以该尺寸为 25.2±0.025(mm)

对于端面 B 距基本右端面的尺寸,由于各组成环的尺寸均是未注公差,可以直接采用基本尺寸进行计算。

经过上述处理,最终用于程序编制的零件图尺寸标注的形式,如图 1.2－21 所示。

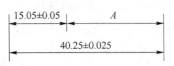

图 1.2－20　A 面尺寸链示意图

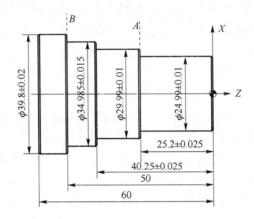

图 1.2－21　阶梯轴零件数控编程尺寸计算示意图

3. 粗加工及辅助程序段路径数据计算

数控加工与传统加工一样,通常情况下,不可能一次走刀将零件所有余量切除,通常需要分粗、半精、精加工逐步多次走刀切除余量,以提高加工精度。当按照工艺路线规划好刀具路线后,重要的是粗加工余量去除的轨迹的坐标信息和刀具切入、切出工件轮廓路径相关坐标信息的确定。对于粗加工走刀路线上的坐标信息,一般不需要太高的精度,主要把握最短路线和余量均匀的原则,为了方便计算,可利用一些已知特征点作一些必要的简化处理。

小　结

数控机床加工工件,是刀具与工件的相对运动并以数字的形式来体现的,建立相应的坐标系,才能明确刀具与工件的相对位置。一般先确定 Z 轴,再确定 X 轴,最后由右手直角笛卡尔坐标系来确定 Y 轴。一律假定被加工工件相对静止不动,而刀具在移动,并同时规定刀具远离工件的方向作为坐标的正方向。

一般地,数控机床的机床原点和机床参考点重合,也有些数控机床的机床原点与机床参考点不重合。数控车床的机床原点有的设在卡盘后端面的中心;数控铣床机床原点的设置,有的设在机床工作台中心,有的设在进给行程的终点。而工件坐标系一般供编程使用,人为设定,以编程方便和计算简单为原则。

根据零件复杂程度的不同,数控编程有手工编程和自动编程两种。

一个完整的程序由程序号、程序的内容和程序结束 3 部分组成。

通过本章的学习,读者要掌握正确建立工件坐标系,了解数控加工程序的程序段格式、编程规则和编程中的数据处理等内容。

思考与习题

一、判断题(请将判断结果填入括号中,正确的填"√",错误的填"×")

1.(　　)地址符 N 和 L 作用是一样的,都是表示程序段。

2.(　　)在编写加工程序时,程序段号不可时有时无,并应严格按大小顺序。

3.(　　)G 代码为辅助功能指令。

4.(　　)对于有主轴的机床一般以机床的主轴线作为 X 轴。

5.(　　)机床原点是固定的,由厂家设定,而工件原点是任意的,以编程方便为原则。

6.(　　)用 G 指令控制绝对编程和相对编程时,同一程序段中两种形式可并存。

7.(　　)数控机床坐标系采用的是右手笛卡尔直角坐标系。

8.(　　)FANUC 0i 数控系统进行数控编程时,计算器型表示没有小数点的数字单位被认为是毫米。

二、选择题(将正确答案的序号填写在括号中)

1. 根据 ISO 标准,数控机床在编程时采用(　　)规则。

A. 刀具相对静止,工件运动　　　　　　B. 工件相对静止,刀具运动

C. 按实际运动情况确定　　　　　　　　D. 按坐标系确定

2. 数控机床坐标轴确定的步骤为(　　)。

A. $X—Y—Z$　　　　　　　　　　　　B. $X—Z—Y$

C. $Z—X—Y$　　　　　　　　　　　　D. 先确定哪个轴都行

3. 数控车床用前置刀架则 X 轴正向(　　)。

A. 指向操作者　　　B. 远离操作者　　　C. 指向右边　　　D. 指向左边

4. 下列指令中,(　　)是辅助功能。

A. M03　　　　　B. G90　　　　　C. X25　　　　　D. S700

5. 下列指令中主轴逆时针旋转的代码是(　　)。

A. M03　　　　　B. M04　　　　　C. M02　　　　　D. M05

6. 下列指令中程序结束并复位的代码是(　　)。

A. M02　　　　　B. M00　　　　　C. M03　　　　　D. M30

7. 辅助功能 M00 的作用是(　　)。

A. 条件停止　　　B. 无条件停止　　　C. 程序结束　　　D. 单程序段

8. "字"由(　　)组成。

A. 地址符和程序段　　　　　　　　　　B. 程序号和程序段

C. 地址符和若干数字　　　　　　　　　D. 字母"N"和数字

9. 只在本程序段有效,下一程序段需要时必须重写的代码称为(　　)。

A. 模态代码　　　　　　　　　　　　　B. 续效代码

C. 非模态代码　　　　　　　　　　　　D. 准备功能代码

10. 采用逼近法,用直线或圆弧逼近加工曲线时,逼近线段与被加工曲线的交点为(　　)。

A. 端点　　　　　B. 交点　　　　　C. 基点　　　　　D. 节点

三、简答题

1. 什么是机床原点?什么是参考点?试述常用数控车床、数控铣床的机床原点与参考点

的位置。

2. 机床坐标系与工件坐标系的区别是什么？什么叫可变程序段格式？它的特点是什么？

3. 在程序中小数点方式表示坐标字应注意哪些问题？X120 和 X120.有何区别？

四、填写如图 1.2－22 所示零件切削加工时各控制点的绝对坐标值和相对坐标值(X 轴方向按直径计算)。

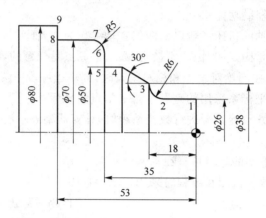

图 1.2－22　坐标值计算零件图

表 1.2－5　绝对坐标和相对坐标

点	绝对坐标值		增量坐标值	
	X	Z	U	W
1				
2				
3				
4				
5				
6				
7				
8				
9				

第二篇　数控车床加工工艺及编程

绪　论　数控车床认知概论

数控车床即装备了数控系统的车床或采用了数控技术的车床，一般是将事先编写好的加工程序输入到数控系统中，由数控系统通过伺服系统去控制车床各运动部件的动作，加工出符合要求的各种形状回转体零件。

一、数控车床的组成及分类

（一）数控车床的组成

数控车床由机床主体、数控装置、伺服系统和辅助装置几部分组成，如图 2.0-1 所示。

图 2.0-1　数控车床外形图

1. 车床主体

车床主体主要包括主轴箱、进给机构、导轨、床身、刀架和尾座等，是数控车床的主要机械结构部分。

（1）进给机构

普通车床主轴的运动经过挂轮架、进给箱、溜板箱传到刀架实现纵向和横向进给运动。而数控车床是采用伺服电动机经滚珠丝杠，传到滑板和刀架，实现纵向（z 向）和横向（x 向）进给，大大简化进给系统的结构，如图 2.0-2 所示。

（2）主轴箱

主轴电机采用无级变速系统，减少了机械变速装置，与普通车床相比，大大简化了结构，如

图 2.0 - 3 所示。

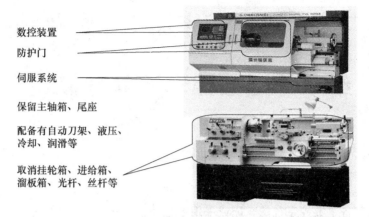

图 2.0 - 2　数控车床与普通车床结构差别

图 2.0 - 3　数控车床内部结构

（3）刀　架

作为数控车床的重要部件之一，它对机床整体布局及工作性能影响很大。两坐标联动数控车床多采用 12 工位的回转刀架，也有采用 6 工位、8 工位和 10 工位的回转刀架。回转刀架在机床上的布局有两种形式：一种是适用于加工轴类和盘类零件的回转刀架，其回转轴与主轴平行；另一种是适用于加工盘类零件的回转刀架，其回转轴与主轴垂直。刀架在机床上的安装方式如图 2.0 - 4 所示。

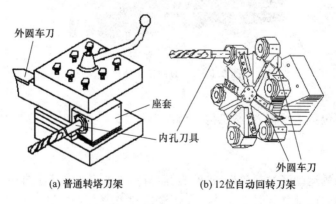

(a) 普通转塔刀架　　　　(b) 12 位自动回转刀架

图 2.0 - 4　刀架在机床上的安装方式

（4）导　轨

导轨的布局直接影响数控车床的使用性能及机床的结构和外观，是保证进给运动准确性的重要部件,在很大程度上影响数控车床的刚度、精度及低速进给时的运动平稳性。目前绝大多数数控车床采用了摩擦系数小、耐磨、耐腐性高的贴塑导轨。

（5）床　身

数控车床床身根据导轨与水平面的相对位置,有4种布局形式,如图2.0-5所示。

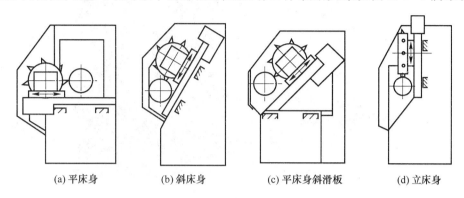

|(a)平床身|(b)斜床身|(c)平床身斜滑板|(d)立床身|

图2.0-5　数控车床的布局形式

1）平床身数控车床

水平床身的工艺性好,便于导轨面的加工。水平床身配上水平放置的刀架可提高刀架的运动精度,一般可用于大型数控车床或小型精密数控车床的布局。但是水平床身由于空间小,故排屑困难。从结构尺寸上看,刀架水平放置使得滑板横向尺寸较长,从而加大了机床宽度方向的结构尺寸,如图2.0-5(a)所示。

2）斜床身数控车床（平床身斜滑板）

水平床身配上倾斜放置的滑板和斜床身配置斜滑板的布局形式被中小型数控车床所普遍采用。这是由于此两种布局形式排屑容易,切屑不会堆积在导轨上,也便于安装自动排屑器;操作方便,易于安装机械手,以实现单机自动化;机床占地面积小,外形简洁、美观,容易实现封闭式防护。

斜床身导轨倾斜的角度可为30°、45°、60°、75°和90°（称为立式床身）等几种。倾斜角度小,排屑不便;倾斜角度大,导轨的导向性差,受力情况也差。此外,导轨倾斜角度的大小还会直接影响机床外形尺寸高度与宽度的比例。综合考虑上面的诸因素,中小规格的数控车床,其床身的倾斜度以60°为宜,如图2.0-5(b)和图2.0-5(c)所示。

3）立床身数控车床

相当于导轨倾斜了90°的斜床身卧式数控车床,如图2.0-5(d)所示。立床身卧式数控车床不同于立式数控车床。立式数控车床的主轴垂直于水平面,并有一个直径大的圆形工作台,一般用于加工径向尺寸大、轴向尺寸小的大型复杂零件,立式车床主轴轴线为垂直布局,工作台台面处于水平面内,因此工件的夹装与找正比较方便。这种布局还减轻了主轴及轴承的荷载,因此立式车床能够较长期的保持工作精度,如图2.0-6所示。

2. 数控装置

数控装置是数控机床的中枢。数控装置从内部存储器中取出或接收输入装置送来的一段或几段数控加工程序,经过数控装置的逻辑电路或系统软件进行编译、运算和逻辑处理后,输出各种控制信息和指令,控制机床各部分的工作,使其进行规定的有序运动和动作。

图 2.0-6　立式数控车床

3. 伺服系统、驱动装置和检测装置

（1）伺服系统

伺服数控车床的重要组成部分，主要用来准确地执行数控装置发出的各种命令，通过驱动电路和执行元件（如步进电动机、伺服电动机等），完成所要求的各种工作。

（2）驱动装置

驱动装置接收来自数控装置的指令信息，经功率放大后，严格按照指令信息的要求驱动机床的移动部件，以加工出符合图样要求的零件。驱动装置包括控制器（含功率放大器）和执行机构两大部分，目前大都采用直流或交流伺服电动机作为执行机构。

（3）检测装置

检测装置将数控机床各坐标轴的实际位移量检测出来，经反馈系统输入到机床的数控装置中。数控装置将反馈回来的实际位移量值与设定值进行比较，控制驱动装置按指令设定值运动。

4. 辅助控制装置

辅助控制装置的主要作用是接收数控装置输出的开关量指令信号，经过编译、逻辑判别和运算，再经功率放大后驱动相应的电器，带动机床的机械、液压和气动等辅助装置完成指令规定的开关量动作，包括液压、气动、冷却和排屑等装置。

（二）数控车床的分类

数控车床品种繁多，规格不一，可按如下方法进行分类：

1. 按车床主轴位置分类

（1）立式数控车床

立式数控车床简称为数控立车，如图 2.0-7 所示，其车床主轴垂直于水平面，有一个直径很大的圆形工作台，用来装夹工件。这类机床主要用于加工径向尺寸大、轴向尺寸相对较小的大型复杂零件。

（2）卧式数控车床

卧式数控车床，如图 2.0-8 所示，又分为数控水平导轨卧式车床和数控倾斜导轨卧式车床。其倾斜导轨结构可以使车床具有更大的刚性,并易于排除切屑,档次较高的数控卧车一般都采用倾斜导轨。

图 2.0-7　立式数控车床

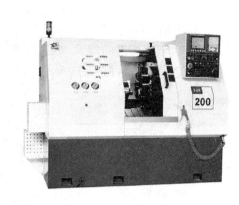

图 2.0-8　卧式数控车床

2. 按加工零件的基本类型分类

(1) 卡盘式数控车床

这类车床没有尾座,适合车削盘类(含短轴类)零件。夹紧方式多为电动或液动控制,卡盘结构多具有可调卡爪或不淬火卡爪(即软卡爪)。

(2) 顶尖式数控车床

这类车床配有普通尾座或数控尾座,适合车削较长的零件及直径不太大的盘类零件,如图 2.0-8所示。

3. 按刀架数量分类

(1) 单刀架数控车床

数控车床一般都配置有各种形式的单刀架,如四工位卧动转位刀架或多工位转塔式自动转位刀架,如图 2.0-4 所示。

(2) 双刀架数控车床

这类车床的双刀架配置平行分布,也可以是相互垂直分布,如图 2.0-9 所示。

4. 按功能分类

(1) 经济型数控车床

采用步进电动机和单片机对普通车床的进给系统进行改造后形成的简易型数控车床,成本较低,但自动化程度和功能都比较差,车削加工精度也不高,适用于要求不高的回转类零件的车削加工。

(2) 普通数控车床

根据车削加工要求在结构上进行专门设计并配备通用数控系统而形成的数控车床,数控系统功能强,自动化程度和加工精度也比较高,适用于一般回转类零件的车削加工。这种

图 2.0-9　双刀架数控车床

数控车床可同时控制两个坐标轴,即 X 轴和 Z 轴。

(3)车削加工中心

在普通数控车床的基础上,增加了 C 轴和动力头,更高级的数控车床带有刀库,可控制 X、Z 和 C 三个坐标轴,联动控制轴可以是 (X, Z)、(X, C) 或 (Z, C)。由于增加了 C 轴和铣削动力头,这种数控车床的加工功能大大增强,除可以进行一般车削外可以进行径向和轴向铣削、曲面铣削、中心线不在零件回转中心的孔和径向孔的钻削等加工,如图 2.0 - 10 所示。

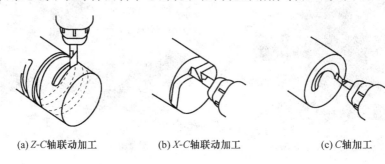

(a) Z-C轴联动加工　　　　(b) X-C轴联动加工　　　　(c) C轴加工

图 2.0 - 10　车削中心的加工示例

5. 其他分类方法

按数控系统的不同控制方式等指标,数控车床可以分很多种类,如直线控制数控车床和两主轴控制数控车床等;按特殊或专门工艺性能可分为螺纹数控车床、活塞数控车床和曲轴数控车床等。

二、数控车床的加工对象及加工特点

(一)数控车床的加工对象

与传统车床相比,数控车床比较适合于车削具有以下要求和特点的回转体零件。

1. 精度要求高的零件

由于数控车床的刚性好,制造和对刀精度高,能方便和精确地进行人工补偿甚至自动补偿,所以它能够加工尺寸精度要求高的零件。在有些场合可以车代磨。此外,由于数控车削时刀具运动是通过高精度插补运算和伺服驱动来实现的,再加上机床的刚性好和制造精度高,所以它能加工对母线直线度、圆度和圆柱度要求高的零件。

2. 表面粗糙度小的回转体零件

数控车床能加工出表面粗糙度小的零件,不仅因为机床的刚性好和制造精度高,还由于它具有恒线速度切削功能。在材质、精车余量和刀具已定的情况下,表面粗糙度取决于进给速度和切削速度。使用数控车床的恒线速度切削功能,就可选用最佳线速度来切削端面,这样切出的粗糙度既小又一致。数控车床还适合于车削各部位表面粗糙度要求不同的零件。粗糙度小的部位可以用减小进给速度的方法来达到,而这在传统车床上是做不到的。

3. 轮廓形状复杂的零件

数控车床具有圆弧插补功能,所以可直接使用圆弧指令来加工圆弧轮廓。数控车床也可加工由任意平面曲线所组成的轮廓回转零件,既能加工可用方程描述的曲线,也能加工列表曲线。如果说车削圆柱零件和圆锥零件既可选用传统车床也可选用数控车床,那么车削复杂转体零件就只能使用数控车床。

4. 带一些特殊类型螺纹的零件

传统车床所能切削的螺纹相当有限,它只能加工等节距的直、锥面,公、英制螺纹,而且一台车床只限定加工若干种节距。数控车床不但能加工任何等节距直、锥面,公、英制和端面螺纹,而且能加工增节距、减节距,以及要求等节距、变节距之间平滑过渡的螺纹。数控车床加工螺纹时主轴转向不必像传统车床那样交替变换,它可以一刀又一刀不停顿地循环,直至完成,所以它车削螺纹的效率很高。数控车床还配有精密螺纹切削功能,再加上一般采用硬质合金成形刀片,以及可以使用较高的转速,所以车削出来的螺纹精度高、表面粗糙度小。可以说,包括丝杠在内的螺纹零件很适合于在数控车床上加工。

5. 超精密、超低表面粗糙度的零件

磁盘、录像机磁头、激光打印机的多面反射体、复印机的回转鼓、照相机等光学设备的透镜及其模具,以及隐形眼镜等要求超高的轮廓精度和超低的表面粗糙度值,它们适合于在高精度、高功能的数控车床上加工。以往很难加工的塑料散光用的透镜,现在也可以用数控车床来加工。超精加工的轮廓精度可达到 $0.1\,\mu m$,表面粗糙度可达 $0.02\,\mu m$。超精车削零件的材质以前主要是金属,现已扩大到塑料和陶瓷。

数控车床加工的零件如图 2.0－11 所示。

图 2.0－11 数控车床加工的零件

(二)数控车床的加工特点

1. 自动化程度高,可以减轻操作者的体力劳动强度

数控车床加工过程是按输入的程序自动完成的,操作者只需起始对刀、装卸工件、更换刀具,在加工过程中,主要是观察和监督车床运行。但是,由于数控车床的技术含量高,操作者的脑力劳动强度相应提高。

2. 数控车床加工零件精度高、质量稳定

数控车床的定位精度和重复定位精度都很高,较容易保证一批零件尺寸的一致性,只要工艺设计和程序正确合理,加上精心操作,就可以保证零件获得较高的加工精度,也便于对数控车床加工过程实行质量控制。

3. 数控车床加工生产效率高

数控车床加工是能在一次装夹中加工多个加工表面,一般只检测首件,所以可以省去普通车床加工时的不少中间工序,如划线、尺寸检测等,缩短了辅助时间,而且由于数控车床加工出的零件质量稳定,为后续工序带来方便,其综合效率明显提高。

4. 数控车床加工便于新产品研制和改型

数控车床加工一般不需要很多复杂的工艺装备,通过编制加工程序就可把形状复杂和精度要求较高的零件加工出来,当产品改型,更改设计时,只要改变程序,而不需要重新设计工装。所以,数控车床加工能大大缩短产品研制周期,为新产品的研制开发、产品的改进、改型提供了捷径。

5. 数控车床加工可向更高级的制造系统发展

数控车床加工及其加工技术是计算机辅助制造的基础。

6. 数控车床加工初始投资较大

这是由于数控车床加工设备费用高,首次加工准备周期较长,维修成本高等因素造成。

7. 数控车床加工维修要求高

数控车床是技术密集型的机电一体化的典型数控车床加工产品,需要维修人员既懂机械,又要懂微电子维修方面的知识,同时还要配备较好的维修装备。

三、数控车床的主要技术参数及系统功能

1. 主要技术参数

数控车床的主要技术参数包括最大回转直径、最大车削长度、各坐标轴行程、主轴转速范围、切削进给速度范围、定位精度和刀架定位精度等,如表2.0-1所列。

表 2.0-1 数控车床主要技术参数

类 别	主要内容	作 用
尺寸参数	X、Z轴最大行程	影响加工工件的尺寸范围(重量),编程范围及刀具、工件、机床之间的干涉
	卡盘尺寸	
	最大回转直径	
	最大车削直径	
	尾座套筒移动距离	
	最大车削长度	
接口参数	刀位数,刀具装夹尺寸	影响工件及刀具安装
	主轴头型式	
	主轴孔及尾座孔锥度、直径	
运动参数	主轴转速范围	影响加工性能及编程参数
	刀架快进速度、切削进给速度范围	

类　别	主要内容	作　用
动力参数	主轴电机功率	影响切削负荷
	伺服电机额定转矩	
精度参数	定位精度、重复定位精度	影响加工精度及一致性
	刀架定位精度、重复定位精度	
外形参数	外形尺寸(长×宽×高)、质量	影响使用环境

2. 数控系统的主要功能

数控装置的功能通常包括基本功能和选择功能。基本功能是数控系统的必备功能,选择功能是供用户根据机床特点和用途进行选择的功能。CNC 装置的功能主要反映在准备功能 G 指令代码和辅助功能指令代码上。

(1) 主轴功能

主轴功能除对车床进行无级调速外,还具有同步进给控制、恒线速度控制及主轴最高转速控制等功能。

1) 同步进给控制

在加工螺纹时,主轴的旋转与进给运动必须保持一定的同步运行关系。例如,车削等螺距螺纹时,主轴每旋转一周,其进给运动方向(z 或 x)必须严格位移一个螺距或导程。其控制方法是通过检测主轴转数及角位移原点(起点)的元件(如主轴脉冲发生器)与数控装置相互进行脉冲信号的传递而实现的。

2) 恒线速度控制

在车削表面粗糙度要求十分均匀的变径表面(如端面、圆锥面及任意曲线构成的旋转面)时,车刀刀尖处的切削速度(线速度)必须随着刀尖所处直径的不同位置而相应地自动调整变化。该功能由 G96 指令控制其主轴转速按所规定的恒线速度值运行,如 G96S200 表示其恒线速度值为 200 m/min。当需要恢复恒定转速时,可用 G97 指令对其注销,如 G97S1200,表示指定主轴转速为 1 200 r/min。

3) 最高转速控制

当采用 G96 指令加工变径表面时,由于刀尖所处直径在不断变化,当刀尖接近工件轴线(中心)位置时,因其直径接近零,线速度又规定为恒定值,主轴转速将会急剧升高。为预防因主轴转速过高而发生事故,该系统则规定可用 G50 指令限定其恒线速度运动中的最高转速,如 G50S2000,表示主轴最高转速为 2 000 r/min。

(2) 多坐标控制功能

控制系统可以控制坐标轴的数目,指的是数控系统最多可以控制多少个坐标轴,其中包括平动轴和回转轴。基本平动坐标轴是 X 轴、Y 轴、Z 轴;基本回转坐标轴是 A 轴、B 轴、C 轴。

联动轴数是指数控系统按照加工的要求可以同时控制运动的坐标轴的数目。如某型号的数控车床具有 X、Y、Z 三个坐标轴运动方向,而数控系统只能同时控制两个坐标(XY、YZ 或 XZ)方向的运动,则该机床的控制轴数为 3 轴(称为三轴控制),而联动轴数为 2 轴(称为两联动)。

（3）自动返回参考点功能

系统规定有刀具从当前位置快速返回至参考点位置的功能，其指令为 G28。该功能既适用于单坐标轴返回，又适用于 X 和 Z 两个坐标轴同时返回。

（4）螺纹车削功能

螺纹车削功能可控制完成各种等螺距（米制或英制）螺纹的加工，如圆柱（右、左旋）、圆锥及端面螺纹等。

（5）辅助编程功能

除基本的编辑功能外，数控系统通常还具有固定循环、子程序和宏程序等编程功能。

（6）插补功能

CNC 装置是通过软件进行插补计算的，连续控制时实时性很强，计算速度很难满足数控车床对进给速度和分辨率的要求。实际的 CNC 装置插补功能被分为粗插补和精插补。

进行轮廓加工的零件的形状，大部分是由直线和圆弧构成的，有的是由更复杂的曲线构成的，因此有直线插补、圆弧插补、抛物线插补、极坐标插补、螺旋线插补和样条曲线插补等。实现插补运算的方法有逐点比较法和数字积分法等。

（7）辅助功能

辅助功能是数控加工中不可缺少的辅助操作，用地址 M 和它后续的数字表示。在 ISO 标准中，有 M00～M99 共 100 种。辅助功能用来规定主轴的启动、停止，冷却液的开、关等。

（8）刀具功能

刀具功能用来选择刀具，用地址 T 和它后续的数值表示。刀具功能一般和辅助功能一起使用。

（9）补偿功能

加工过程中由于刀具磨损或更换刀具，以及机械传动中的丝杠螺距误差和反向间隙，将使实际加工出的零件尺寸与程序规定的尺寸不一致，造成加工误差。因此数控车床 CNC 装置设计了补偿功能，它可以把刀具磨损、刀具半径的补偿量、丝杠的螺距误差和反向间隙误差的补偿量输入到 CNC 装置的存储器，按补偿量重新计算刀具的运动轨迹和坐标尺寸，从而加工出符合要求的零件。

（10）图形显示功能

一般的数控系统都具有 CRT 显示，可以显示字符和图形、人机对话、自诊断等，具有刀具轨迹的动态显示。

（11）自诊断功能

现代数控系统具有人工智能的故障诊断系统，可以用来实现对整个加工过程的监视，诊断数控系统的故障，并及时报警。

（12）通信功能

数控系统一般都配有 RS - 232C 或 RS - 422 远距离串行接口，可以按照用户的格式要求，与同一级计算机进行多种数据交换。现代数控系统大都具有制造自动化协议（MAP）接口，并采用光缆通信，提高数据传送的速度和可靠性。

小　结

本章介绍了数控车床的基本组成及常用的分类方法；数控车床的加工对象及加工特点；数

控车床的主要技术参数及系统功能。

思考与习题

一、填空题(将正确答案填写在横线上)

1．数控车床由机床主体、_____、_____、辅助装置几部分组成。

2．回转刀架在机床上的布局有两种形式,一种是刀架回转轴与主轴_____,另一种是刀架回转轴与主轴_____。

3．数控车床床身根据导轨与水平面的相对位置,它有 4 种布局形式,分别是_____、_____、_____、_____。

4．数控车床按加工零件的基本类型分为_____数控车床和_____数控车床。

5．数控车床按刀架数量分为_____数控车床和_____数控车床。

6．车削加工中心是在普通数控车床的基础上,增加了_____轴和动力头,更高级的数控车床带有刀库,可控制 X、Z 和 C 三个坐标轴。

7．数控装置的功能通常包括_____和_____。

8．斜床身中小规格的数控车床,其床身的倾斜度以_____为宜。

9．CNC 装置的功能主要反映在_____指令代码和_____指令代码上。

10．_____功能用来规定主轴的启动、停止,冷却液的开、关等。

二、判断题(请将判断结果填入括号中,正确的填"√",错误的填"×")

1．(　　)平床身数控车床排屑容易。

2．(　　)双刀架数控车床中双刀架配置平行分布,也可以是相互垂直分布。

3．(　　)数控车床主轴的运动经过挂轮架、进给箱、溜板箱传到刀架实现纵向和横向进给运动。

4．(　　)数控车床加工初始投资较大。

5．(　　)数控车床的数控系统主轴功能具有恒线速度控制。

6．(　　)检测装置的存在可以让数控系统形成闭环控制。

7．(　　)卧式数控车床,又分为数控水平导轨卧式车床和数控倾斜导轨卧式车床,档次较低的数控卧车一般都采用倾斜导轨。

8．(　　)数控车床的主轴电机实现了无极变速。

9．(　　)数控车床的性能参数定位精度、重复定位精度影响加工精度及一致性。

10．(　　)实际的 CNC 装置插补功能被分为粗插补和精插补。

三、简答题

1．数控车床适合加工什么样类型的零件?

2．数控车床的加工特点是什么?

3．数控车床的进给机构与普通车床相比有什么不同?

项目一　数控车削加工工艺分析

【知识目标】

① 了解数控车削加工工艺的基本特点,掌握数控加工工艺分析的主要内容及工艺路线的拟定方法;

② 掌握数控车削加工中工件定位与夹紧方案的确定、常用数控车削用刀具及材料的选择方法;

③ 掌握数控车削加工中粗、精加工时切削用量的选择原则;

④ 了解数控加工工艺文件的类型及编制方法。

【能力目标】

① 能分析零件图样,正确选择适合数控车削加工的内容;

② 能综合应用数控车削加工工艺知识,分析典型零件的数控车削加工工艺,具备制定中等复杂程度零件数控车削加工工序的能力。

数控车削加工工艺是在普通车削工艺的基础上,结合数控车床的加工特点,综合运用工装、材料、热处理、机械加工等各方面的工艺知识,解决数控车削加工过程中的实际问题。本项目以典型轴套类零件加工工艺分析为载体,从实际加工需求的角度,介绍数控车削加工工艺的基本知识和基本原则,以便初学者结合实际情况,在后续工作过程中科学、严谨、合理地设计加工工艺,充分发挥数控加工"优质、高产、低耗"的特点,防止把数控机床降格为通用机床使用。

一、项目导入

如图 2.1-1 所示为固定套零件图,材料为不锈钢 1Cr18NiTi,毛坯结构及尺寸如图 2.1-2

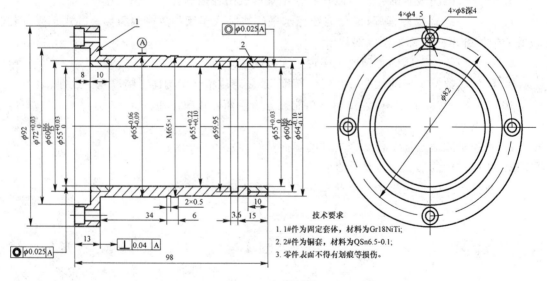

技术要求

1. 1#作为固定套体,材料为 Gr18NiTi;
2. 2#件为铜套,材料为 QSn6.5-0.1;
3. 零件表面不得有划痕等损伤。

图 2.1-1　轴承座

所示。小批量生产。要求分析其数控车削加工工艺,编制数控加工工序卡、数控车削加工刀具卡。

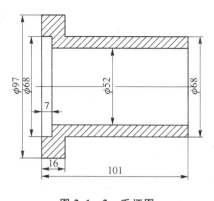

图 2.1-2　毛坯图

二、相关知识

合理确定数控加工工艺对实现优质、高效和经济的数控加工具有极为重要的作用。数控机床加工中,不论是手工编程还是自动编程,在编程前都要对加工零件进行工艺分析,并把加工零件的全部工步的刀具选择、走刀轨迹、切削用量、加工余量等预先确定好并编制成程序,以数字信息的形式在数控系统存储器内存储,以此来控制数控机床对工件进行自动加工,完成传统的机械加工无法实现的加工任务。所以数控加工工艺分析是一项十分重要的工作,合格的程序员首先是一个合格的工艺人员,否则就无法做到全面周到地考虑零件加工的全过程,以及正确、合理地编制零件的加工程序。

(一) 数控加工工艺的特点

数控加工工艺问题的处理应在遵循普通加工工艺的基本原则和方法的基础上,结合数控机床的加工特点和零件编程要求,由于数控机床自动化程度高,功能强,自适应能力差,使得数控加工工艺具有如下特点:

(1) 内容明确而具体

普通机床加工工件,一般情况下对许多具体的工艺问题,由操作工人依据自己的实践经验和习惯自行处理。数控机床则是依据数控系统的指令,完成各种运动实现零件的加工,因此,在编制加工程序前,需要对影响加工过程的各种工艺因素(如切削用量、进给路线、工步的划分与安排等)做定量的描述,必须详细到每一次走刀路线和每一个操作细节。

(2) 工艺精确而严密

数控机床上零件的加工是通过程序控制自动完成的,它不像普通加工那样可以根据生产过程中出现问题由操作者自行调整。例如,在数控机床上加工孔,机床自身是无法判断该孔是深孔还是普通孔,加工时需采用哪种指令控制才会达到加工要求,这一切的选择必须由编程人员事先做出正确合理的决策。

根据大量的加工实例统计分析,数控加工工艺考虑不周和计算与编程时的粗心是造成绝大多数数控加工事故的主要原因,因此,程序编制人员除必须具备扎实的工艺基本知识和丰富的实际工作经验外,还要有细致严谨的工作作风。

(3)工序相对集中

数控机床的功能复合化程度较高,工件在一次定位装夹中,就能完成多个表面的多种加工任务,从而缩短了加工工艺路线和生产周期,提高了加工效率。而普通机床加工工序的安排一般根据机床的种类采用单工序加工。

(4)工艺装备先进

数控加工中广泛采用先进的数控刀具、组合夹具等先进的工艺装备,以满足数控加工高质量、高效率和高柔性的要求。

(二)数控车削加工工艺内容的选择

数控车削是数控加工过程中用得最多的加工方法之一,结合数控车削的特点,与普通车床相比,数控车床适合车削具有以下要求和特点的回转体零件:精度和表面粗糙度要求高的、轮廓形状复杂或带特殊螺纹的回转体零件。

1. 适于数控车削加工的内容

(1)优先选择普通车床无法加工的内容

由轮廓曲线构成的回转表面;具有微小尺寸的结构表面;同一表面采用多种设计要求的结构;表面间有严格几何关系要求的表面。

(2)重点选择普通车床难加工,质量也难以保证的内容

表面间有严格位置精度要求但在普通机床上无法一次安装加工的表面;表面粗糙度要求很严的锥面、曲面、端面等。

(3)其　他

在数控机床尚存在富裕加工能力时,可选择普通车床加工效率低、劳动强度大的内容。

2. 不适于数控车削加工的内容

一般来说,上述这些加工内容采用数控车削加工后,在产品质量、生产效率与综合效益等方面都会得到明显提高。相比之下,下列的内容不宜选择采用数控加工:

① 占机调整时间长。如:偏心回转零件用四爪卡盘长时间在机床上调整,但加工内容却比较简单。

② 不能在一次安装中加工完成的其他零星部位,采用数控加工效果不明显,可安排通用机床补加工。

此外,在选择和确定加工内容时,也要考虑生产批量、生产周期、工序间周转情况等。总之,要尽量做到合理,达到多、快、好、省的目的,要防止把数控机床降级为通用机床使用。

(三)数控加工零件图的结构工艺性分析

零件的数控加工工艺性问题涉及面很广,下面结合编程的可能性和方便性提出一些必须分析和审查的主要内容。

1. 零件结构工艺性

零件的结构工艺性是指满足使用要求前提下零件加工的可行性和经济性。对零件进行结构工艺性分析时要充分反映数控加工的特色,用普通设备加工工艺性很差的结构改用数控设备加工,其结构工艺性则可能比较有特色。如图 2.1-3 所示的定位销,国内普遍采用如图

1-3(a)所示的销头部分为锥形的结构,国外则普遍采用销头部分为球形的如图2.1-3(b)的结构。从使用效果来说,球形对工件的划伤要比锥形小得多,但加工时,球形的销必须用数控车削加工。

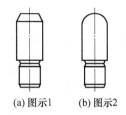

(a) 图示1   (b) 图示2

图2.1-3　两种结构形式的定位销

2. 零件结构工艺性分析的主要内容

(1) 审查与分析零件图纸中的尺寸标注是否符合数控加工的特点

在数控编程中,所有点、线、面的尺寸和位置都是以编程原点为基准确定的。为便于尺寸之间的相互协调及编程计算,零件图样上最好直接给出坐标尺寸,或尽量以同一基准标注尺寸,如图2.1-4所示。

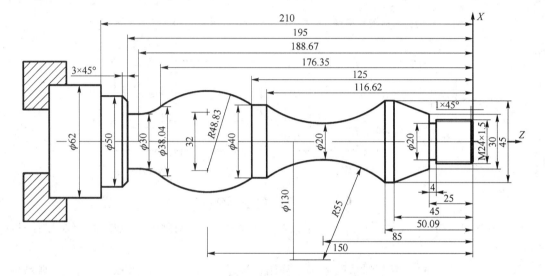

图2.1-4　尺寸以同一基准标注示例

(2) 审查与分析零件图纸中构成轮廓的几何要素的条件应完整、准确

手工编程要计算加工轨迹的基点坐标,自动编程要对构成零件轮廓的所有几何元素进行定义。因此在分析零件图时,要分析几何元素的给定条件是否充分,如果有条件不充分或自相矛盾的情况,应与零件设计人员协商解决。如图2.1-5所示的圆弧与斜线的关系要求为相切,但计算后为相交关系。如图2.1-6所示,图样上给定的几何条件自己矛盾,总长度与各段长度之和不等。

(3) 数控车削零件的几何类型及尺寸应统一

零件的外形、内腔最好采用统一的几何类型及尺寸,这样可以减少刀具规格及换刀次数,有利于采用专用程序以缩短程序长度,节省编程时间,提高生产效率。

加工如图2.1-7(a)所示零件,需三把不同宽度的切槽刀完成切槽加工,如无特殊要求,显然是一种不合理的结构设计;若改为如图2.1-7(b)所示结构,只需一把刀即可切出三个槽,既减少了刀具数量,又节省了换刀时间。

3. 精度及技术要求分析

精度及技术要求分析的主要内容:

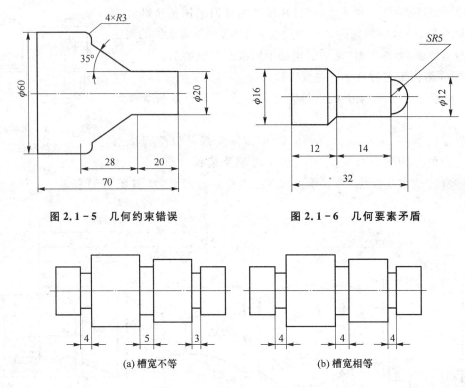

图 2.1-5 几何约束错误　　　　　图 2.1-6 几何要素矛盾

(a) 槽宽不等　　　　　　　　　　(b) 槽宽相等

图 2.1-7 零件结构工艺性示例

① 要求是否齐全、合理。对需要采用数控加工的表面,其精度要求应尽量一致,以便一次走刀连续加工。

② 分析本工序的数控车削精度能否达到图样要求,若达不到,需采取其他措施(如磨削)弥补的话,则应给后续工序留有余量。

③ 有较高位置精度要求的表面应在一次安装下完成。

④ 表面粗糙度要求较高的表面,应采用恒线速切削。

(四) 数控车削加工工艺过程的拟定

1. 零件表面数控车削加工方法的选择

回转体零件的结构形状虽然是多种多样的,但它们都是由平面、内圆柱面、外圆柱面、曲面和螺纹等组成。每一种表面都有多种加工方法,实际选择时应结合零件的加工精度、表面粗糙度、材料、结构形状、尺寸和生产类型等因素,确定零件表面的数控车削加工方法及加工方案。

(1) 数控车削加工外圆回转表面与端面加工方案的选择

① 加工精度为 IT7、IT8 级、表面粗糙度 Ra 1.6~3.2 μm 除淬火钢以外的常用金属,可采用普通型数控车床,按粗车、半精车、精车的方案加工。

② 加工精度为 IT5、IT6 级、表面粗糙度 Ra 0.2~0.8 μm 除淬火钢以外的常用金属,可采用精密型数控车床,按粗车、半精车、精车、细车的方案加工。

③ 加工精度高于 IT5 级,表面粗糙度 Ra 小于 0.08 μm 的除淬火钢以外的常用金属,可采

用高档精密型数控车床,按粗车、半精车、精车、精密车的方案加工。

(2)数控车削加工内圆回转表面与端面加工方案的选择

① 加工精度为IT8、IT9级、表面粗糙度 Ra 1.6～3.2 μm 除淬火钢以外的常用金属,可采用普通型数控车床,按粗车、半精车、精车的方案加工。

② 加工精度为IT6、IT7级、表面粗糙度 Ra 0.2～0.8 μm 除淬火钢以外的常用金属,可采用精密型数控车床,按粗车、半精车、精车、细车的方案加工。

③ 加工精度为IT5级,表面粗糙度 Ra 小于 0.2 μm 的除淬火钢以外的常用金属,可采用高档精密型数控车床,按粗车、半精车、精车、精密车的方案加工。

2. 工序的划分

零件的加工工序通常包括机械加工工序、热处理工序和辅助工序,合理安排工序的顺序,解决好工序间的衔接问题,是保证零件加工质量,提高生产效率,降低加工成本的关键。

数控车床对零件的加工通常采用工序集中的原则,数控车削的加工工序可参照下面方法进行划分。

(1)以一次安装完成的加工内容作为一道工序

零件结构形状各异,每一表面的技术要求也不尽相同,为保证零件的技术要求,应将位置精度要求较高的表面安排在一次安装下完成,以免多次安装所产生的安装误差影响位置精度。

轴承内圈对壁厚差要求严格,为保证加工质量,在数控车床上第一道工序采用如图 2.1-8(a)所示的以大端面及大端外径定位装夹,完成除夹持面以外的所有轮廓的车削加工,由于滚道和内径在一次安装定位中完成,壁厚差大为减小,且质量稳定。第二道工序采用如图 2.1-8(b)所示的以内孔和小端面定位装夹方案,车削大外圆和大端面及倒角。

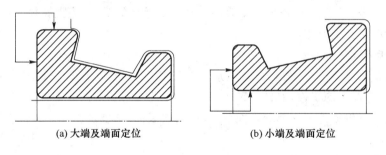

(a)大端及端面定位　　　　　　(b)小端及端面定位

图 2.1-8　轴承内圈两道工序加工方案

(2)以同一把刀具加工的结构内容作为一道工序

有些零件结构较复杂,既有回转表面也有非回转表面,既有外圆、平面也有内腔、曲面。对于加工内容较多的零件,按零件结构特点将加工内容组合分成若干部分,每一部分用一把典型刀具加工。这时可以将组合在一起的所有部位作为一道工序。

(3)按粗、精加工划分工序

对于加工后易发生变形的工件,通常粗加工后需要进行矫形,这时粗加工和精加工作为两道工序,可以采用不同的刀具、不同的机床、不同的时间节点加工,以便粗加工内应力的释放;对毛坯余量较大和加工精度要求较高的零件,应将粗车和精车分开,划分成两道或更多的工序,保证零件的最终精度要求。

(4)按加工部位划分工序

对于加工表面多而复杂的零件,可按其结构特点将加工部位划分成多道工序,如内腔、外形、曲面或平面,并将每一部分的加工作为一道工序。

零件从毛坯到成品不是所有的工序都能在数控车床上完成,零件上有不适合数控车削加工的表面,如渐开线齿形、键槽、花键表面等,必须安排相应的非数控车削加工工序;零件表面硬度及精度要求均高,热处理需安排在数控车削加工之后,热处理之后一般安排磨削加工;零件要求特殊,不能用数控车削加工完成全部加工要求,则必须安排其他非数控车削加工工序,如喷丸、滚压加工和抛光等。零件上有些表面根据工厂条件采用非数控车削加工更合理,这时可适当安排这些非数控车削加工工序,如铣端面打中心孔等。

3.加工顺序的安排

在数控车床上加工零件,安排零件车削加工顺序一般遵循下列原则。

(1)基面先行原则

用作精基准的表面,要首先加工,因为定位基准的表面越精确,装夹误差就越小。例如,轴类零件加工时,先加工中心孔,再以中心孔为精基准加工轮廓表面和端面。

(2)先粗后精、粗精分开的原则

对于精度要求高的零件或易变形的薄壁类、细长轴类零件,为保证加工质量,粗、精加工工序应该分开安排,先进行粗加工,后进行精加工。

① 粗加工阶段:目的是提高加工效率,应考虑在最短的时间内,切除各表面上的大部分余量。

② 半精加工阶段:首先要完成次要表面的加工,其次为主要表面的精加工作准备,尽量满足精加工余量均匀性的要求。

③ 精加工阶段:关键是保证各加工表面达到图纸规定的要求,为提高加工质量,精车应保证零件最终轮廓一次走刀完成。

(3)先内后外,内外交叉原则

内表面加工散热条件差,为防止热变形对加工精度的影响,应先安排加工。对既有内表面,又有外表面需加工的零件,安排加工顺序时,通常应先进行内外表面粗加工,后进行内外表面精加工。切不可将零件上一部分表面(外表面或内表面)全部加工完后,再加工其他表面(内表面或外表面)。

(4)先主后次原则

零件的主要工作表面、装配面应先加工,从而能及早发现毛坯中主要表面可能出现的缺陷。次要表面可穿插进行,放在主要加工表面加工到一定程度后、最终精加工之前进行。

(5)易损面后行原则

零件加工过程中,容易损坏的轮廓表面应安排在后面加工,以避免周转过程中损坏。例如,螺纹表面的加工在没有特殊情况下就应尽量安排在即将完工的工序中进行。

(6)工序集中的原则

以相同定位、夹紧方式安装的工序,最好接连进行,经减少重复定位次数和夹紧次数。

4. 数控车削加工工步顺序和进给路线的确定

（1）工步顺序安排的一般原则

1）先粗后精

对于粗精加工安排在一道工序内进行的,先对各表面进行粗加工,全部粗加工结束后再进行半精加工和精加工,逐步提高加工精度,有利于保证零件的加工质量。

2）先近后远

加工如图 2.1－9 所示的轴类零件,当最小端的背吃刀量没有超过加工极限时,可选择先加工离对刀点距离近的部位,依次切向较远处,有利于缩短刀具移动路径,提高加工效率。

3）刀具集中

同一把刀加工的内容应连续安排,以减少换刀次数,缩短刀具移动距离,特别是同一轮廓表面的精加工路线一定要连续切削。

4）内外交叉

对内外表面安排在一道工序中加工的零件,应先进行零件的内、外表面的粗加工,后进行内、外表面的精加工。

5）保证零件加工刚性

一道工序中需进行多工步加工时,应先安排对零件刚性破坏较小的工步,以保证零件加工的刚性要求。例如,轴类零件加工时,为保证

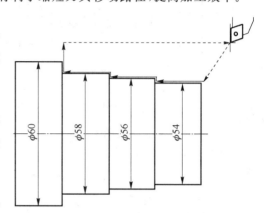

图 2.1－9　先近后远示例

加工刚性的要求,一般情况下工步安排时就先加工大端,后加工小端。

（2）进给路线安排的一般原则

进给路线是指数控机床加工过程中刀具相对零件的运动轨迹和方向,也称为走刀路线。包括切削加工的路径及刀具切入、切出等非切削空行程。

数控车削确定进给路线,重点在于确定粗加工及空行程的进给路线,因精加工切削过程的进给路线基本上都是沿其零件轮廓顺序进行的。

1）粗加工进给路线

① 最短的切削进给路线

切削进给路线缩短,可以有效地降低刀具的损耗,提高生产效率。如图 2.1－10 所示的 3 种不同的切削进给路线,图 2.1－10(a)是利用数控系统具有的矩形循环功能安排的"矩形"循环进给路线;图 2.1－10(b)是利用数控系统具有的三角形循环功能安排的"三角形"循环进给路线;图 2.1－10(c)是利用数控系统具有的封闭式复合循环功能安排的"轮廓"进给路线循环。其中"矩形"循环轨迹加工的进给路线长度最短。

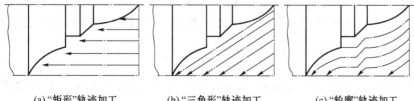

(a)"矩形"轨迹加工　　(b)"三角形"轨迹加工　　(c)"轮廓"轨迹加工

图 2.1－10　常用粗加工循环进给路线

② 大余量毛坯的切削进给路线

图 2.1－11 是粗加工大余量工件的两种加工路线。图 2.1－11(a)由余量的低点逐层向上切削,在同样的背吃量的条件下,余量多且不均匀,所以是不合理的进给路线;图 2.1－11(b)由余量的最高点逐层向下切削,每次切削留下的加工余量基本相等,所以是合理的进给路线。

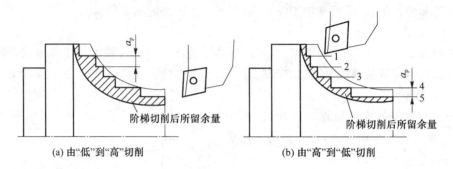

(a) 由"低"到"高"切削　　　　　(b) 由"高"到"低"切削

图 2.1－11　大余量毛坯粗加工循环进给路线

2)精加工进给路线的确定

① 切入、切出及接刀点位置的选择

应选在有空刀槽或表面间有拐点、转角的位置,而曲线要求相切或光滑的部位不能作为切入、切出及接刀点的位置。

② 最终轮廓一次走刀完成

在安排连续切削进给路线时,零件的完工轮廓应由最后一刀连续加工而成。而且,加工刀具的进、退刀位置要考虑妥当,尽量不要在连续的轮廓中安排切入、切出、换刀或停顿,以免因切削力突然变化而造成弹性变形,致使光滑连接轮廓上产生表面划伤、形状突变或滞留刀痕等缺陷。

③ 精度要求不一致轮廓的进给路线

若各部位的精度相差不是很大,则应以最严的精度为准,连续走刀加工所有部位;若精度相差较大,则精度接近的表面安排在同一走刀路线内,先加工精度较低的部位,再单独安排精度高部位的走刀路线。

(五) 零件的定位基准与夹具的选择

1. 定位基准的选择

合理选择定位基准不但对保证零件的尺寸精度和位置精度起决定性作用,而且还会影响到夹具结构的复杂程度和加工效率。

(1) 精基准的选择

位置精度为主,同时也应使夹具结构简单可靠,装夹方便。精基准的选择应遵循如下原则:精基准的选择应从保证零件加工尺寸精度出发,同时考虑装夹方便,夹具结构简单。精基准的选择原则如下。

1) 基准重合原则

为避免基准不重合误差,方便编程,应选用工序基准(设计基准)作为定位基准,并使工序基准、定位基准、编程原点三者统一,这是最优先考虑的方案。

2）基准统一原则

在多工序或多次安装中，选用相同的定位基准，这对数控加工保证零件的位置精度非常重要。

3）便于装夹原则

所选择的定位基准应能保证定位准确、可靠，定位、夹紧机构简单，敞开性好，操作方便，能加工尽可能多的内容。

4）便于对刀原则

批量加工时，在工件坐标系已确定的情况下，采用不同的定位基准为对刀基准建立工件坐标系，会使对刀的方便性不同，有时甚至无法对刀，这时就要分析此种定位方案是否能满足对刀操作的要求，否则原设工件坐标系须重新设定。

（2）粗基准的选择

选择粗基准时，必须达到两个基本要求：首先应该保证所有加工表面都有足够的加工余量；其次应该保证零件上加工表面和不加工表面之间具有一定的位置精度。粗基准的选择原则如下。

① 选择不加工表面作为粗基准。如果必须保证工件上加工表面与不加工表面之间的相互位置精度，则应选择不加工面为粗基准。如果有多个不加工表面，则应以与加工表面位置精度要求较高的表面作为粗基准。

② 若必须首先保证工件上某重要表面加工余量均匀，则应选择该表面作为粗基准。

③ 粗基准应选择平整光洁的表面。

④ 粗基准一般只能使用一次，不能重复使用。

2．工件的装夹与夹具的选择

（1）工件装夹的基本原则

在数控机床上加工工件时，定位安装的基本原则与普通机床相同。为了提高数控机床的加工效率，在确定定位基准与夹紧方案时应注意下列几点：

① 力求设计基准、工艺基准和编程计算基准统一，以减小基准不重合产生的加工误差和数控编程计算的工作量。

② 尽可能一次定位装夹后就能加工出工件上全部待加工表面，减少装夹次数，提高各加工表面之间的相互位置精度。

③ 避免采用占机人工调整方案，缩短占机时间，提高数控机床的加工效率。

（2）选择夹具的基本原则

数控加工对夹具有两大要求：一是保证夹具的坐标方向与机床的坐标方向相对固定；二是协调工件与机床坐标系的尺寸关系。在数控车床上装夹工件时，应保证工件被加工回转面的轴线与车床主轴轴线共线，并且在工件受到各种外力的作用时，仍能保持其相对位置不变。此外，还应考虑以下几点：

① 单件小批量生产时，尽量采用通用夹具、组合夹具、可调式夹具，以缩短生产准备时间，节省生产费用。

② 成批生产时，可考虑采用专用夹具、气动或液压夹具或多工位夹具，以保证加工精度，提高装夹效率，减轻工人的劳动强度，但应力求结构简单。

③ 零件的装卸要快速、方便、可靠，以缩短机床的辅助时间，充分发挥数控机床的效能。

④ 夹具要敞开，夹具上各零部件应不妨碍机床对零件各表面的加工。其定位、夹紧机构

元件不能影响加工中的走刀。

⑤ 为满足数控加工精度,要求夹具精度高,且定位精度高。

⑥ 夹紧力的作用点应落在工件刚性较好的部位。

如图 2.1－12 所示,薄壁套的轴向刚性比径向刚性好,用卡爪径向夹紧时工件变形大,若沿轴向施加夹紧力,则变形会小得多。

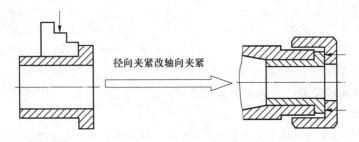

图 2.1－12 夹紧力作用点与夹紧变形的关系

(3) 数控车床常用装夹方法

数控车床多采用三爪自定心卡盘(见图 2.1－13)、四爪单动卡盘(见图 2.1－14)夹持工件;轴类工件还可采用尾座顶尖(见图 2.1－15)支撑工件。

图 2.1－13 三爪自定心卡盘图　　　**图 2.1－14 四爪单动卡盘**

(a) 普通顶尖　　　(b) 伞形顶尖　　　(c) 可换顶尖　　　(d) 可注油回转顶尖

图 2.1－15 常用顶尖类型

数控车床常用装夹方法见表 2.1－1。

表 2.1－1 数控车床常用装夹方法

序　号	装夹方法	特　点	适用范围
1	三爪卡盘	夹紧力较小,夹持工件时一般不需要找正,装夹速度快	适于装夹中小型圆柱形、正三边或正六边形工件

序　号	装夹方法	特　点	适用范围
2	四爪卡盘	夹紧力较大,装夹精度高,不受卡爪磨损的影响,但夹持工件时需要找正	适于装夹形状不规则或大型的工件
3	两顶尖及鸡心夹头	用两端中心孔定位,容易保证定位精度,但由于顶尖细小,装夹不够牢靠,不宜用大的切削用量进行加工	适于装夹轴类零件
4	一夹一顶	定位精度较高,装夹牢靠	适于装夹轴类零件
5	中心架	配合三爪卡盘或四爪卡盘来装夹工件,可以防止弯曲变形	适于装夹细长的轴类零件
6	心轴与弹簧卡头	以孔为定位基准,用心轴装夹来加工外表面,也可以外圆为定位基准,采用弹簧卡头装夹来加工内表面,工件的位置精度较高	适于装夹内外表面的位置精度要求较高的套类零件

(六) 数控车削加工刀具材料及其选择

1. 车削刀具常用材料

刀具材料的合理选择和使用对于提高数控加工效率、降低生产成本、加快新产品开发有着十分重要的作用。目前,金属切削加工中常用的刀具材料有高速钢、硬质合金、陶瓷、立方氮化硼和金刚石 5 类。数控机床刚性好,精度高,可一次装夹完成工件的粗加工、半精加工和精加工,数控车床一般选用硬质合金可转位车刀,以满足粗加工高强度、抗冲击及精加工高精度、高可靠性的要求。

硬质合金是将钨钴类(WC)、钨钛钴类(WC-Ti)、钨钛钽(铌)钴类(Wc-TiC-Tac)等硬质碳化物以 Co 为结合剂烧结而成的物质。按 ISO 标准硬质合金刀片材料大致可分为三类。

(1) 普通硬质合金

1) 钨钴类(WC＋Co)

合金代号为 YG,对应于国际标准 K(K10-K40)类,适合切削短切屑的黑色金属、有色金属和非金属材料。此合金钴含量越高韧性越好,抗冲击能力强,适于粗加工;钴含量低的硬度高,耐磨性好,适于精加工。

2) 钨钛钴类(WC＋Tic＋Co)

合金代号为 YT,对应于国际标准 P(P01～P50)类,此合金有较高的硬度和耐热性,主要用于加工长切屑的黑色金属材料。合金中 TiC 含量提高,则耐磨性和耐热性提高,但强度降低。因此粗加工一般选择 TiC 含量低的牌号,精加工选择含量高的牌号。

3) 钨钛钽(铌)钴类(WC＋Tic＋TaC(NbC)＋Co)

合金代号为 YW,对应于国际标准 M(M10～M40)类,属于通用型。此硬质合金不但适用于加工冷硬铸铁、有色金属及合金的半精加工,也能用于高锰钢、淬火钢、合金钢及耐热合金钢的半精加工和精加工。

(2) 涂层硬质合金

涂层硬质合金是在韧性较好的硬质合金基体上,涂覆一层耐磨损、耐溶着、耐反应的物质。

常用的涂层材料有 TiC、TiN 和 Al_2O_3 等,TiC 的硬度比 TiN 高,抗磨损性能好。不过 TiN 与金属亲和力小,在空气中抗氧化能力强。因此,对于摩擦剧烈的刀具,宜采用 Tic 涂层,而在容易产生黏结条件下,宜采用 TiN 涂层刀具。

涂层可以采用单涂层也可以采用复合涂层,如 TiC-FiN、TiC-Al_2O_3、Tic-TiN-Al_2O_3 等。涂层厚度一般为 $5\sim8~\mu m$,它具有比基体高得多的硬度,表层硬度可达 $2\,500\sim4\,200~HV$。

涂层刀具具有高的抗氧化性能和抗黏结性能,因此具有较高的耐磨性。涂层摩擦系数较低,可降低切削时的切削力和切削温度,提高刀具耐用度,高速钢基体涂层刀具耐用度可提高 $2\sim10$ 倍,硬质合金基体刀具耐用度可提高 $1\sim3$ 倍。加工材料硬度越高,涂层刀具效果越好。

2. 数控车削刀具的选择

(1) 数控车床常用刀具及对应加工面

1) 外孔车刀

用于车削工件的外圆轮廓表面、端面、阶台和倒角等,如图 2.1-16 所示。

2) 内孔车刀

用于车削工件的内孔表面、端面、内孔阶台和倒角等,如图 2.1-17 所示。

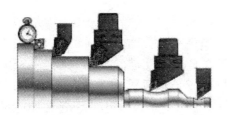

图 2.1-16　外圆车刀及车削表面

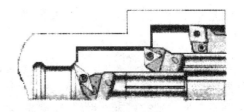

图 2.1-17　内孔车刀及车削表面

3) 切断(切槽)刀

此类刀具用于切断(切槽)、端面切槽、仿形加工和内孔切槽等,如图 2.1-18 所示。

4) 螺纹车刀

此类刀具用于车削内、外普通螺纹,圆锥螺纹和端面螺纹等,如图 2.1-19 所示。

(2) 可转位硬质合金刀片的表示规则

硬质合金可转位刀片的国家标准采用了 ISO 国际标准,可转位车刀的型号由规定顺序排列的一组数字组成,共有 10 位。

1—切断;2—仿形车削;3—切槽;4—车外圆;
5—端面切槽;6—车端面;7—镗孔;8—镗内槽

图 2.1-18　切断(切槽)刀及切削表面

图 2.1-19　螺纹车刀及切削表面

刀片型号举例：

S	N	M	M	15	06	20	F	R	－A4
1	2	3	4	5	6	7	8	9	10

具体内容选项见表 2.1－2。

表 2.1－2　刀片型号编写规则

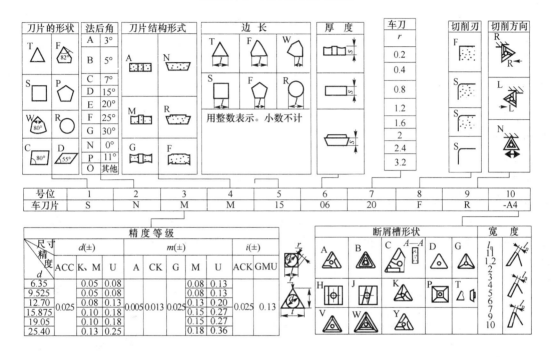

（3）可转位车刀的选用

由于刀片的形式多种多样，并采用多种刀具结构和几何参数，因此可转位车刀的品种越来越多，使用范围很广，下面介绍与刀片选择有关的几个问题。

1）刀片的紧固方式

在国家标准中，一般紧固方式有上压式（代码为 C）、上压与销孔夹紧式（代码 M）、销孔夹紧式（代码 P）和螺钉夹紧式（代码 S）四种，可转位车刀紧固方式及主要特点见表 2.1－3。

表 2.1－3　可转位车刀紧固方式及主要特点

形　式	紧固示意图	使用刀片	特　点
销孔夹紧（P）		使用有孔的负前角平刀片或带断屑槽的刀片，上下两侧均可使用	夹紧力大，稳定性好，排屑流畅，刀片更换简便，应用广泛，一般适用于中、轻切削
上压与销孔夹紧（M）		使用有孔的正、负前角平刀片或带断屑槽的刀片，上下两侧均可使用	制造方便，使用可靠。适用切削力较大的场合，如加工条件恶劣，钢的粗加工、铸铁等短屑的加工等

形　式	紧固示意图	使用刀片	特　点
上压式夹紧(C)		使用有孔或无孔的正、负前角平刀片或带断屑槽的刀片,上下两侧均可使用	制造方便,夹紧力大,稳定性好。陶瓷、立方氮化硼等刀片常用此夹紧方式
螺钉夹紧(S)		使用有孔的负前角平刀片或带断屑槽的刀片,单侧使用	结构简单、紧凑,制造容易。刀片可重复性好,一般用于中小型车刀,如小孔车刀或外圆精车刀

2) 刀片外形的选择

刀片外形与加工的对象、刀具的主偏角、刀尖角和有效刃数等有关。不同的刀片形状有不同的刀尖强度,一般刀尖角越大,刀尖强度越大,反之亦然。圆刀片(R 型)刀尖角最大,35°菱形刀片(V 型)刀尖角最小,如图 2.1 - 20 所示。一般外圆车削常用 80°凸三边形(W 型)、四方形(S 型)和 80°菱形(C 型)刀片。仿形加工常用 55°(D 型)、35°(V 型)菱形和圆形(R 型)刀片,90°主偏角常用三角形(T 型)刀片,如图 2.1 - 21 所示。在选用时,应根据加工条件恶劣与否,按重、中、轻切削有针对性地选择。在机床刚性、功率允许的条件下,大余量、粗加工应选用刀尖角较大的刀片;反之,机床刚性和功率小、小余量、精加工时宜选用较小刀尖角的刀片。

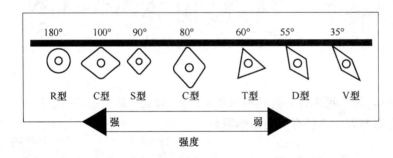

图 2.1 - 20　刀片形状与刀尖强度的关系图　　　图 2.1 - 21　刀片形状与工件轮廓的关系

3) 刀杆头部形式的选择

刀头形式按主偏角和直头、弯头,国家标准对各形式规定了相应的代码,见表 2.1 - 4。

表 2.1 - 4　刀杆头部形式

代　号	A	B	C	D	E
头部形式	90°	75°	90°	45°	60°

代　号	F	G	H	J	K
头部形式	90°	90°	107°30′	93°	75°

代　号	L	M	N	P	R
头部形式	95°	50°	63°	117°30′	75°

代　号	S	T	U	V	W
头部形式	45°	60°	93°	72°30′	60°

代　号	Y	Z	X		
头部形式	85°	100°	非标准主偏角		

可以根据实际情况选择。有直角台阶的工件,可选主偏角大于或等于90°的刀杆。一般粗车可选主偏角 45°～90°的刀杆;精车可选 45°～75°的刀杆;中间切入、仿形车则选 45°～107.5°的刀杆;工艺系统刚性好时,可选较小值;工艺系统刚性差时,可选较大值。当刀杆为弯头结构时,则既可加工外圆,又可加工端面。如图 2.1－22 所示为几种不同主偏角车刀车削加工的示意图,图中箭头指向表示车削时车刀的进给方向。

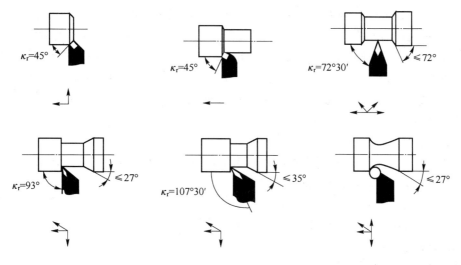

图 2.1－22　不同主偏角车刀车削加工的示意图

4) 刀片法后角的选择

刀片法后角的代号见表2.1-5。

表2.1-5　刀片法后角的代号

代　号	B	C	D	E	F	N	P
示意图	5°	7°	15°	20°	25°	0°	11°

一般粗加工、半精加工可用N型;半精加工、精加工可用C、P型,也可用带断屑槽形的N型刀片;加工铸铁、硬钢可用N型;加工不锈钢可用C、P型;加工铝合金可用P、E型等;加工弹性恢复性好的材料可选用较大一些的后角;一般孔加工刀片可选用C、P型,大尺寸孔可选用N型。

5) 左右手刀柄的选择

左右手刀柄有R(右手)、L(左手)、N(左右手)3种,具体见表2.1-6。

表2.1-6　刀具切削方向的代号

代　号	R(右手)	N(左右手)	L(左手)
示意图(刀架前置)			
示意图(刀架前置)			

选择刀具切削方向时,要考虑车床刀架是前置式还是后置式,前刀面是向上还是向下,主轴的旋转方向以及需要的进给方向等。

6) 刀尖圆弧半径的选择

刀尖圆弧半径不仅影响切削效率,而且关系到被加工表面的粗糙度及加工精度。从刀尖圆弧半径与最大进给量关系来看,最大进给量不应超过刀尖圆弧半径尺寸的80%,否则将恶化切削条件,甚至出现螺纹状表面和打刀等问题。刀尖圆弧半径还与断屑的可靠性有关,为保证断屑、切削余量和进给量有一个最小值。当刀尖圆弧半径减小时,所得到的这两个最小值也相应减小。因此,从断屑可靠出发,通常对于小余量、小进给车削加工应采用小的刀尖圆弧半径,反之宜采用较大的刀尖圆弧半径。

粗加工时,注意以下几点:

① 为提高刀刃强度,应尽可能选取大刀尖半径的刀片,大刀尖半径可允许大进给。

② 在有振动倾向时,则选择较小的刀尖半径。

③ 常用刀尖半径为1.2~1.6 mm。

④ 粗车时进给量不能超过如表2.1-7所列的最大进给量,作为经验法则,一般进给量可取为刀尖圆弧半径的一半。

精加工时,注意以下几点:

① 精加工的表面质量不仅受刀尖圆弧半径和进给量的影响,而且受工件装夹稳定性、夹

具和机床的整体条件等因素的影响。

② 在有振动倾向时选较小的刀尖半径。

③ 非涂层刀片比涂层刀片加工的表面质量高。

表 2.1-7　不同刀尖半径时最大进给量

刀尖半径/mm	0.4	0.8	1.2	1.6	2.4
最大推荐进给量/(mm·r^{-1})	0.25~0.35	0.4~0.7	0.5~1.0	0.7~1.3	1.0~1.8

7）断屑槽形的选择

断屑槽的参数直接影响着切屑的卷曲和折断，目前刀片的断屑槽形式较多，各种断屑槽刀片使用情况不尽相同。槽形根据加工类型和加工对象的材料特性来确定，各供应商表示方法不一样，但思路基本一样：基本槽形按加工类型有精加工（代码 F）、普通加工（代码 M）和粗加工（代码 R）；加工材料按国际标准有加工钢的 P 类、不锈钢、合金钢的 M 类和铸铁的 K 类。这两种情况一组合就有了相应的槽形，比如 FP 就指用于钢的精加工槽形，MK 是用于铸铁普通加工的槽形等。如果加工向两方向扩展，如超精加工和重型粗加工，以及材料也扩展，如耐热合金、铝合金和有色金属等，就有了超精加工、重型粗加工和加工耐热合金、铝合金等补充槽形，选择时可查阅具体的产品样本。一般可根据工件材料和加工的条件，选择合适的断屑槽形和参数，当断屑槽形和参数确定后，主要靠进给量的改变控制断屑。

（七）数控车削加工的切削用量选择

数控编程时，编程人员必须确定每道工序的切削用量，并以指令的形式写入程序中。数控车削加工中切削用量包括背吃刀量、主轴转速（切削速度）和进给速度（进给量）等。

1. 背吃刀量 a_p 的确定

背吃刀量根据机床、工件和刀具这一系统刚性来决定，在系统刚性允许的条件下，应尽可能选择较大的背吃刀量，这样可以减少走刀次数，提高生产效率。对于表面粗糙度和精度要求较高的零件，要留有足够的精加工余量，数控加工的精加工余量可比通用机床加工的余量小一些，一般为 0.1~0.5 mm。

2. 主轴转速 n 的确定

（1）车光轴时的主轴转速

车光轴时，主轴转速 n(r/min)的确定应根据零件上被加工部位的直径，并按零件和刀具的材料及加工性质等条件所允许的切削速度 v_c(m/min)来确定。

在实际生产中，主轴转速可用下式计算：

$$n = \frac{1\,000v_c}{\pi d}$$

式中，v_c——切削速度，由刀具的耐用度决定；d——零件待加工表面的直径(mm)。

主轴转速 n 要根据计算值在机床说明书中选取标准值，并填入程序中。

在确定主轴转速时，还应考虑以下几点：

① 应尽量避开积屑瘤产生的区域。

② 断续切削时，为减小冲击和热应力，要适当降低切削速度。

③ 在易发生振动的情况下，切削速度应避开自激振动的临界速度。

④ 加工大件、细长件和薄壁工件时，应选用较低的切削速度。

⑤ 加工带外皮的工件时，应适当降低切削速度。

（2）车螺纹时的主轴转速

在车螺纹时，车床主轴转速受螺纹的导程（螺距）、电动机调速、螺纹插补运算等因素的影响，转速不能过高。因此，大多数经济型车床数控系统推荐车螺纹时主轴转速如下：

$$n \leqslant \frac{1\,200}{P} - k$$

式中，P——被加工工件螺纹导程（螺距），单位：mm；K——保险系数，一般为 80。

3. 进给量（进给速度）f 的确定

进给量（进给速度）f（mm/r 或 mm/min）是数控机床切削用量中的重要参数，主要根据零件的加工精度、表面粗糙度要求、刀具及工件的材料性质选取。最大进给量受机床、刀具、工件系统刚度和进给驱动及控制系统的限制。

当加工精度、表面粗糙度要求高时，进给速度（进给量）应选小些，一般选取 0.1～0.3 mm/r。粗加工时，为缩短切削时间，一般进给量就取得大些，一般取为 0.3～0.8 mm/r。切断时宜取 0.05～0.2 mm/r。工件材料较软时，可选用较大的进给量；反之，应选较小的进给量。

4. 选择切削用量时应注意的几个问题

以上切削用量选择是否合理，对于实现优质、高产、低成本和安全操作具有很重要的作用。

切削用量选择的一般原则如下：

① 粗车时，一般以提高生产率为主，但也应考虑经济性和加工成本，首先选择大的背吃刀量，其次选择较大的进给量，增大进给量有利于断屑；最后根据已选定的吃刀量和进给量，并在工艺系统刚性、刀具寿命和机床功率许可的条件下选择一个合理的切削速度，减小刀具消耗，降低加工成本。

② 半精车或精车时，加工精度和表面粗糙度要求较高，加工余量不大且均匀，应在保证加工质量的前提下，兼顾切削效率、经济性和加工成本，通常选择较小的背吃刀量和进给量，并选用切削性能高的刀具材料和合理的几何参数，以尽可能提高切削速度，保证零件加工精度和表面粗糙度。

③ 在安排粗、精车用量时，应注意机床说明书给定的允许切削用量范围。对于主轴采用交流变频调速的数控车床，由于主轴在低转速时扭矩降低，尤其应注意此时的切削用量选择。表 2.1-8 所列为数控车削用量推荐值，供编程时进行参数的选取。

表 2.1-8　切削用量推荐数据

工件材料	加工方式	背吃刀量/mm	切削速度/(m·min⁻¹)	进给量/(mm·r⁻¹)	刀具材料
碳素钢 $\sigma_b > 600$ Mpa	粗加工	5～7	60～80	0.2～0.4	YT 类
	粗加工	2～3	80～120	0.2～0.4	
	精加工	0.2～0.3	120～150	0.1～0.2	
	车螺纹		70～100	导程	
	钻中心孔		500～800 r/min		W18Cr4V
	钻孔		～30	0.1～0.2	
	切断（宽度<5 mm）		70～110	0.1～0.2	YT 类

工件材料	加工方式	背吃刀量/mm	切削速度/(m·min⁻¹)	进给量/(mm·r⁻¹)	刀具材料
合金钢 $\sigma_b = 1\ 470\ Mpa$	粗加工	2～3	50～80	0.2～0.4	YT类
	精加工	0.1～0.15	60～100	0.1～0.2	
	切断(宽度<5 mm)		40～70	0.1～0.2	
铸铁 200 HBS 以下	粗加工	2～3	50～70	0.2～0.4	YG类
	精加工	0.1～0.15	70～100	0.1～0.2	
	切断(宽度<5 mm)		50～70	0.1～0.2	
铝	粗加工	2～3	600～1 000	0.2～0.4	YG类
	精加工	0.2～0.3	800～1 200	0.1～0.2	
	切断(宽度<5 mm)		600～1 000	0.1～0.2	
黄铜	粗加工	2～4	400～500	0.2～0.4	YG类
	精加工	0.1～0.15	450～600	0.1～0.2	
	切断(宽度<5 mm)		400～500	0.1～0.2	

总之,切削用量的具体数值应根据机床说明书、切削用量手册的说明并结合实际经验确定。同时,使主轴转速、背吃刀量及进给速度三者能相互适应,以确定合适的切削用量。

三、项目实施

下面以如图 2.1 - 1 所示固定套为例,分析固定套的数控车削加工工艺(小批量生产)。

(一) 零件图工艺分析

固定套体材料为 1Gr18Ni9Ti,2 个铜套材料为 QSn6.5 - 0.1,两个铜套为基准备孔,支承其他零件。固定套体由内外圆柱面、端面、外螺纹等表面组成,其中径向尺寸有较高的尺寸精度和表面粗糙度要求,零件要求两端铜套 $\phi55$ 孔对 $\phi62$ 外径同轴度不大于 $\phi0.025$,端面对基准 A 的垂直度不大于 0.04,安排工序时应仔细斟酌,以保证位置公差的要求。固定套的毛坯如图 2.1 - 2 所示,由普车粗加工而成。

通过上述分析,采取工艺措施如下。

① 在安排工序前,应绘制固定套的毛坯图,并注意尺寸的取舍;

② 安排工序时应遵循"基准先行"原则,首先加工 $\phi92$ 的轴径,作为 $\phi65$ 轴径、$\phi55$ 孔的基准;

③ 零件图样上带公差的尺寸,因公差值要求较高,故编程时须取平均值;

④ 合理安排数控加工工序与非数控加工工序的加工顺序。

(二) 确定装夹方案

工件加工过程中选用三爪自定心卡盘定位夹紧,内、外表面的加工均以外圆定位,多次调头安装完成。为保证位置公差要求,最终工序用三爪自动定心卡盘夹紧 $\phi92$ 外圆,在一次安装中完成外圆、内孔所有重要尺寸及位置公差的加工。

（三）确定加工顺序及走刀路线

加工顺序的确定按"先基准后其他、先粗后精、先近后远、内外交叉"的原则确定,在一次装夹中尽可能加工出较多的工件表面。结合本零件的结构特征,先加工外轮廓刚性较好表面,再以此定位加工其他部位。由于该零件为小批量生产,走刀路线设计不必考虑最短进给路线或最短空行程路线,可沿零件轮廓表面顺序进行。机加工工艺路线如下:

工序一:第一次安装,夹毛坯外圆,车削零件固定套大端端面及外圆,如图 2.1-23 所示;

工序二:夹 $\phi 93$ 外圆,粗车外径 $\phi 65$ 至 $\phi 66$,粗车 $\phi 55$ 至 $\phi 54.8$,车内沟槽及铜套子口成,如图 2.1-24 所示;

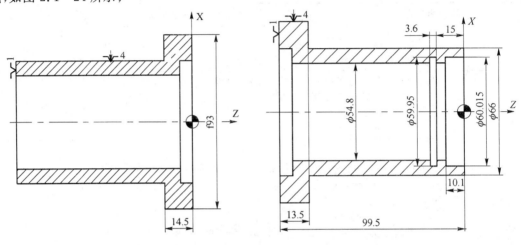

图 2.1-23　工序一加工简图　　　　　　图 2.1-24　工序二加工简图

工序三:夹 $\phi 66$ 外圆,精车 $\phi 92$ 外圆至图纸尺寸要求,精车端面,控制尺寸 13.1;精车 $\phi 72$ 孔至图纸尺寸要求,精车铜套子口至图纸尺寸要求,如图 2.1-25 所示;

工序四:用压力机压装铜套;

工序五:夹 $\phi 92$ 精车外形,精车铜套内孔尺寸至图纸尺寸要求,车外圆槽,车螺纹,如图 2.1-26 所示。

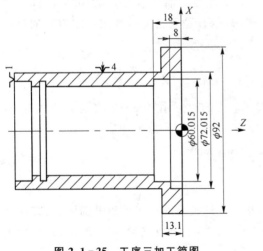 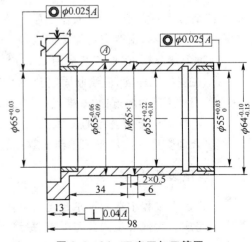

图 2.1-25　工序三加工简图　　　　　　图 2.1-26　工序五加工简图

（四）刀具选择

将所选定的刀具及其参数填入轴承套数控加工刀具卡片中，以便于编程和操作管理。固定套加工选用刀具卡片见表2.1-9。

表 2.1-9　固定套数控加工刀具卡片

产品名称或代号			零件名称	固定套	零件图号	04-21
序　号	刀具号	刀具名称及规格	数　量	加工表面	刀尖半径/mm	备　注
1	T0101	93°外圆粗车刀	1	车端面、轮廓	0.8	
2	T0202	93°外圆精车刀	1	车端面、轮廓	0.4	
3	T0303	93°内孔粗车刀	1	镗内孔各表面	0.8	
4	T0404	93°内孔精车刀	1	镗内孔各表面	0.4	
5	T0505	内孔切槽刀	1	内沟槽		宽 3.6 mm
6	T0606	外切槽刀	1	退刀槽		宽 2 mm
7	T0707	外螺纹刀	1	外螺纹		刀尖 60°
编　制		审　核		批　准	年　月　日	共 1 页　第 1 页

（五）切削用量选择

根据被加工表面质量要求，以及刀具材料和工件材料，参考切削用量手册或有关资料选取切削速度与进给量，计算结果填入表2.1-10工序卡中。

背吃刀量的选择因粗、精加工而有所不同。粗加工时，在工艺系统刚性和机床功率允许的情况下，尽可能取较大的背吃刀量，以减少进给次数；精加工时，为保证零件表面粗糙度要求，背吃刀量一般取 0.1~0.4 mm 较为合适。

（六）数控加工工艺卡的拟订

将前面分析的各项内容综合，编制数控加工工序卡。轴承套数控加工工序卡见表2.1-10~表2.1-13。

表 2.1-10　固定套数控加工工序卡一

数控加工工序卡			产品名称	零件名称	零件图号
				轴承套	01
工序号	程序编号	夹具名称	夹具编号	使用设备	车　间
001	O0010	三爪卡盘			数控实训中心
工步号	工步内容	切削用量			刀　具		量　具	
		主轴转速/ $n(\text{r} \cdot \text{min}^{-1})$	进给速度/ $F(\text{mm} \cdot \text{r}^{-1})$	背吃刀量 a_{p}/mm	编　号	名　称	编　号	名　称
1	平端面	500	0.2	1	T0101	93°外圆车刀	1	游标卡尺
2	粗车 ϕ97 mm 外圆 至 ϕ93 mm	500	0.2	2	T0101	93°外圆车刀	1	游标卡尺
编　制		审　核		批　准		年　月　日	共 1 页	第 1 页

表 2.1-11　固定套数控加工工序卡二

数控加工工序卡			产品名称	零件名称	零件图号
				轴承套	01
工序号	程序编号	夹具名称	夹具编号	使用设备	车　间
002	O0020	三爪卡盘			数控实训中心
工步号	工步内容	切削用量			刀　具		量　具	
		主轴转速/ $n(\text{r} \cdot \text{min}^{-1})$	进给速度/ $F(\text{mm} \cdot \text{r}^{-1})$	背吃刀量 a_{p}/mm	编　号	名　称	编　号	名　称
1	平端面,保证总长 99.5 mm 车 ϕ93 mm 外圆右端 面保证厚度 13.5 mm 粗车外圆 ϕ68 mm 至 ϕ66 mm	500	0.1	1.5 / 1	T0101	93°外粗 圆车刀	1	游标卡尺
2	粗车内孔 ϕ52 mm 至 ϕ54 mm 粗车子口至 ϕ59.5 mm	500	0.1	0.5 / 1.25/0.25	T0303	93°内孔 车刀	1	游标卡尺
3	精车子口至 ϕ60.015 mm ×10.1 mm 精车内孔 至 ϕ54.8 mm 保证与 子口同心	800	0.08	0.4	T0404	93°内孔 车刀	2	内径千 分尺
4	切 ϕ59.95 mm× 3.6 mm 内沟槽	500	0.06		T0505	3.6 宽切 槽刀		
编　制		审　核		批　准		年　月　日	共 1 页	第 1 页

表 2.1－12　固定套数控加工工序卡三

数控加工工序卡			产品名称	零件名称	零件图号
				轴承套	01
工序号	程序编号	夹具名称	夹具编号	使用设备	车　间
003	O0030	三爪卡盘			数控实训中心

工步号	工步内容	切削用量			刀　具		量　具	
		主轴转速/$n(\mathrm{r \cdot min^{-1}})$	进给速度/$F(\mathrm{mm \cdot r^{-1}})$	背吃刀量a_p/mm	编　号	名　称	编　号	名　称
1	精车 $\phi 93$ mm 外圆端面保证厚度 13.1 mm 精车外圆 $\phi 93$ mm 至 $\phi 92$ mm	800	0.1	0.4 0.5	T0202	93°外圆精车刀	1	游标卡尺
2	半精车精车内子口 $\phi 72.015$ mm×8 mm、$\phi 60.015$ mm×18 mm	800	0.1		T0404	93°内孔精车刀	2	内径千分尺
编　制		审　核		批　准		年　月　日	共1页	第1页

表 2.1－13　固定套数控加工工序卡四

数控加工工序卡			产品名称	零件名称	零件图号
				轴承套	01
工序号	程序编号	夹具名称	夹具编号	使用设备	车　间
005	O0040	三爪卡盘			数控实训中心

工步号	工步内容	切削用量			刀　具		量　具	
		主轴转速/$n(\mathrm{r \cdot min^{-1}})$	进给速度/$F(\mathrm{mm \cdot r^{-1}})$	背吃刀量a_p/mm	编　号	名　称	编　号	名　称
1	平端面,保证总长 98 mm 精车外圆 $\phi 63.875$ mm×45 mm、$\phi 64.9$ mm×6 mm、$\phi 64.925$ mm×34 mm、精车端面保证尺寸 13	800	0.08		T0202	93°外圆精车刀	1	外径千分尺
2	精车子口 $\phi 55.015$ mm×10 mm 精车内孔 $\phi 55.16$ mm×80 mm 精车子口 $\phi 55.015$ mm×10 mm	800	0.08		T0404	93°内孔精车刀	2	内径千分尺
3	切 2 mm×0.5 mm 螺纹退刀槽	300	0.05		T0606	2 mm 宽切槽刀		
4	车螺纹 M65×1.0	300	1		T0707	60°螺纹车刀	3	M65×1-7 g 螺纹环规
编　制		审　核		批　准		年　月　日	共1页	第1页

小　结

本项目以一较复杂的典型轴套类零件案例为载体,贯穿了数控车削加工工艺制定所需的知识点,以此了解数控车削加工工艺的特点,确定最佳的数控加工路线,选择合理的切削用量、正确的安装工件、灵活地选用夹具。充分利用刀具材料的切削性能,即保证零件的加工精度及表面质量,又获得较高的生产效率。

思考与习题

一、选择题(将正确答案的序号填写在括号中)

1. 在数控机床上,下列划分工序的方法中错误的是(　　)。

　A. 按所用刀具划分工序　　　　　　　　B. 按加工部位划分工序

　C. 按粗、精加工划分工序　　　　　　　　D. 按不同的时间划分工序

2. 定位基准有粗基准和精基准两种,选择定位基准应力求基准重合原则,即(　　)统一。

　A. 设计基准、粗基准、精基准　　　　　　B. 设计基准、粗基准、工艺基准

　C. 设计基准、工艺基准、编程基准　　　　D. 设计基准、精基准、编程基准

3. 当工件以某一组精基准可以比较方便地加工其他各表面时,应尽可能在多数工序中采用同一组精基准定位,这就是(　　)原则。

　A. 基准统一　　　　　　　　　　　　　　B. 基准重合

　C. 互为基准　　　　　　　　　　　　　　D. 自为基准

4. 编写数控加工工序时,采用一次装夹工位上多任务集中加工原则的主要目的是(　　)。

　A. 缩短换刀时间　　　　　　　　　　　　B. 缩短空运行时间

　C. 减少重复定位误差　　　　　　　　　　D. 计划加工程序

5. 下列确定加工路线的原则中正确的说法是(　　)。

　A. 加工路线最短

　B. 数值计算简单

　C. 加工路线应保证被加工零件的精度及表面粗糙度

　D. A、B、D 同时兼顾

6. 单件、小批量、多品种产品加工时应选择(　　)。

　A. 专用夹具　　　　　　　　　　　　　　B. 成组夹具

　C. 组合夹具　　　　　　　　　　　　　　D. 通用夹具或专用夹具

7. 选择粗加工切削用量时,首先应选择尽可能大的(　　),以减少走刀次数。

　A. 背吃刀量　　　　　　　　　　　　　　B. 进给速度

　C. 切削速度　　　　　　　　　　　　　　D. 主轴转速

8. 精加工时的切削用量,一般以(　　)为主。

　A. 提高生产率　　　　　　　　　　　　　B. 降低切削功率

　C. 保证加工质量　　　　　　　　　　　　D. 以上都是

9. 刀具硬度最低的是(　　)。

　A. 高速钢刀具　　　　　　　　　　　　　B. 陶瓷刀具

　C. 硬质合金刀具　　　　　　　　　　　　D. 立方氮化硼刀具

10. 加工长切屑的黑色金属应该选用的硬质合金材料是(   )。

A. ISO 标准的 P 类或 GB 的 YG 类

B. ISO 标准的 M 类或 GB 的 YW 类

C. ISO 标准的 K 类或 GB 的 YT 类

D. ISO 标准的 P 类或 GB 的 YT 类

二、判断题(请将判断结果填入括号中,正确的填"√",错误的填"×")

1. (   )同一工件,数控机床加工的工序与普通机床加工的工序相同。

2. (   )在数控加工零件上,应以同一基准标注尺寸或直接给出坐标尺寸,这种标注方法便于编程。

3. (   )夹紧力的作用点应落在工件刚性较好的部位。

4. (   )硬质合金是一种耐磨性好、耐热性高、抗弯强度和冲击都较高的一种刀具材料。

5. (   )同一硬质合金牌号中又分为不同的组号,组号数字越大,硬度越高。

6. (   )影响刀具寿命最大的因素是切削速度。

三、简答题

1. 怎样选择数控车削加工的内容?

2. 数控加工零件图的工艺性分析的主要内容有哪些?

3. 数控加工工序划分的原则有哪些?

4. 什么是数控加工的走刀路线?确定走刀路线主要考虑哪些原则?

5. 选择切削用量的原则是什么?粗、精加工选择切削用量有什么不同特点?

四、项目训练题:

1. 分析如图 2.1 - 27 所示心轴的数控车削加工工艺,材料 45♯钢,毛坯为 ϕ52 mm× 178 mm 的实心棒料。

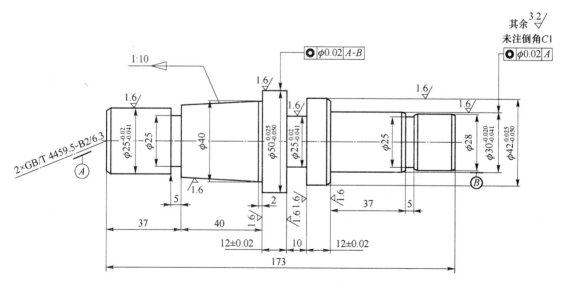

图 2.1 - 27 心 轴

2. 分析如图 2.1 - 28 所示隔离衬套的数控加工工艺,隔离套是某航空发动机螺旋桨轴上的支承衬套,毛坯为模锻件,ϕ70 mm×7 mm×50 mm,材料为 30GrA。

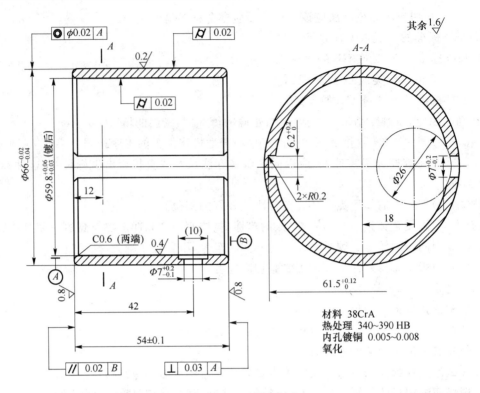

图 2.1 - 28　隔离衬套

项目二 阶梯轴的工艺
设计、编程及仿真

【知识目标】

① 掌握阶梯轴类零件的工艺性能及结构特点,能正确地分析并制定阶梯轴类零件的加工工艺;

② 掌握 FANUC 数控系统的 G00/G01/G90/G94/S/T/F/M 等指令的编程格式及应用时须注意的事项,能较合理地编写阶梯轴类零件的加工程序;

③ 掌握外圆车刀、切槽(断)刀的选用。

【能力目标】

① 正确地选择设备、刀具、夹具、切削用量,合理分析阶梯轴类零件的结构特点、工艺性能及特殊加工要求,编制数控加工工艺卡;

② 使用数控系统的基本指令,正确编制阶梯轴类零件的数控加工程序;

③ 运用数控系统仿真软件,校验编写零件数控加工程序,并虚拟加工零件。

一、项目导入

在数控车床上加工零件,要经过 4 个主要的工作环节,即确定工艺方案,编写加工程序,实际数控加工,零件测量检验。本项目主要学习阶梯轴零件的数控加工工艺制定和程序编制,零件的虚拟加工以及实际加工和检验。

如图 2.2-1 所示的为阶梯轴,已知材料为 45♯热轧钢,毛坯为 $\phi42$ mm×110 mm 棒料。要求制定零件的加工工艺,编写零件的数控加工程序,并通过数控仿真加工调试、优化程序,最后进行零件的加工检验。

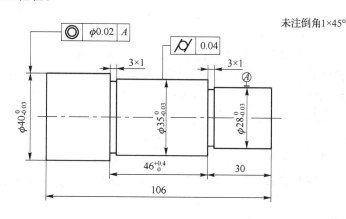

图 2.2-1 阶梯轴零件图

二、相关知识

(一) 阶梯轴的车削加工工艺

1. 轴类零件的结构工艺特点

(1) 轴类零件的功用

轴类零件主要有两个功用：支撑传动零件(齿轮、皮带轮等)；传递扭矩、承受载荷。

(2) 轴类零件的分类

轴类零件按其结构形状的特点,可分为光滑轴、阶梯轴、空心轴和异形轴(包括曲轴、凸轮轴、偏阶台轴和十字轴等)4大类。如图2.2-2所示为轴类零件的常见种类。

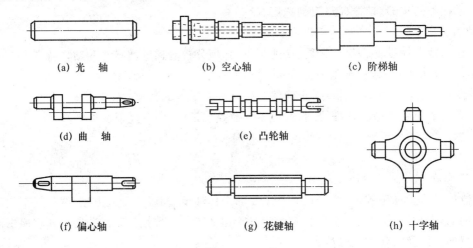

(a) 光　轴　　　　　(b) 空心轴　　　　　(c) 阶梯轴

(d) 曲　轴　　　　　　　　(e) 凸轮轴

(f) 偏心轴　　　　　　(g) 花键轴　　　　　(h) 十字轴

图 2.2-2　轴的种类

轴类零件的表面特点：内外圆柱面、内外圆锥面以及螺纹、花键、键槽、横向孔、沟槽等。

2. 轴类零件的主要技术要求

(1) 加工精度

1) 尺寸精度

轴类零件的尺寸精度主要是指直径和长度的精度。直径方向的尺寸,若有一定配合要求,则比其长度方向的尺寸要求严格得多。因此,对直径的尺寸常常规定有严格的公差。主要轴颈的直径尺寸精度根据使用要求通常为IT6～IT9,甚至为IT5。至于长度方向的尺寸要求则不那么严格,通常只规定其基本尺寸。

2) 几何形状精度

轴颈的几何形状精度是指圆度、圆柱度。这些误差将影响其与配合件的接触质量。一般轴颈的几何形状精度应限制在直径公差范围内,对几何形状精度要求较高时,要在零件图上规定形状公差。

3) 相互位置精度

保证配合轴颈(装配传动件的轴颈)对于支承轴颈(装配轴承的轴颈)的同轴度,是轴类零件相互位置精度的普遍要求,其次对于定位端面与轴心线的垂直度也有一定要求。这些要求都是根据轴的工作性能制定的,在零件图上注出位置公差。

普通精度的轴,配合轴颈对支承轴颈的径向圆跳动一般为 0.01～0.03 mm,高精度轴为 0.001～0.005 mm。

(2)表面粗糙度

随着机器运转速度的增快和精密等级的提高,轴类零件的表面粗糙度要求也越来越高。一般支承轴颈的表面粗糙度为 Ra 0.63～0.16 μm,配合轴颈的表面粗糙度为 Ra 2.5～0.63 μm。

3. 轴类零件的材料和毛坯

(1)轴类零件的材料

一般轴类零件常用 45 号钢,并根据不同的工作条件采用不同的热处理工艺;对于中等精度、转速较高的轴类零件,可选用 40Cr 等合金结构钢;精度较高的轴,有时还用轴承钢 GCr15 和弹簧钢 65Mn 等材料;对于在高转速、重载荷等条件下工作的轴,可选用 20CrMnTi、20Mn2B、20Cr 等低碳合金钢或 38CrMnAlA 等氮化钢。

(2)轴类零件的毛坯

轴类零件最常用的毛坯是圆棒料和锻件,只有某些大型的、结构复杂的轴,才采用铸件。

4. 轴类零件加工的主要问题

轴类零件的加工工艺因其用途、结构形状、技术要求、产量大小的不同而存在差异,轴类零件工艺规程的编制是生产中经常遇到的工作。

(1)锥堵和锥堵心轴的使用

对于空心轴类零件,在深孔加工完后,为了尽可能使各工序的定位基准统一,一般采用锥堵或锥堵心轴的顶尖孔作为定位基准。当轴件锥孔锥度小时,适于采用锥堵;当锥孔锥度较大时,应采用锥堵心轴。锥堵和锥堵心轴的简图如图 2.2－3 和图 2.2－4 所示。

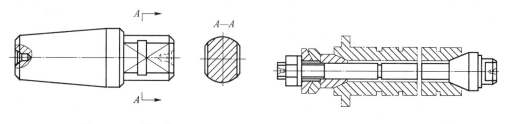

图 2.2－3 锥 堵　　　　　图 2.2－4 带锥堵的拉杆心轴

(2)顶尖孔的修磨

两端顶尖孔(或两端孔口 60°倒角)的质量好坏,对加工精度影响很大,应尽量做到两端顶尖孔轴线相互重合,孔的锥角要准确,它与顶尖的接触面积要大,粗糙度值小。保证两端顶尖孔的质量,是轴件加工中的关键之一。

顶尖孔在使用过程中的磨损及热处理后产生的变形都会影响加工精度。因此,在热处理之后,磨削加工之前,应安排修研顶尖孔工序,以消除误差。

(3)深孔加工

当零件孔的 $L/D \geqslant 5$ 时,就属于深孔。由于深孔加工工艺性很差,故安排加工顺序及具体加工方法时要考虑一些特殊的问题。

首先,深孔加工应安排在调质以后及外圆表面粗车或半精车之后;其次,深孔加工中,应采用工件旋转,刀具送进的方式;刀具常采用分屑和断屑措施,切削区利用喷射法进行充分冷却,并使切屑顺利排出。

5. 定位基准的选择

对实心的轴类零件,精基准面就是顶尖孔,满足基准重合和基准统一,而对于空心主轴,除顶尖孔外还有轴颈外圆表面并且两者交替使用,互为基准。随着数控技术的发展,对于精度要求高,变形要求小的细长轴类零件可采用双主轴驱动的数控车床加工,机床两主轴轴线同轴、转动同步,零件两端同时分别由三爪自定心卡盘装夹并带动旋转,这样可减小切削加工时切削力矩引起的工件扭转变形。

6. 加工阶段的划分

轴类零件加工过程中的各加工工序和热处理工序均会不同程度地产生加工误差和应力,因此要划分加工阶段。轴类零件的加工基本上划分为下列3个阶段:

(1) 粗加工阶段

毛坯备料、锻造和正火;去除多余部分,车端面、钻中心孔和荒车外圆等。

(2) 半精加工阶段

预热处理(对于45#钢一般采用调质处理以达到220～240 HBS),车工艺锥面(定位锥孔),半精车外圆端面和钻深孔等。

(3) 精加工阶段

最终热处理(局部高频淬火);完成精加工前各项加工,包括粗磨定位锥面、粗磨外圆、铣键槽和花键,以及车螺纹等;精加工最终表面,精磨外圆和内外锥面以保证轴最重要表面的精度。

7. 加工顺序的安排和工艺路线的确定

(1) 加工顺序的安排

在安排工序顺序时,首先要与定位基准的选择相适应,当粗、精基准选定后,加工顺序就大致确定了。因为各阶段加工开始时总是先加工基准面,后加工其他面。如顶尖孔、支承轴颈定位面的加工,均安排在各加工阶段开始时完成,这样,有利于加工时有比较精的定位基准面,以减小定位误差,保证加工质量。

在安排工序顺序时,还应注意下面几点:

① 外圆加工顺序安排要照顾主轴本身的刚度,应先加工大直径后加工小直径,以免一开始就降低主轴钢度。

② 就基准统一而言,希望始终以顶尖孔定位,避免使用锥堵,而深孔加工应安排在最后。但深孔加工是粗加工工序,要切除大量金属,加工过程中会引起主轴变形,所以最好在粗车外圆之后就把深孔加工出来。

③ 花键和键槽加工应安排在精车之后,粗磨之前。如在精车之前就铣出键槽,将会造成断续车削,既影响质量又易损坏刀具,而且也难以控制键槽的尺寸精度。

④ 因主轴的螺纹对支承轴颈有一定的同轴度要求,故放在淬火之后的精加工阶段进行,以免受半精加工所产生的应力以及热处理变形的影响。

⑤ 主轴系加工要求很高的零件,需安排多次检验工序。检验工序一般安排在各加工阶段前后,以及重要工序前后和花费工时较多的工序前后,总检验则放在最后。

(2) 加工路线的确定

轴类零件的主要表面是各个轴颈的外圆表面,空心轴的内孔精度一般要求不高,而精密主轴上的螺纹、花键、键槽等次要表面的精度要求也比较高。因此,轴类零件的加工工艺路线主要是考虑外圆的加工顺序,并将次要表面的加工合理地穿插其中。下面是生产中常用的不同精度、不同材料轴类零件的加工工艺路线:

①　一般渗碳钢的轴类零件加工工艺路线:备料→(锻造→正火)→打顶尖孔→粗车→半精车、精车→渗碳(或碳氮共渗)→淬火、低温回火→粗磨→次要表面加工→精磨。

②　一般精度调质钢的轴类零件加工工艺路线:备料→(锻造→正火(退火))→打顶尖孔→粗车→调质→半精车、精车→表面淬火、回火→粗磨→次要表面加工→精磨。

③　精密氮化钢轴类零件的加工工艺路线:备料→锻造→正火(退火)→打顶尖孔→粗车→调质→半精车、精车→低温时效→粗磨→氮化处理→次要表面加工→精磨→光磨。

④　整体淬火轴类零件的加工工艺路线:备料→锻造→正火(退火)→打顶尖孔→粗车→调质→半精车、精车→次要表面加工→整体淬火→粗磨→低温时效→精磨。

8. 轴类零件的装夹与定位方法

数控车床上零件的安装方法与普通车床一样,要尽量选用已有的通用夹具装夹,且应注意减少装夹次数,尽量做到在一次装夹中能把零件上所有要加工表面都加工出来。零件定位基准应尽量与设计基准重合,以减小定位误差对尺寸精度的影响。轴类零件常用的装夹方法如下:

①　在三爪自定心卡盘上装夹,三爪自定心卡盘是数控车床上最常用的通用夹具,三爪自定心卡盘常用的有机械式和液压式两种。这种方法装夹工件方便、省时,自动定心好,但夹紧力较小,且只能用于较短轴的加工。

②　在两顶尖之间装夹,如图2.2-5所示。这种方法安装工件不需找正,每次装夹的精度高,适用于长度尺寸较大或加工工序较多的轴类工件装夹。

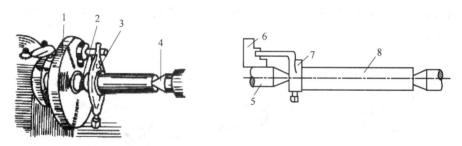

1—拨盘;2—前顶尖;3—鸡心夹头;4—后顶尖;5—前顶尖;6—卡爪;7—鸡心夹头;8—工件

图2.2-5　两顶尖之间装夹工件

③　用一夹一顶方式装夹,数控车削中,加工形位精度要求高的零件,或车削悬伸较长的零件时,可采用一端用卡盘夹持、另一端用尾座顶尖支撑的一夹一顶的装夹方法来装夹工件,如图2.2-6所示方法装夹工件刚性好,轴向定位准确,能承受较大的轴向切削力,比较安全,适用于车削质量较大的工件,一般在卡盘内装一限位支撑或利用工件台阶限位,防止工件由于切削力的作用而产生轴向位移。

9. 轴类零件加工的刀具选择

轴类零件数控车削的表面主要有外圆、端面以及沟槽和切断,轴类零件数控车削常用的刀具有外圆车刀和外圆切槽(断)刀,如图2.2-7所示。

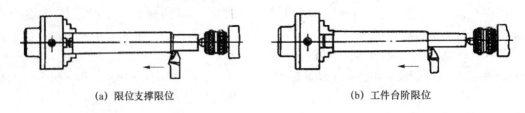

(a) 限位支撑限位   (b) 工件台阶限位

图 2.2 - 6   卡盘和顶尖配合夹持工件

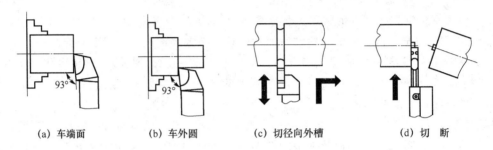

(a) 车端面   (b) 车外圆   (c) 切径向外槽   (d) 切 断

图 2.2 - 7   轴类零件常用刀具

（1）外圆车刀的选择

粗车前加工阶段应选用强度大、排屑好的车刀,一般应选择主偏角 90°、93°、95°,副偏角较小,前角和后角较小,刃倾角较小,排屑槽排屑顺畅的车刀。

精车加工阶段应选用刀刃锋利、带有修光刃的车刀,并且排屑槽必须使切屑排向工件待加工表面方向,一般应选择主偏角 95°、107°、117°,副偏角较小,前角和后角较大,刃倾角较大,排屑槽排屑顺畅且要排向工件待加工表面的车刀。

因为选择较大主偏角的外圆车刀,车外圆时产生的径向力小,不易将轴类零件顶弯,也能用来车削端面。如图 2.2 - 8 所示为 90°的外圆车刀。

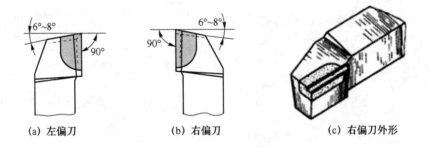

(a) 左偏刀   (b) 右偏刀   (c) 右偏刀外形

图 2.2 - 8   90°外圆车刀

（2）切断刀的选择

切刀的宽度要根据沟槽的宽度来选择;切削刃长度要大于槽深,以防撞刀。切断刀的几何形状和角度,切断刀车削时是以横向进给为主,前端的切削刃是主切削刃,两侧的切削刃是副切削刃,一般切断刀的主切削刃较窄,刀头较长,刀头强度比其他车刀差,所以在选择几何参数和切削用量时应特别注意,切断刀的几何形状和角度如图 2.2 - 9 所示。

10. 轴类零件切削用量的选择

车床切削工件的切削用量包括背吃刀量 a_p、主轴转速 n 或切削速度 v_c、进给速度 v_f 或进

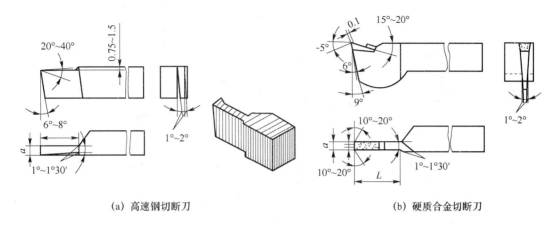

(a) 高速钢切断刀　　　　　　　　　　(b) 硬质合金切断刀

图 2.2 - 9　切断刀类型和角度

线量 f。这些参数均应根据工艺系统的综合因素，结合实践检验进行选取，但要注意参数之间的关系。

① 背吃量 a_p：留出精加工余量 $0.1 \sim 0.5$ mm 后，尽可能选择较大的背吃量，以减少走刀次数，提高生产效率。

② 主轴转速 n 或切削速度 v_c：主轴转速的确定应根据零件上被加工部位的直径，并按零件和刀具的材料及加工性质等条件所允许的切削速度来确定。关系式如下：

$$n = \frac{1\,000v_c}{\pi d}$$

式中，n 是主轴转速（r/min）；v_c 切削速度（m/min）；d 是零件待加工表面的直径（mm）。

③ 进给速度 v_f 或进线量 f：进给速度的大小直接影响表面粗糙度和车削效率，在保证表面质量的前提下，可以选择较高的进给速度，一般应根据零件的表面粗糙度、刀具、工件材料等因素查阅切削用量手册结合实践经验进行选取。手册中给出是每转进给量，因此需要根据公式 $v_f = fn$ 计算进给速度。

进线量 f 与背吃刀量有着较密切的关系：粗车时一般取 $0.3 \sim 0.8$ mm/r；精车时一般取 $0.1 \sim 0.3$ mm/r；切断时一般取 $0.05 \sim 0.2$ mm/r。

11. 阶梯轴的车削走刀路线

阶梯轴的车削方法分小落差阶梯轴车削和大落差阶梯轴车削两种方法，如图 2.2 - 10 所示。

（1）小落差阶梯轴车削

相邻两圆柱体直径差较小，可用车刀一次切出，加工路线为 $A-B-C-D-E-F-A$。

（2）大落差阶梯轴车削

相邻两圆柱体直径差较大，采用分层切削，粗加工路线依次为 $A-A_1-E_1-F-A$、$A-A_2-E_2-F-A$，精加工路线为 $A-B-C-D-E-F-A$。

（二）数控车床坐标系及工件坐标系

1. 数控车床坐标系

数控车床的坐标系如图 2.2 - 11 所示。与车床主轴平行的方向为 Z 轴，水平面内与 Z 轴

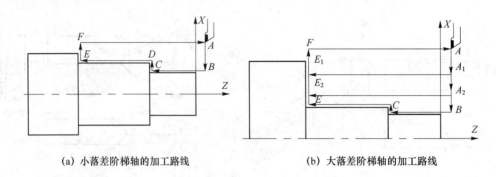

(a) 小落差阶梯轴的加工路线　　　　　(b) 大落差阶梯轴的加工路线

图 2.2 - 10　阶梯轴的加工路线

垂直的方向为 X 轴,坐标轴的正方向为刀具远离工件的方向。坐标原点位于将卡盘端面与中心轴线的交点 O 处。

2. 数控车削加工工件坐标系

数控车削加工过程设定工件坐标系,各坐标轴的方向与数控车床机床坐标系的坐标方向一致,即 Z 轴与机床主轴轴线重合或平行,X 对应径向。主轴的运动方向判断方法:从机床尾架向主轴看,逆时针为"$+C$",顺时针为"$-C$",如图 2.2 - 12 所示。

工件坐标系的原点 O 选在便于测量或对刀的基准位置,一般取在工件右端面或左端面与中心线的交点处,如图 2.2 - 12 所示。

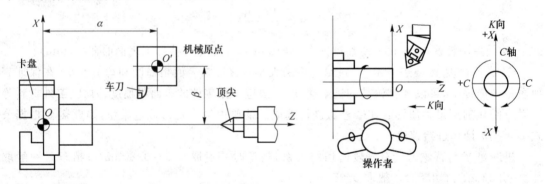

图 2.2 - 11　数控车床的机床坐标系　　　　图 2.2 - 12　工件坐标系

(三) 数控车床编程的特点

1. 直径编程方式

在车削加工的数控程序中,X 轴的坐标值一般采用直径编程。因为被加工零件的径向尺寸在测量和图样上标注时,一般用直径表示,采用直径尺寸编程与零件图样中的尺寸标注一致,这样可避免尺寸换算过程中可能造成的错误,给编程带来很大方便,如图 2.2 - 13 所示。

2. 绝对坐标与增量坐标

FANUC 数控系统的数控车床,是用地址符来指令坐标字的输入形式的,在一个程序段中,可以采用绝对值编程或增量值编程,也可以采用混合编程,地址符 X、Z 表示绝对坐标编程,地址符 U、W 表示增量坐标编程。

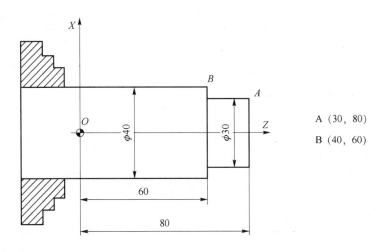

A (30, 80)

B (40, 60)

图 2.2－13　直径编程

3．具有固定循环加工功能

由于车削加工常用棒料或锻料作为毛坯,加工余量较大,加工时需要多次走刀,为简化程序,数控装置常具备不同形式的固定循环功能,可自动进行多次重复循环切削。

4．进刀和退刀方式

对于车削加工,进刀时采用快速走刀接近工件切削起点附近的某个点,再改用切削进给,以缩短空走刀的时间,提高加工效率,切削起点的确定与工件毛坯余量大小有关,以刀具快速走到该点时刀尖不与工件发生碰撞为原则,如图 2.2－14 所示。

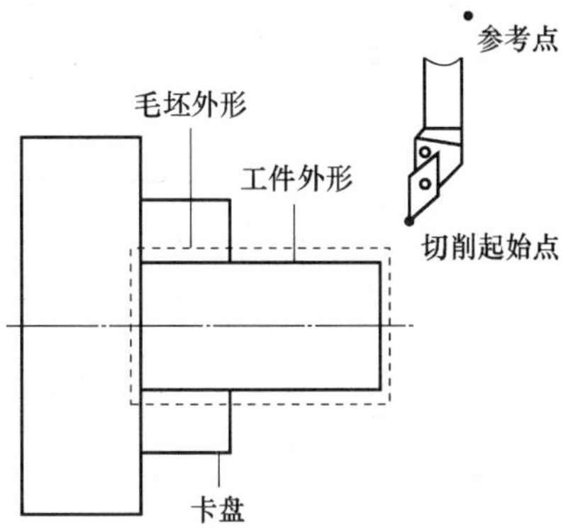

退刀时,沿轮廓延长线工进退出至工件外侧,再快速退刀。从安全角度考虑,一般先退 X 轴,后退 Z 轴。

图 2.2－14　切削起点的确定

（四）数控系统功能

1．G 功能

准备功能是使机床或数控系统建立起某种加工方式的指令。不同的系统各指令功能会有所区别,所以在操作一台新的数控机床前一定要首先阅读机床操作说明书。本书介绍的 G 指令是 FANUC 0i－TC 系统常用的 G 指令。准备功能 G 代码表如表 2.2－1 所列。

表 2.2－1　准备功能 G 代码表

组　群	G 功能类型			G 功能	I/O
	A	B	C		
01	★G00	★G00	★G00	快速定位	B
	G01	G01	G01	直线插补	B
	G02	G02	G02	顺时针圆弧插补	B
	G03	G03	G03	逆时针圆弧插补	B

组 群	G 功能类型			G 功能	I/O
	A	B	C		
00	G04	G04	G04	暂停	B
	G09	G09	G09	准确定位	B
06	G20	G20	G70	英制	O
	★G21	★G21	★G71	米制	O
00	G27	G27	G27	返回参考点检测	B
	G28	G28	G28	自动返回参考点	B
	G29	G29	G29	自动从参考点定位	B
01	G32	G32	G32	螺纹切削	B
	G34	G34	G34	可变螺距切削	O
07	★G40	★G40	★G40	取消刀尖圆弧半径补偿	O
	G41	G41	G41	刀尖圆弧左半径补偿	O
	G42	G42	G42	刀尖圆弧右半径补偿	O
00	G50	G92	G92	坐标系设定/最高转速设定	B
	G70	G70	G72	精车加工循环	O
	G71	G71	G73	横向切削复合循环	O
	G72	G72	G74	纵向切削复合循环	O
	G73	G73	G75	仿形加工复合循环	O
	G74	G74	G76	Z 轴啄式钻孔(沟槽加工)	O
	G75	G75	G77	X 轴沟槽切削循环	O
	G76	G76	G78	螺纹复合切削循环	O
01	G90	G77	G20	外径自动切削循环	B
	G92	G78	G21	螺纹自动切削循环	B
	G94	G79	G24	端面自动切削循环	B
02	G96	G96	G96	恒线速控制	O
	★ G97	★ G97	★ G97	恒转速控制	B
05	G98	G94	G94	每分钟进给量/(mm·min^{-1})	B
	★ G99	★ G95	★ G95	每转进给量/(mm·r^{-1})	B
03		G90	G90	绝对坐标系设定	B
		G91	G91	增量坐标系设定	B

注:B 为基本功能;O 为选购功能。

关于 G 代码,有以下几点需说明:

① FANUC 0i-TC 控制器的 G 功能有 A、B、C 三种类型,一般 CNC 车床大多设定成 A-type,本例应用该功能。

② G 代码按其功能的不同分为若干组。G 代码有两类:模态式 G 代码和非模态式 G 代

码。其中非模式式 G 代码只限于在被指定的程序段中有效，模态式 G 代码具有续效性，在后续程序段中，只要同组其他 G 代码未出现之前一直有效。00 组的 G 代码为非模态，其他均为模态 G 代码。

③ 不同组的 G 代码在同一个程序段中可以指令多个，但如果在同一个程序段中指令了两个或两个以上属于同一组的 G 代码时，只有最后那个 G 代码有效。如果在程序中指令了 G 代码表中没有列出的 G 代码，则显示报警。

④ 表中带有"★"的 G 代码是数控机床默认状态，即数控机床开机状态。

2. M 功能

辅助功能主要用来表示机床操作时各种辅助动作及其状态。

（1）M00：程序停止

程序中执行至 M00 指令，机床所有动作无条件的被切断，若想继续执行下一个程序段，则可用 NC 启动命令（CYCLE START）使程序继续运行。

（2）M01：选择停止

M01 必须配合执行操作面板上的选择停止功能键"Ops Stop"一起使用，此键"灯亮"执行M01，否则不执行。

（3）M03：主轴正转

程序执行 M03，主轴即正方向旋转（由主轴向尾座看，顺时针方向旋转为正方向）；一般转塔式刀座，刀具大多采用前刀面朝下安装，故应使用 M03。

（4）M04：主轴反转

程序执行至 M04，主轴即反方向旋转（由主轴向尾座看，顺时针方向旋转为正方向）。

（5）M05：主轴停止

程序执行至 M05，主轴旋转瞬间停止。

常用于以下情况：

① 程序结束前；

② 若数控车床有主轴高速档（M42）、主轴低速档（M41）指令时，在换档之前，必须使用M05，使主轴停止；

③ 主轴正、反转之间的转换时，必须使用 M05，以免伺服电动机受损。

（6）M08：切削液开

程序执行至 M08，即启动润滑泵，但必须配合执行操作面板上的 CLNT　AUTO键，使之处于"NO"状态。

（7）M09：切削液关

用于程序执行完毕之前，将润滑泵关闭，停止喷切削液。

（8）M02：程序结束

置于程序最后，表示程序执行结束。此指令会自动将主轴停止（M05）及关闭切削液（M09），但程序执行指针不会自动回到程序的开头。

（9）M30：程序结束

置于程序最后，表示程序执行结束。此指令会自动将主轴停止（M05）及关闭切削液（M09），但程序执行指针会自动回到程序的开头。

(10) M98:子程序调用

当程序执行 M98 指令时,控制器即调用 M98 所指定的子程序执行。指令格式如下:

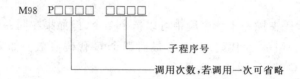

(11) M99:子程序结束并返回主程序

用于子程序最后一个程序段,表示子程序结束,且程序指针跳回主程序中 M98 的下一程序段继续执行。

3. F功能(进给功能)

F 功能指令用于在程序中控制切削进给量,有两种指令模式。

(1) 每转进给量(G99)

编程格式:

    G99 F_;

F 后面的数值表示主轴每转刀具的进给量,单位为 mm/r,如图 2.2－15(a)所示。G99、G98 均为模态指令,机床通电后,G99 为系统默认状态。

如:G99 F0.2,表示进给量为 0.2 mm/r。

(2) 每分钟进给量(G98)

编程格式:

    G98 F_;

F 后面的数值表示刀具每分钟的进给量,单位为 mm/min,如图 2.2－15(b)所示。

如:G98 F200,表示进给量为 200 mm/min。

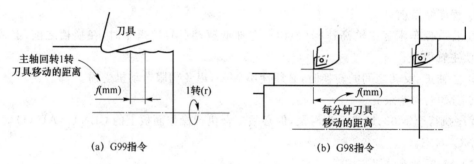

图 2.2－15 F功能

4. S功能

S 功能用于指定主轴转速,它有恒线速控制和恒转速控制两种指令方式,并可限制主轴最高转速。

(1) 恒线速度控制(G96)

编程格式:

    G96 S_;

S 后面的数字表示的是恒定的线速度,单位为 m/min。

该指令可在工件直径变化时,控制主轴的线速度不变,从而保证切削速度不变,提高了加工质量。常用于车端面或工件直径变化较大时,控制系统执行 G96 指令后,S 后面的数值表示以刀尖所在的 X 坐标值为直径计算的切削速度。

例如:G96 S150 表示切削点线速度控制在 150 m/min。

如图 2.2 - 16 所示的零件,为保持 A、B、C 各点的线速度在 150 m/min,则各点在加工时的主轴转速分别为:

A:$n = 1\,000 \times 150 \div (\pi \times 40) = 1\,193$ r/min

B:$n = 1\,000 \times 150 \div (\pi \times 60) = 795$ r/min

C:$n = 1\,000 \times 150 \div (\pi \times 70) = 682$ r/min

(2)主轴最高速度限定(G50)

编程格式:

G50 S_;

例如:G50 S3000 表示最高转速限定为 3 000 r/min。

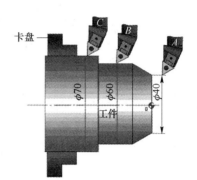

图 2.2 - 16　恒线速切削方式

该指令一般配合恒线速控制指令使用,可防止因主轴转速过高,离心力太大而产生缩短机床寿命、危及人身安全的事故的发生。

(3)恒线速取消(G97)

编程格式:

G97 S_;

例如:G97 S800 表示主轴转速为 800 r/min,G97 为系统开机默认状态。

该指令可设定主轴转速恒定并取消恒线速度控制,S 后面的数值表示恒线速度控制取消后主轴每分钟的转数。该指令常用于车螺纹或工件直径变化不大的零件加工。

5. 刀具功能 T

编程格式:

T □□□□;

T 功能指令用于选择加工所用刀具,后面通常用 4 位数字表示,前两位是刀具号,后两位是刀具长度补偿号,又是刀尖圆弧半径补偿号。

例如,T0303 表示选用 3 号刀具长度补偿值和刀尖圆弧半径补偿值;T0300 表示取消刀具补偿。

刀具补偿包括刀具长度补偿和刀尖圆弧半径补偿,刀具长度补偿的含义如图 2.2 - 17 所示。图 2.2 - 17 中 T03 号刀具表示基准刀,其补偿号为 03,则在补偿参数设置页面中,NO.003 补偿常数中 X 轴、Z 轴的补偿值均设为零;T05 号刀为内孔车刀,其补偿号为 05,它与基准刀在 X 轴、Z 轴方向的长度差值如图 2.2 - 17 所示,则在补偿参数设定页面中,NO.005 补偿常数中 X 轴与 Z 轴的补偿值分别为 -10 mm 和 12.5 mm。

(五) 轴类零件加工编程基本指令

1. 工件坐标系设定指令(G50)

功能:规定刀具起刀点(或换刀点)至工件原点的距离。

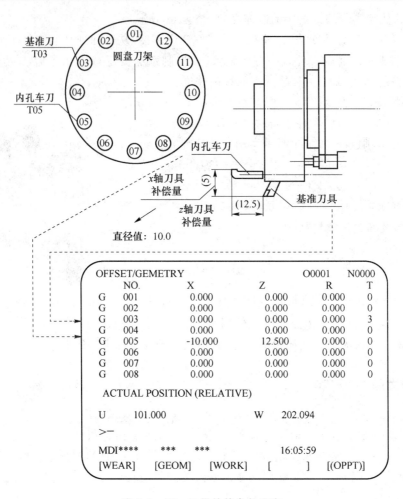

图 2.2 - 17　刀具补偿参数设定

编程格式:

```
G50 X_  Z_  ;
```

其中,坐标值 X、Z 为起刀点刀尖(刀位点)相对于加工原点的位置。在数控车床编程时,注意 X 坐标值为直径值。

例:如图 2.2 - 18 所示,设置工件坐标系的程序段如下:

```
G50  X200  Z150;
```

执行该程序段后,系统内部即对(X200　Z150)进行记忆,并显示在显示器上,这就相当于在系统内部建立了一个以工件原点为坐标原点的工件坐标系。

显然,当 X、Z 值不同或改变刀具的当前位置时,所设定出的工件坐标系的工件原点位置也不同。因此在执行程序段"G50 X_　Z_"前,必须先对刀,通过调整机床,将刀尖放在程序所要求的起刀点位置(200,150)上。对具有刀具补偿功能的数控机床,其对刀误差还可以通过刀具偏移来补偿,所以调整机床时的要求并不严格。

2. 快速点位运动指令 G00

功能:控制刀具以系统预先设定的速度快速定位至所指定的目标位置。

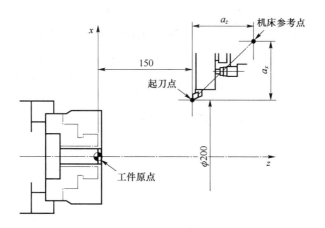

图 2.2 - 18　工件坐标系设定

编程格式：

G00　X(U)_ Z(W)_ ;

其中,X、Z 为刀具移动至目标点的绝对坐标;U、W 表示目标点相对前一点的增量坐标。如图 2.2 - 19 所示,刀具要快速移动到指定位置如下：

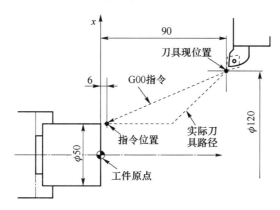

图 2.2 - 19　G00 指令

绝对坐标方式编程:G00　X50　Z6;

增量坐标方式编程:G00　U - 70　W - 84;

注意:使用 G00 指令时,刀具的实际运动路线并不一定是直线,因机床的数控系统而异。常见运动轨迹如图 2 - 19 中虚线所示。因此编程人员考虑刀具路径时应注意避免刀具与障碍物相碰,对不适合联动的场合,每轴可单动。

3. 直线插补指令 G01

功能:使刀具以指令指定的进给速度 F,从当前点以直线插补方式移动到目标点。主要应用于端面、内外圆柱和圆锥面的加工。

编程格式：

G01　X(U)_ Z(W)_　F_;

其中,X、Z 为刀具移动至目标点的绝对坐标;U、W 表示目标点相对前一点的增量坐标;F 表示进给量,若前面已经指定,则可省略。

注意:① G01 指令后的坐标值取绝对值编程还是取增量值编程,由尺寸字地址决定。

② 进给速度由 F 指令决定。F 指令也是模态指令,它可以用 G00 指令取消。如果在 G01 程序段中或之前的程序段没有 F 指令,则机床不运动。

例:利用 G00、G01 指令分别采用绝对、增量和混合方式编写如图 2.2 - 20 所示工件的加工程序段,选右端面回转中心 O 为编程原点。

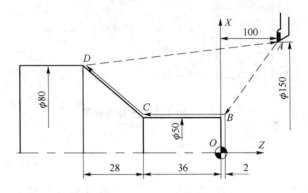

图 2.2 - 20 G00、G01 指令应用实例

绝对值编程:

```
...
S800   M03;
G00   X50.0   Z2.0   T0101;(A→B)
G01   Z-36.0   F0.3;(B→C)
X80.0   Z-64.0;(C→D)
G00   X150.0   Z100.0;(D→A)
...
```

增量值编程:

```
...
S800   M03;
G00   U-100.0   W-98.0   T0101;(A→B)
G01   W-38.0   F0.3;(B→C)
U30.0   W-28.0;(C→D)
G00   U70.0   W164.0;(D→A)
...
```

混合编程:

```
...
S800   M03;
G00   X50.0   Z2.0   T0101;(A→B)
G01   Z-36.0   F0.3;(B→C)
X80.0   W-28.0;(C→D)
G00   X150.0   Z100.0;(D→A)
...
```

4. 暂停指令 G04

功能:该指令可使刀具在无进给的情况下做短时间的停顿。

编程格式:

$$
\begin{aligned}
& \qquad\qquad \text{X} \underline{\qquad};\\
& \text{G04} \quad \text{U} \underline{\qquad};\\
& \qquad\qquad \text{P} \underline{\qquad};
\end{aligned}
$$

其中,X、U、P均为暂定时间(s)。

G04 主要应用于车削沟槽或钻孔时,为提高槽底或孔底的表面加工质量及有利于铁屑充分排出,在加工到孔底或槽底时,暂停适当时间。

注意:地址符 X、U 或 P 为暂停时间。其中,X、U 后面允许使用带小数点的数字,单位为 s;地址 P 后面不允许用小数点,单位为 ms。

例如:若要暂停 3 s,则可写成以下几种格式:

G04　X3.0 或 G04　X3000;

G04　U3.0 或 G04　U3000;

G04　P3000;

(六) 轴类零件加工编程的单一循环指令(G90、G94)

前面介绍的 G 指令,是基本切削指令,即一个指令只能使刀具产生一个动作。单一固定循环则可将 4 个动作用一个指令来完成,如"切入—切削—退刀—返回",用一个循环指令完成,从而简化程序。

当工件毛坯的轴向余量比径向多时,使用 G90 轴向切削循环指令;当材料径向余量比轴向多时,使用 G94 径向切削循环指令。

1. 轴向切削循环(G90)

(1)圆柱面切削循环指令(G90)

编程格式:

G90　X(U)_ Z(W)_ F_;

其中,X、Z 值是圆柱面切削终点坐标;U、W 值是圆柱面切削终点坐标相对于循环起点的增量坐标。

圆柱面固定循环切削如图 2.2-21 所示。刀具在 A 点(循环起点)定位后,执行循环指令G90,则刀具从 A 点快速定位至 B 点,再以指定的进给量切削至 C 点(切削终点),再退刀至 D 点,最后以快速回到 A 点完成一个循环切削。

注意:使用循环切削指令,刀具必须先定位至循环起点,再执行循环切削指令,且完成一循环切削后,刀具仍回到此循环起点,循环切削指令为模态指令。

(2) 圆锥面切削循环

编程格式:

G90　X(U)_ Z(W)_ R_ F_;

其中,X、Z 为圆柱面切削的终点坐标值;U、W 为圆柱面

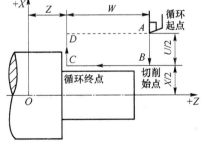

图 2.2-21　圆柱面切削循环

切削的终点相对于循环起点的增量坐标;R 为圆锥面切削的起点相对于终点的半径差。

如果切削起点的 X 向坐标小于终点的 X 向坐标,R 值为负,反之为正。

圆锥面固定循环切削如图 2.2 - 22 所示。刀具在 A 点(循环起点)定位后,执行循环指令 G90,则刀具从 A 点快速定位至 B 点,再以指定的进给量切削至 C 点(切削终点),再退刀至 D 点,最后以快速回到 A 点完成一个循环切削。

【例 2 - 1】 应用 G90 切削循环功能编写如图 2.2 - 23 所示零件的加工程序。

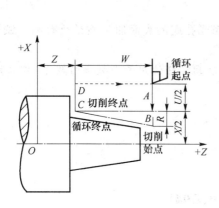

图 2.2 - 22 圆锥面切削循环

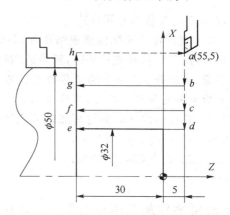

图 2.2 - 23 G90 指令车削外圆柱面

参考程序如下:

```
O2011;
T0101;
G96  S150;
G50  S2500  M03;
G00  X55.0  Z5.0  T08;(刀具定位到循环起点)
G90  X40.0  Z-29.8  F0.2;
X32.4;
X32.0  Z-30.0  S180  F0.1;
G00  X200.0  Z200.0  T0100;
M30;
```

【例 2 - 2】 应用 G90 切削循环功能编写如图 2.2 - 24 所示零件的加工程序。

计算:

由图分析,通过三角形的相似关系有:

$$\frac{(32-42)/2}{20} = \frac{R}{20+5}$$

由此求得:

$$R = -6.25$$

参考程序如下:

```
O2012;
T0101;
G96  S150;
```

```
G50  S2500  M03;
G00  X55.0  Z5.0  M08;(刀具定位到循环起点)
G90  X53.0  Z－19.8  R－6.25  F0.2;
X47.0;
X42.2  Z－19.8;
X42.0  Z－20.0  S180  F0.1;
G00  X200.0  Z200.0  T0100;
M30;
```

2. 径向切削循环(G94)

功能:用于直端面或锥端面车削循环。

(1)直端面车削循环

编程格式:

```
G94  X(U)__ Z(W)__ F __;
```

其中,X、Z为端平面切削终点坐标值;U、W为端平面切削终点相对于循环起点的增量坐标。

圆锥面固定循环切削如图 2.2－25 所示。刀具在 A 点(循环起点)定位后,执行循环指令 G94,则刀具从 A 点快速定位至 B 点,再以指定的进给量切削至 C 点(切削终点),再退刀至 D 点,最后以快速回到 A 点完成一个循环切削。

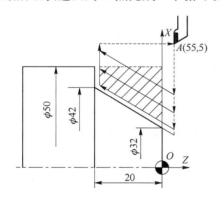

图 2.2－24　G90 指令车削外圆锥面

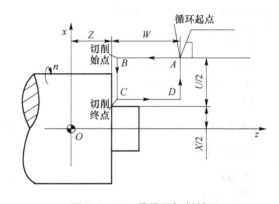

图 2.2－25　圆锥面切削循环

(2)锥面端面切削循环

编程格式:

```
G94  X(U)__ Z(W)__ R__ F __;
```

其中,X、Z值是端面切削的终点坐标值;U、W值是端面切削的终点相对于循环起点的坐标;R值是端面切削的起点相对于终点在 Z 轴方向的坐标增量。锥面端面的切削循环路线如图 2－26 所示。

注意:G94 径向切削循环指令刀具路线的走刀路线的方向与 G90 轴向切削循环之差异。

【例 2-3】 调用 4 号刀具,应用 G94 切削循环功能编写如图 2.2－27 所示零件的加工程序。

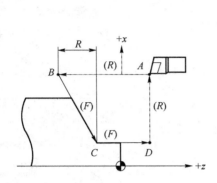

图 2.2 − 26　锥端面车削循环

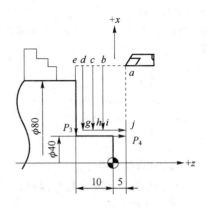

图 2.2 − 27　车直端面

参考程序如下:

O2013;

T0404;

G96　S120;

G50　S3000　M03;

G00　X85.0　Z5.0　M08;(刀具定位到循环起点)

G94　X40.2　Z−4.0　F0.2;

Z−8.0;

Z−9.9;

X40.0　Z−10.0　S150　F0.1;

G00　X150.0　Z200.0　T0000;

M30;

【例 2 − 4】　调用 2 号刀具,应用 G94 切削循环功能编写如图 2.2 − 28 所示零件的加工程序。

参考程序如下:

T0202;

G96　S120;

G50　S3000　M03;

G00　X105.0　Z20.0　M08;(刀具定位到循环起点)

G94　X10.0　Z15.0　R−22.0　F0.2;

Z10.0;

Z5.0;

Z0;

Z−5.0;

Z−9.5;

Z−10.0　S150　F0.1;

G00　X150.0　Z200.0　T0000;

M30;

(七)轴类零件编程实例

例:加工如图 2.2 − 29 所示零件,毛坯为 $\phi32\ mm\times45\ mm$ 的棒料,要求采用 G90 指令编写加工程序。

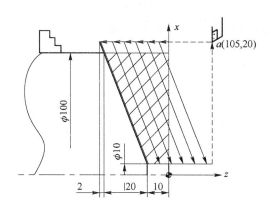

图 2.2 - 28　车锥端面

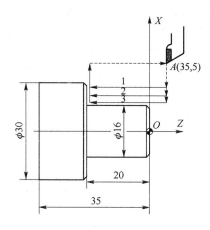

图 2.2 - 29　G90 应用实例

技术要求：

外圆表面全部 Ra 3.2；

未注倒角 $1\times45°$。

1. 确定加工方案

① 粗车 $\phi30$ mm、$\phi16$ mm 外圆，留余量 0.2 mm；

② 精加工轮廓表面至图示要求；

③ 切断。

2. 确定刀具

① 93°外圆车刀 T0101；

② 切槽刀（宽 3 mm）T0200。

3. 编写程序

用 G90 指令去除该零件粗加工余量，再通过单段程序由右至左完成整个零件的精加工，编写程序时应注意倒角位置径向尺寸的处理。参考程序如表 2.2 - 2 所列。

表 2.2 - 2　程序清单

程　序	说　明
O2021	程序名
T0101；	1 号刀转位至加工位置
S500 M03；	主轴正转，转速为 500 r/min
G00 X35.0 Z5.0 T0101；	刀具快速定位到循环起点
G94 X0 Z0.5 F0.2；	用 G94 车端面
Z0；	
G90 X30.2 Z-38.0；	用 G90 粗车外圆至 $\phi30.2$，长度为 38 mm
X25.4 Z-19.8；	用 G90 粗车外圆至 $\phi25.4$，长度为 19.8 mm
X20.8 ；	粗车外圆至 $\phi20.8$
X16.2；	粗车外圆至 $\phi16.2$
M05；	主轴停止转动

程　序	说　明
G00 X12.0 Z1.0 S1200 M03;	刀具快速定位至(12,1),准备进行精车
G01 X16.0 Z−1.0 F0.1;	倒 1×45°角
Z−20.0;	精车 φ16 外圆
X28.0;	车阶台面
X30.0 W−1.0;	倒 1×45°角
Z−38.0;	精车 φ30 外圆
G00 X100.0	快速退刀 X 轴退刀
Z100.0 T0100;	Z 轴退刀
M05;	主轴停止转动
M03 S400;	主轴正转,转速为 400 r/min
T0202;	换 2 号刀
G00 X32.0 Z−38.0 M08;	刀具快速定位,冷却液开
G01 X1.0 F0.05;	切断
X40.0 M09;	退刀,冷却液关
G00 X100.0 Z100.0 T0200;	快速退刀
M05;	主轴停止转动
M30;	程序结束

三、项目实施

(一) 加工工艺分析

1. 零件图分析

如图 2.2 - 1 所示阶梯轴,该零件形状简单,结构尺寸变化不大。该零件有 3 个台阶面、两处直槽,前后两端台阶同轴度误差为 φ0.02 mm,中段轴颈有圆柱度要求,其允差为 0.04 mm。径向尺寸中,φ40 mm、φ35 mm、φ28 mm 精度要求较高。轴向尺寸中 φ46 mm 外圆段有长度公差要求,表面粗糙度值不大于 Ra 3.2 μm。

2. 确定装夹方案

φ40 mm 圆柱面加工时,要先加工好中心孔,采取三爪卡盘和两顶尖定位装夹的夹紧方法来保证该圆柱面的轴线对基准 A 的同轴度要求。

3. 确定加工顺序及走刀路线

工序一

三爪卡盘夹持毛坯外圆,车削零件左轮廓至尺寸要求。

工步一:偏左端面;

工步二:粗车至外圆 φ40.2 mm,留 0.2 mm 精加工余量;

工步三:精车至外圆 φ40 mm 外圆柱面符合图示尺寸要求。

工序二

掉头安装,软爪夹 ϕ40 mm 外圆柱面,数控车削零件右端轮廓至尺寸要求。

工步一:车右端面,保证工件长度;

工步二:打中心孔,装尾顶尖;

工步二:粗车 ϕ35 mm、ϕ28 mm 外圆,各表面留精加工余量 0.4 mm;

工步三:切 3 mm×1 mm 槽至尺寸;

工步四:精加工 ϕ35 mm、ϕ28 mm 轮廓至尺寸要求,各锐边倒角。

4. 刀具及切削用量的选择

首先根据零件加工表面的特征确定刀具类型:选择外圆车刀(刀具装在刀架上的 1 号刀位)加工外圆面和端面,选用切刀(刀具装在刀架上的 2 号刀位)切槽。刀具及切削参数见表2.2-3。

表 2.2-3　刀具及切削参数

序　号	刀具号	刀具类型	加工表面	刀尖半径/mm	切削用量	
					主轴转速 n/(r·min^{-1})	进给速度 F/(mm·r^{-1})
1	T0101	93°菱形外圆车刀	粗车外轮廓	1.2	800	0.25
2	T0202	93°菱形外圆车刀	精车外轮廓	0.6	1 500	0.1
3	T0202	3 mm 切槽刀	车 3 mm 槽		500	
编　制		审　核			批　准	

5. 填写工艺文件

阶梯轴数控加工工序卡见表2.2-4和表2.2-5。

表 2.2-4　阶梯轴数控加工工序卡 1

数控加工工序卡				产品名称	零件名称	零件图号
					阶梯轴	02
工序号	程序编号	夹具名称		夹具编号	使用设备	车　间
001	O0021	三爪卡盘				数控实训中心
工步号	工步内容	切削用量			刀具		量具名称	备　注
		主轴转速/n(r·min^{-1})	进给速度/F(mm·r^{-1})	背吃刀量 a_p/mm	编　号	名　称		
1	车端面	800	0.25	1.5	T0101	外圆车刀	游标卡尺	自动
2	粗车 ϕ40 mm 外圆,留余量 0.2 mm	800	0.25	0.9	T0101	外圆车刀	游标卡尺	自动
3	精车 ϕ40 mm 外圆,符合图示尺寸	1 500	0.1	0.1	T0202	外圆车刀	游标卡尺	自动
编　制		审　核		批　准			共 1 页	第 1 页

表 2.2 - 5　阶梯轴数控加工工序卡 2

数控加工工序卡			产品名称	零件名称	零件图号
				阶梯轴	02
工序号	程序编号	夹具名称	夹具编号	使用设备	车　间
002	O0022	三爪卡盘配合尾顶尖			数控实训中心

工步号	工步内容	切削用量			刀　具		量具名称	备注
		主轴转速/ n(r·min^{-1})	进给速度/ F(mm·r^{-1})	背吃刀量 a_p/mm	编　号	名　称		
1	车右端面,保证总长	800	0.25	1.5	T0101	外圆车刀	游标卡尺	手动
2	钻中心孔	300				中心钻	游标卡尺	手动
3	粗车 ϕ35 mm、ϕ28 mm 外轮廓,留精加工余量 0.4 mm	800	0.25	1.5	T0101	外圆车刀	游标卡尺	自动
4	切槽 3 mm×1 mm,保证轴向长度尺寸	500	0.05		T0303	切槽刀	游标卡尺	自动
5	精车左外轮廓	1 500	0.1	0.2	T0202	外圆车刀	游标卡尺	自动
编制		审　核		批　准			共 1 页	第 1 页

(二) 加工程序编制

1. 阶梯轴加工工序 001

数控加工程序单见表 2.2 - 6。

表 2.2 - 6　阶梯轴车削数控加工程序单 1

零件号	02	零件名称	阶梯轴	编程原点	安装后右端面中心
程序号	O0021	数控系统	零件号	编　制	

程序内容	简要说明
T0101;	换 01 号刀
M03　S800;	主轴正转 S800
G00　X45.0　Z5.0;	刀具快速定位至循环起点
G94　X0　Z0.5　F0.25;	车端面
G90　X40.2　Z-35.0;	粗车 ϕ40 外圆,进给量 0.25 mm/r,留 0.2 mm 精车余量
G00　X120.0;	快速退车至(120,100)处,取消刀补
Z100.0　T0100;	
M05;	主轴停止
T0202;	换 02 号精车刀
S1500　M03;	主轴正转 S1500
G00　X0　Z5.0;	快速定位,准备精车
G01　Z0.　F0.1;	
X38.0;	车端面
X39.985　Z-1.0;	倒角
Z-35.0;	精车 ϕ40 外圆至图示尺寸要求
G00　X120.0;	X 轴方向退刀
Z100.0　T0200;	Z 轴方向退刀
M05;	
M30;	程序结束

2. 阶梯轴加工工序 002

数控加工程序单见表 2.2-7。

表 2.2-7　阶梯轴车削数控加工程序单 2

零件号	02	零件名称	阶梯轴	编程原点		安装后右端面中心
程序号	O0022	数控系统		零件号	编　制	

程序内容	简要说明
T0101；	换 01 号刀
M03　S800；	主轴正转 S800
G00　X45.0　Z5.0；	刀具快速定位到循环起点
G90　X38.0　Z-76.0；	粗车 φ35 mm、φ28 mm 外圆
X35.4；	
X31.4　Z-30.0；	
X28.4；	
G00　X120；	X 轴方向退刀
Z100.0　T0100；	Z 轴方向退刀
M05；	主轴停止
T0303；	换 3 号切槽刀
S500　M03；	主轴正转 S500
G00　X38.0；	快速定位至第一槽位置
Z-30.0；	
G01　X26.0　F0.05；	切槽
G04　P2000；	槽底暂停 2S
G01　X45.0　F3.0；	
W-46.2；	
G01　X33.0　F0.05；	切槽
G04　P2000；	槽底暂停 2S
G01　X45.0　F3.0；	
G00　X120.0　Z100.0　T0300；	快速退刀，取消刀补
M05；	主轴停止
T0202；	换 2 号精车刀
S1500.0　M03；	主轴正转 S1500
G00　X0　Z5.0；	快速定位，准备精车
G01　Z0　F0.1；	
X25.985；	车端面
X27.985　Z-1.0；	倒角
Z-30.0	精车 φ28 mm 外圆
X32.985；	车端面
X34.985　W-1.0；	倒角
W-45.2；	精车 φ35 mm 外圆
X37.985；	车端面
X39.985　W-1.0；	倒角
G00　X120.0；	退刀
Z100.0　T0200；	
M05；	
M30；	程序结束

（三）仿真加工

1. 进入仿真系统

斯沃数控仿真系统，界面如图 2.2－30 所示。

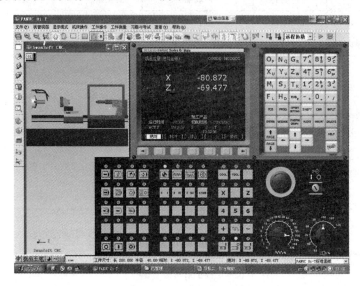

图 2.2－30　斯沃数控仿真系统

2. 启动系统

单击电源开按钮。

检查急停按钮█是否为松开状态，若未松开，则单击急停按钮，将其松开。

3. 车床回参考点

单击回原点按钮，选择机床工作模式为回原点模式█。

在回原点模式下，先将 X 轴回原点，单击操作面板上的"回参考点 X"按钮，此时 X 轴将回原点，X 轴回参考点灯变亮。同样，再单击 Z 轴方向按钮，Z 轴将回原点，Z 轴回原点灯变亮。此时 CRT 界面如图 2.2－31 所示。

4. 定义/装夹毛坯

单击"工件操作"，打开"设置毛坯"对话框，本项目选择的毛坯尺寸是 $\phi38$ mm×125 mm；选择"更换工件"选项，单击"确定"按钮，如图 2.2－32 所示，安装中根据需要，改变工件的装卡位置。

5. 刀具选择及安装

单击"刀具管理"按钮，打开"刀具库管理"对话框，如图 2.2－33 所示，单击所需刀具类型，选择所需的刀具参数，添加到刀盘。本项目选择两把刀，93°菱形外圆车刀和 3 mm 切断刀，分别安装在刀架 1、2 号位置上。

6. 对刀/设定工件坐标系

数控程序一般按工件坐标系编程，对刀的过程就是建立工件坐标系与机床坐标系之间关系的过程。下面具体说明车床对刀的方法。其中将工件右端面中心点设为工件坐标系原点，与将工件上其他点设为工件坐标系原点的对刀方法类似。试切法设定工件坐标系步骤如下：

图 2.2－31 车床回参考点

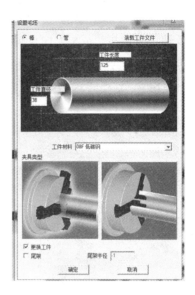

图 2.2－32 零件毛坯选择及装夹

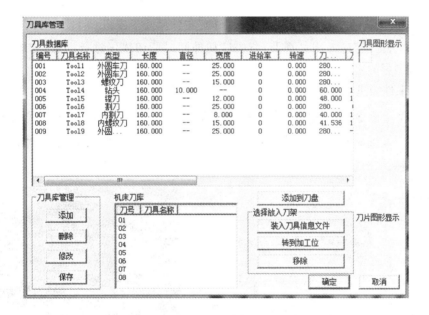

图 2.3－33 选择刀具

① 切削外径：单击操作面板上的手动模式[ ]按钮，手动状态指示灯变亮，机床进入手动操作模式，单击方向控制按钮[X]使机床在 X 轴方向移动；同样使机床在 Z 轴方向移动。通过手动方式将机床移动到如图 2.2－34 所示的大致位置。

单击操作面板上的"程序"按钮[ ]，单击[ ]按钮，使其指示灯变亮。切换到"MDI"模式，[ ]，在操作面板中输入"M03S1000"，单击"插入"按钮[ ]，单击"循环"按钮[ ]，主轴开始转动。切换到手动模式再单击 Z 方向按钮，使其指示灯变亮，[Z]。单击"正、负方向"按

钮 −、 +。同样方法控制 X 方向。控制刀具到达如图 2.2 - 35 所示位置。再单击 Z 方向按钮,使其指示灯变亮。单击"负方向"按钮,用所选刀具试切工件外圆,如图 2.2 - 36 所示。然后按 Z 轴正方向按钮,X 方向保持不动,刀具退出工件。

图 2.2 - 34 外径切削大致对刀

图 2.2 - 35 外圆对刀

图 2.2 - 36 外径试切

② 测量切削位置的直径:单击操作面板上的"主轴停止"按钮 ,使主轴停止转动,选择"工件测量"→"特征点"进入测量页面,单击试切外圆时所切线段进行测量,如图 2.2 - 37 所示。记录下所测量的直径值。

③ 选择"工件测量"→"测量退出"。

④ 单击"偏置设置"按钮 OFFSET SETTING,使其进入如图 2.2 - 38 所示界面。单击菜单软键"补正"、再单击"形状"。移动光标到 1 号刀具 X 坐标处。输入 X 和"刚才所测量记录下的值"。单击菜单软键"测量"。完成 X 轴对刀。

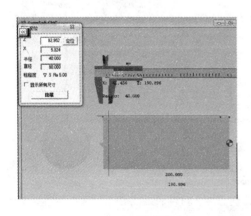

图 2.2 - 37 测量外圆直径

图 2.2 - 38 输入测量值

⑤ 切削端面:单击操作面板上的"主轴正转"或"主轴反转"按钮,使其指示灯变亮,主轴转动。将刀具移至如图 2.2 - 39 所示的位置,机床在手动操作模式下单击控制面板上的 X 轴负方向按钮,切削工件端面,如图 2.2 - 40 所示。然后按 X 轴正方向按钮,Z 方向保持不动,

刀具退出工件。

图 2.2-39　车端面对刀　　　　　　图 2.2-40　切端面

⑥ 按步骤④方法进入如图 2.2-38 所示界面,单击菜单软键"补正"、再单击"形状"。移动光标到 1 号刀具 Z 坐标处。输入"Z＝0"。单击菜单软键"测量"。完成 Z 轴对刀。

⑦ 将刀具移至参考点,主轴停转。单击"POS"软键 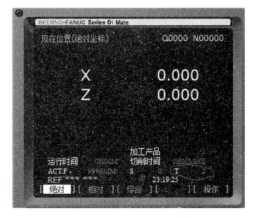。再单击一次"工具"按钮 。刀具即更换为第二把刀。显示页面如图 2.2-41 所示,注意圈内的标记表示刀具为 2 号刀具。

⑧ 以步骤①～④中切削外径的方法对 2 号刀的 X 方向,完成 X 轴方向的对刀。

⑨ 将 2 号刀移动到如图 2.2-42 所示位置。机床在手动操作模式下单击控制面板上的 X 轴负方向按钮。轻微切削工件表面如图 2.2-43 所示。单击 X 轴正方向按钮(Z 方向不能作任何移动),将刀具退出工件,主轴停转。

图 2.2-41　换 2 号刀具对刀

⑩ 以步骤②的方法进入测量页面。单击"测量线"按钮 。测量方法如图 2.2-44 所示,测量工件被切削处的尺寸。按步骤④方法进入如图 2.2-38 所示界面,在 2 号刀位置处输入"Z＝测量数据"(如图 2.2-44 所示为 18.38)。完成 2 号刀 Z 方向对刀。

7. 输入程序

按"程序"按钮 ,进入编程模式,按"编辑"按钮 ,指示灯亮,开始输入编辑程序。

8. 单步加工

① 检查机床是否回零,若未回零,则先将机床回零。

② 导入数控程序或自行编写一段程序。

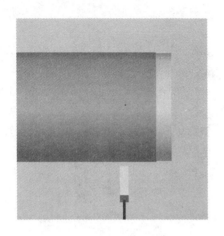

图 2.2 - 42　轴向移动刀具

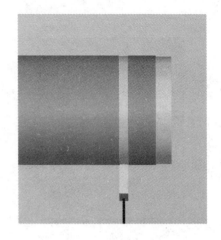

图 2.2 - 43　轻切工件表面

③ 单击操作面板上的"自动模式"按钮 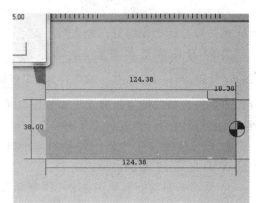，使其指示灯变亮。

④ 单击操作面板上的"单段"按钮。

⑤ 关闭机床舱门。

⑥ 单击操作面板上的"循环启动"按钮，程序开始执行。

注意：

① 自动/单段方式执行每一行程序均需单击一次"循环启动"按钮。

② 单击"跳段"按钮，则程序运行时跳过符号"/"有效，该行成为注释行，不执行。

图 2.2 - 44　测量切削处到端面距离

③ 可以通过进给倍率旋钮来调节主轴的进给倍率。

④ 按 POS 键可将程序重置。

9. 自动加工

自动加工流程如下：

① 检查机床是否回零，若未回零，则先将机床回零。

② 再导入数控程序或自行编写一段程序。

③ 单击操作面板上的"自动模式"按钮，使其指示灯变亮。

④ 单击操作面板上的"循环启动"按钮，程序开始执行。

中断运行流程如下：

① 数控程序在运行过程中可根据需要暂停、急停和重新运行。

② 数控程序在运行时，按下"急停"按钮，数控程序中断运行，继续运行时，先将"急停"按钮松开，再按"循环启动"按钮，余下的数控程序从中断行开始作为一个独立的程序执行。

小　结

本项目以阶梯轴为载体,在前一项目的基础上巩固数控加工工艺的分析和制定原则,并以此为媒介,介绍了数控系统常用的基础指令 G50、G00、G01、G90、G94 的编程格式及 F、S、T 等指令参数的使用方法和注意事项。通过本案例的学习,应能正确分析阶梯轴类零件的加工工艺,制定工艺方案,编写简单轴的加工程序,能正确运用斯沃数控车削仿真软件,校验编写的零件数控加工程序,并完成零件的虚拟加工。

思考与习题

一、判断题(请将判断结果填入括号中,正确的填"√",错误的填"×")

1. (　　)在数控加工中,为提高生产率,应尽量遵循工序集中原则,即在一次装夹中车削尽可能多的表面。

2. (　　)切断实心工件时,工件的半径应小于切断刀的刀头长度。

3. (　　)G00 快速点定位指令控制刀具沿直线快速移动到目标位置。

4. (　　)车削细长轴时,因为工件长,热变形伸长量大,所以一定要考虑热变形的影响。

5. (　　)T0808 表示选用 8 号刀具,8 号刀具的补偿值是 8 mm。

6. (　　)"G01 X5GN"和" G01 U5"等效。

二、选择题(请将正确答案的序号填写在括号中)

1. 数控机床有不同的运动形式,需要考虑工件与刀具相对运动关系及坐标系方向,编写程序时,采用(　　)的原则编写程序。

A. 刀具固定不动,工件移动　　　　　　B. 工件固定不动,刀具移动

C. 分析机床运动关系后再根据实际情况定　D. 由机床说明书说明

2. 数控机床主轴以 800r/min 转速正转时,其指令应是(　　)。

A. M03 S800　　　B. M04 S800　　　C. M05 S800　　　D. M30 S800

3. G 代码控制机床各种(　　)

A. 主轴功能　　　B. 刀具更换　　　C. 辅助动作状态　　　D. 准备功能

4. 在数控车床上加工轴类零件时,应遵循(　　)的原则。

A. 先精后粗　　　B. 先左后右　　　C. 先螺纹后光轴　　　D. 先大端后小端

5. 在使用 G00 指令时,应注意(　　)。

A. 在程序中设置刀具移动速度

B. 刀具的实际移动路线不一定是一条直线

C. 移动的速度应比较慢

D. 一定有两个坐标轴同时移动

6. 在程序段中,用(　　)指令恒线速控制。

A. G97　S＿　　　B. G99　S＿　　　C. G96 S＿　　　D. G98　S＿

三、项目训练题

1. 加工如图 2.2－45 所示阶梯轴类零件,材料为 45♯钢,材料规格为 $\phi55$ mm×70 mm,其中毛坯轴向余量为 5 mm。要求:分析零件加工工艺,编制加工程序,并完成该零件加工。

2. 加工如图 2.2－46 所示阶梯轴类零件,材料为 45♯钢,材料规格为 $\phi52$ mm×85 mm。

要求:分析零件加工工艺,编制加工程序,并完成该零件加工。

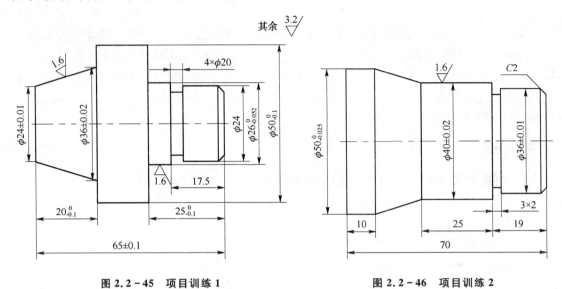

图 2.2－45　项目训练 1　　　　　　图 2.2－46　项目训练 2

项目三 典型弧面零件的工艺设计、编程及仿真

【知识目标】

① 正确理解和合理应用圆弧加工指令 G02/G03 和刀尖圆弧半径补偿指令 G41/G42/G40；

② 掌握仿形粗车复合循环指令 G73 的适用范围及编程方法；

③ 掌握圆弧加工工艺，能熟练编写圆弧类零件的数控车削加工程序。

【能力目标】

① 培养学生运用所学知识解决问题的能力，能综合运用一般指令和复合循环指令编写含圆弧的轴类零件；

② 能正确运用数控仿真软件，通过虚拟加工校验所编写的零件的数控加工程序。

一、项目导入

如图 2.3-1 所示，毛坯材料为 45♯钢，尺寸 ϕ 55 mm×130 mm，要求分析零件的加工工艺，编写零件的数控加工程序，并通过数控仿真优化程序，最后进行零件的加工检验。

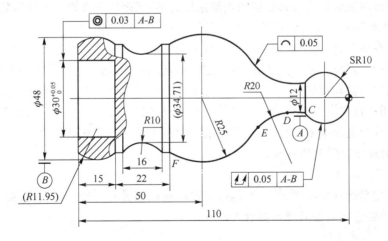

图 2.3-1 多圆弧连接轴

本项目选择的是一个含圆弧的轴类零件，零件由凹圆弧、凸圆弧和球面组合而成，是非常符合数控加工特点的典型的回转类零件。本案例将以此为载体，学习含圆弧面零件的相关数控加工工艺及其程序的编写。在应用前面所学指令的基础上，进一步有针对性地学习圆弧插补指令 G02/G03，刀尖圆弧半径补偿指令 G41/G42/G40 及复合循环指令 G73 的编程规则和应用时的注意事项。

二、相关知识

(一) 圆弧类零件的数控车削工艺知识

圆弧类零件属于成形面类零件的一种,根据圆弧面的凹凸可分为凹圆弧面和凸圆弧面;根据圆弧面所在位置可分为内圆弧面和外圆弧面。

1. 弧面零件的结构工艺特点

含圆弧面的零件表面轮廓是平面曲线轮廓,这种带有曲线的表面称为特形面或成形面,如图 2.3 - 2 所示。

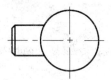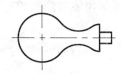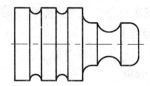

图 2.3 - 2　成形面零件

2. 弧面零件的加工方法

在通用机床上,弧面零件通常采用一些特殊的加工方法,如成形刀型面加工法、靠模加工法或双手配合控制刀架运动轨迹切削法,这些方法一是加工精度难以满足零件质量要求;二是加工效率低,工人劳动强度大。在数控机床上,用圆弧插补指令(G02/G03)编写程序,使刀具在插补加工平面内按给定的刀具轨迹和进给速度运动,切削出零件圆弧轮廓形状。

3. 定位基准和装夹方法的选择

轴类零件在加工时,为了保证设计基准与工艺基准和编程计算基准重合,径向精基准通常选择零件端面中心孔或工件外圆表面;轴向定位精基准,一般选择在工件左端面或右端面上。

当工件轴向尺寸较短时,采用三爪自定心卡盘夹持工件外圆表面进行加工;当工件轴向尺寸较长时,采用三爪自定心卡盘夹持工件外圆表面与尾顶尖配合的方式进行加工;当工件精度要求高且有多处位置公差需要控制时,采用前后两顶尖装夹的方式进行加工。

4. 切削用量与切削刀具的选择

(1) 切削用量的选择

影响切削用量选择的因素很多,具体数据的确定应根据所选择机床性能、被加工材料的特性、刀具材料等结合实际经验进行综合考虑。

(2) 切削刀具的选择

1) 加工凹圆弧成形表面切削用刀具的选择

加工凹弧成形表面,使用的刀具有成形刀、尖形车刀和菱形偏刀等,如图 2.3 - 3 所示。加工半圆弧或半径较小的圆弧表面选用成形车刀;精度要求不高时可采用尖形车刀;加工成形表面后还需加工台阶表面可选用 90°菱形刀(副偏角较大);选用菱形偏刀副偏角应足够大,可防止干涉(车刀副切削刃与凹圆弧表面干涉情况如图 2.3 - 3 所示)。

2) 加工凸圆弧成形表面切削用刀具的选择

加工凸圆弧成形表面,使用的刀具有成形车刀、菱形偏刀及尖刀。加工半圆形表面选用成

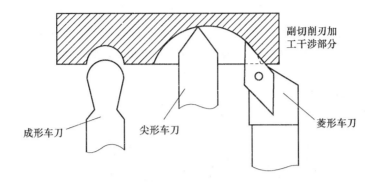

图 2.3 - 3 凹圆弧加工刀具及副切削刃干涉情况

形车刀;当加工精度较低的凸圆弧时,可选用尖形车刀;当加工圆弧表面后还需车台阶表面时,应选用菱形偏刀。选用尖刀及菱形偏刀时主、副偏角应足够大,否则加工时会发生干涉现象,如图 2.3 - 4 所示。

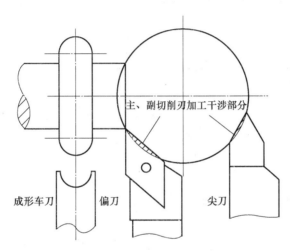

图 2.3 - 4 凸圆弧加工刀具及主、副切削刃干涉情况

5. 加工阶段的划分

工序的确定要按加工顺序进行,应当掌握以下两个原则。

① 基准先行原则:工序中的定位基准面要安排在工序加工之前进行。

② 粗、精分开原则:对加工质量要求高或易变形的零件,对各表面的粗、精加工要分开,先粗后精,多次加工,以逐步提高其精度和粗糙度,且主要表面的精加工应安排在最后。

为了改善金属组织和加工性能而安排的热处理工序,如退火、正火等,一般应安排在机械加工之前;为了提高零件的机械性能和消除内应力而安排的热处理工序,如调质、时效处理等,一般应安排在粗加工之后,精加工之前。

6. 车圆弧的加工路线的分析

在数控车床上加工圆弧时,一般需要多次走刀,先将大部分余量切除,最后再按零件轮廓进行精加工,达到图示尺寸的要求,实际在加工过程中,余量的去除和刀具切入和切出路线的安排是提高加工效率的关键。

(1) 内凹圆弧粗加工路线

凹圆弧面粗加工因各处余量不同,应采用相应方法进行解决。常见加工方法有等径圆弧(等径不同心)、同心圆弧(同心不等径)、梯形形式和三角形形式等,如图 2.3－5 所示,各自的加工特点见表 2.3－1。

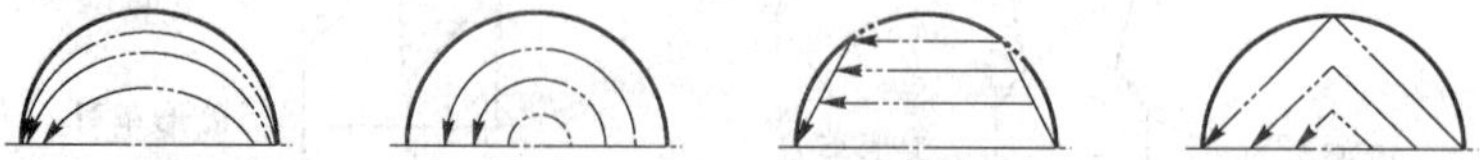

(a) 等径圆弧形式　(b) 同心圆弧形式　(c) 梯形形式　(d) 三角形形式

图 2.3－5　凹圆弧表面粗车加工路线

表 2.3－1　各种粗车凹圆弧形式加工特点

形　式	特　点
等径圆弧形式	计算和编程最简单,但走刀路线较其他几种形式长
同心圆弧形式	走刀路线短,且精车余量均匀
梯形形式	切削力分布合理,切削率最高
三角形形式	走刀路线较同心圆弧形式长,但比梯形、等径圆弧形式短

(2) 外凸圆弧粗加工路线

外凸圆弧粗加工路线与凹圆弧面加工一样,余量不均匀,应采用相应方法解决。生产中常采用车锥法(斜线法)和车圆法(同心圆法)两种加工方法。

1) 车锥法(见图 2.3－6(a))

根据加工余量,采用圆锥分层切削的办法将加工余量去除后,再进行圆弧精加工。采用这种加工路线时,加工效率高,但计算麻烦。

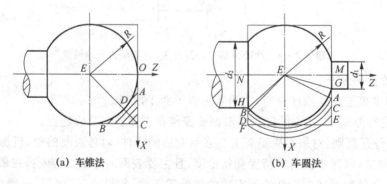

(a) 车锥法　　　　　　　　　　(b) 车圆法

图 2.3－6　凸圆弧表面车削方法

车锥法即用车圆锥的方法切除圆弧毛坯余量,加工路线不能超过 A、B 两点的连线,否则无法保证圆弧表面质量。此法适用于加工圆心角小于 $90°$ 的圆弧。

车锥法需计算 A、B 两点的坐标值,假设工件坐标系如图 2.3－6(a)所示,则 A、B 两点坐标分别如下:

$$A 点坐标(0,2×0.414R)$$

$$B 点坐标(-0.586R,2R)$$

其中,R 为圆弧半径。

2) 车圆法(见图 2.3-6(b))

根据加工余量,采用不同的圆弧半径,同时在两个方向上向所加工的圆弧偏移,最终将圆弧加工出来。采用这种加工路线时,加工余量相等,加工效率高,但要同时计算起点、终点坐标和半径值。

车圆法即用不同半径的圆切除毛坯余量,也称同心圆分层切削法。同样需要计算坐标点,若已知两端外圆部分直径 d_1、d_2,圆弧半径 R,加工余量 δ,工件坐标原点处于圆心位置,如图 2.3-6(b)所示,求 A、C、E、B、D、F 等点坐标。以求 A、B 两点为例,其他的计算方法类似,方法如下:

$$OM = \sqrt{OG^2 - GM^2} = \sqrt{R^2 - (d_1/2)^2}$$

$$AM = \sqrt{OA^2 - OM^2} = \sqrt{(R+\delta)^2 - (R)^2 + (d_1/2)^2}$$

A 点坐标为 $(OM, 2AM)$。

同理,B 点坐标为 $(-ON, 2BN)$。

$$ON = \sqrt{OH^2 - HN^2} = \sqrt{R^2 - (d_2/2)^2}$$

$$BN = \sqrt{OB^2 - ON^2} = \sqrt{(R+\delta)^2 - (R)^2 + (d_2/2)^2}$$

(二) 圆弧插补指令(G02/G03)

圆弧插补指令使刀具沿着零件轮廓的圆弧轨迹运动,切出圆弧。圆弧插补运动有顺、逆之分,G02 为顺时针圆弧插补指令,G03 为逆时针圆弧插补指令,如图 2.3-7 所示。

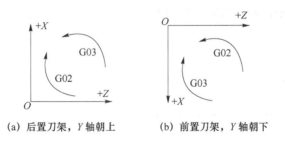

(a) 后置刀架,Y 轴朝上　　　　(b) 前置刀架,Y 轴朝下

图 2.3-7　圆弧顺逆判断

判定方法:

从不在插补加工平面内坐标轴的正方向向负方向看,顺时针方向旋转的圆弧加工指令为 G02;逆时针方向旋转的圆弧加工指令为 G03。

编程格式:

$$\begin{matrix} G02 \\ G03 \end{matrix} \quad X(U)\_\_ \quad Z(W)\_\_ \quad \begin{matrix} I\_\_ & K\_\_ \\ R\_\_ \end{matrix} \quad F\_\_$$

指令说明:

① X、Z 为绝对尺寸编程时圆弧终点坐标值;U、W 为增量尺寸编程时圆弧终点相对圆弧始点的位移量。

② R 是圆弧半径,当圆弧的圆心角≤180° 时,R 值为正;当圆弧的圆心角>180° 时,R 值为负。

③ I、K 为圆心在 *X*、*Z* 轴上相对始点的坐标增量;如果 I、K 和 R 同时出现在程序段上,则以 R 优先,I、K 无效。

④ 用半径 R 指定圆心位置时,只能用于非整圆的圆弧加工,只有用 I、K 编写的圆弧加工程序才能加工整圆。

例:用绝对坐标和增量坐标两种方法编程,加工如图 2.3-8 图所示 ϕ20 mm 外圆及 *R*10 圆弧。

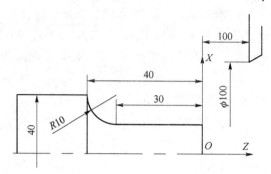

图 2.3-8 圆弧插补加工示例图

方法一:用 R 表示圆心位置,程序如下。

```
  ⋮
N40  G01  Z-30.0  F0.2;
N50  G02  X40.0  Z-40.0  R10.0  F0.2;
  ⋮
```

方法二:用 I、K 表示圆心位置程序如下。

绝对坐标编程:

```
  ⋮
N30 G00 X20.0  Z2.0;
N40 G01 Z-30.0. F0.2;
N05 G02 X40.0  Z-40.0  I10.0  K0 F0.2;
  ⋮
```

增量坐标编程:

```
  ⋮
N03  G00 U-80.0  W-98.0;
N04  G01  U0  W-32.0 F0.2;
N05  G02  U20.0  W-10.0  I10.0  K0 F0.2;
  ⋮
```

(三) 刀尖圆弧自动补偿指令

1. 刀尖圆弧半径补偿的定义

在实际加工中,由于刀具产生磨损及精加工的需要,常将车刀的刀尖修磨成半径较小的圆弧,这时的刀位点为刀尖圆弧的圆心。为确保工件轮廓形状,加工时不允许刀具刀尖圆弧的圆心运动轨迹与被加工工件轮廓重合,而应与工件轮廓偏置一个半径值,这种偏置称为刀尖圆弧半径补偿。

2. 假想刀尖与刀尖圆弧半径

编程时,通常都将车刀刀尖作为一点来考虑,但实际上为了提高被加工工件表面质量,减缓刀具磨损,延长刀具寿命,一般车刀刀尖处磨成圆角如图 2.3 - 9 所示。

3. 未使用刀尖圆弧半径补偿时的加工误差分析

进行数控编程时,通常将车刀刀尖作为一点来考虑,而实际切削时,磨有圆弧的车刀并不是以理想的刀尖进行切削,而是有两个不同的切削点。当切削的是与工件轴线平行的圆柱面时,用外径切削点 B 进行切削;当切削的是与工件轴线垂直的端面时,用端面切削点 C 进行切削。所以当用按理论刀尖点编出的

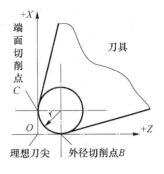

图 2.3 - 9 假想刀尖示意图

程序进行端面或内、外径切削时,是不会产生误差的。但在进行倒角、锥面及圆弧切削时,则会产生少切或过切现象,如图 2.3 - 10 所示。

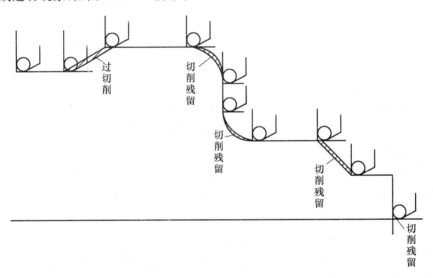

图 2.3 - 10 过切削与欠切削

一般数控系统都具有刀具半径自动补偿功能,编程时,只需按工件的实际轮廓尺寸编程即可,不必考虑刀尖圆弧半径的大小,加工时数控系统能根据刀尖圆弧半径自动计算出补偿量,避免少切或过切现象的产生。

4. 刀尖圆弧半径补偿(G40、G41 和 G42)

G41 为刀尖圆弧半径左补偿,G42 为刀尖圆弧半径右补偿,G40 为取消刀尖圆弧半径补偿指令。

左刀补、右刀补的判别方法:沿着刀具的运动方向向前看(假设工件不动),刀具位于零件左侧的为左刀补,刀具位于零件右侧的为右刀补,如图 2.3 - 11 所示。

从图 2.3 - 11 中可以看出,G41/G42 的选择与刀架位置、工件形状及刀具类型有关,实践中刀尖圆弧半径补偿模式选择方法如表 2.3 - 2 所列。

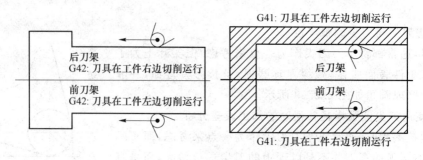

图 2.3 - 11 刀尖圆弧半径补偿示意图

表 2.3 - 2 刀尖圆弧半径补偿模式的选择

刀架情况	车外表面		车内表面	
	右偏刀	左偏刀	右偏刀	左偏刀
刀架后置	G42	G41	G41	G42
刀架前置	G41	G42	G42	G41

（1）编程格式

G41 G01 / G00 X(u) _ z(w) _ F _ ;　　　（刀尖圆弧半径左补偿）

G42 G01 / G00 X(u) _ z(w) _ F _ ;　　　（刀尖圆弧半径右补偿）

G40 G01 / G00 X(u) _ z(w) _ ;　　　　 （取消刀尖圆弧半径补偿）

参数说明：

X、Z 是绝对编程时，G00、G01 运动的终点坐标；

U、W 是增量编程时，G00、G01 运动的终点坐标相对于起点的增量。

（2）刀尖圆弧半径补偿注意事项

① G40、G41、G42 都是模态指令，可相互取消。

② G41、G42、G40 指令必须和 G00 或 G01 指令配合，在插补加工平面内有不为零的直线移动才能建立或取消。如果在 X 向移动，则刀具移动的直线距离必须大于两倍的刀尖圆弧半径值；如果在 Z 向移动，则刀具移动的直线距离必须大于一倍的刀尖圆弧半径值；当轮廓切削完成后，即用指令 G40 取消补偿。

③ 当工件有锥度、圆弧时，必须在精车锥度或圆弧前一程序段建立半径补偿，一般在切入工件时的程序段建立半径补偿。

④ 必须在刀具补偿参数设定页面的刀尖半径处填写该把刀具的刀尖半径值，CNC 装置会自动计算应该移动的补偿量，作为刀尖圆弧半径补偿的依据，如图 2.3 - 12 所示。

⑤ 必须在刀具补偿参数设定页面的假想刀尖方向处（TIP 项）填入该把刀具的假想刀尖号码，以作为刀尖半径补偿依据，如图 2.3 - 13 所示。

⑥ 在刀具补偿模式下，一般不允许存在连续两段以上的补偿平面内非移动指令，否则刀具也会出现过切等危险动作。

5. 应用实例

编写如图 2.3 - 14 所示零件的精加工程序，要求应用刀具半径补偿指令。

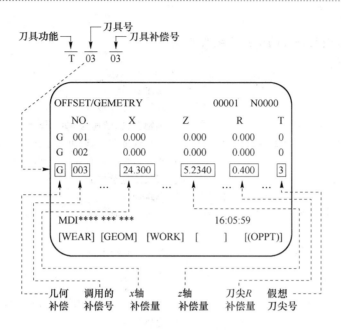

图 2.3 - 12　刀尖补偿参数设置页面

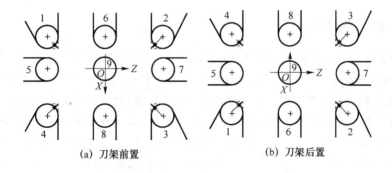

图 2.3 - 13　刀尖方向代码示意图

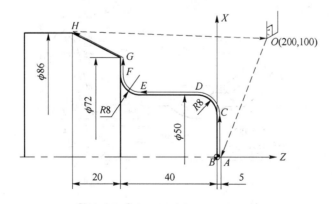

图 2.3 - 14　刀尖圆弧半径补偿编程示例

（1）确定刀具

选用 93°外圆车刀，刀具编号及补偿号为 T0202。

（2）编写程序

选择工件右端面与轴线的交点为编程原点。

参考程序如下：

O3001;	程序名
T0200;	调用2号外圆刀
S600 M03;	主轴正转,转速为 600 r/min
G00 X150. Z120. T0202 M08;	刀具快速定位,调用2号补偿值,开冷却液
G42 X0. Z5.;	建立刀尖圆弧右补偿,准备精车
G01 Z0 F0.1;	刀具工进至端面
X34.;	车端面
G03 X50. Z-8. R8.;	车 R8 mm 逆圆弧
G01 Z-32.;	车 ϕ 50 mm 外圆柱面
G02 X66. Z-40. R8.;	车 R8 mm 顺圆弧
G01 X72.;	车端面
X86. W-20.;	车斜面
G00 G40 X150. Z120. T0200;	刀具快速返回起刀点,取消刀尖圆弧半径补偿
M05;	主轴停止
M30;	程序结束

（四）仿形车粗车循环（G73）

封闭切削循环指令为按照一定的切削形状,逐渐接近零件最终轮廓的循环切削方式。可以高效地切削铸造、锻造或已粗车成形的毛坯工件。对不具备类似成形条件的工件,如采用 G73 进行编程与加工,则反而会增加刀具在切削过程中的空行程,而且也不便于计算粗车余量。

G73 指令为非模态,对工件的轮廓没有单调性要求,刀具按指定 ns～nf 程序段给出的同一轨迹进行重复切削。系统根据精车余量、退刀量和切削次数等数据自动计算粗车偏移量、粗车的单次进刀量和粗车轨迹。每一切削的轨迹都是精车轨迹的偏移,最后一次切削轨迹为按精车余量偏移的半精车轨迹。G73 的循环路径如图 2.3 - 15 所示。

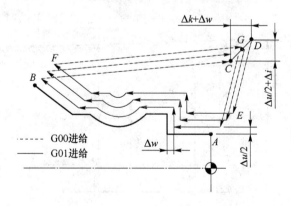

图 2.3 - 15 仿形车复合循环轨迹图

1. 编程格式

G73 U(Δi) W(Δk) R(d);

```
G73  P(ns)   Q(nf)   U(Δu)   W(Δw)  F __  S __  T __；
```

参数说明：

$$\left.\begin{array}{l} ns\cdots； \\ \cdots \\ nf\cdots； \end{array}\right\} 用以描述精加工轮廓轨迹 \left\{\begin{array}{l} 精加工轮廓起始程序段的顺序号 \\ \\ 精加工轮廓终止程序段的顺序号 \end{array}\right.$$

Δi：X 轴方向退刀量的大小和方向，模态参数。以半径值表示，当向 $+X$ 方向退刀时，该值为正，反之为负。

Δk：Z 轴方向退刀量的大小和方向，模态参数。当向 $+Z$ 方向退刀时，该值为正，反之为负。

d：分层次数（粗车重复加工次数）。

Δu：X 方向精加工余量，以直径值表示。

Δw：Z 方向精加工余量。

F、S 和 T：粗加工时所用的走刀速度、主轴转速和刀具号。

2. G73 运动轨迹说明

G73 复合循环的轨迹如图 2.3 – 15 所示。刀具从循环起点（C 点）开始，快速退刀至 D 点（在 X 向的退刀量为 Δu / 2 + Δi，在 Z 向的退刀量为 Δw + Δk）；快速进刀至 E 点（E 点坐标值由 A 点坐标、精加工余量、退刀量 Δi 和 Δk 及粗切次数确定）；沿轮廓形状偏移一定值后进行切削至 F 点；快速返回 G 点，准备第二层循环切削；如此分层（分层次数由循环程序中的参数 d 确定）切削至循环结束后，快速退回到循环起点（C 点）。

3. 仿形车精车循环 G70

仿形车精车循环指令格式与前面 G70 的格式完全相同，执行 G70 循环时，刀具沿工件的实际轨迹进行切削，循环结束后刀具返回循环起点。

编程格式：

```
G70   P(ns)   Q(nf)
```

程序说明：

① G70 指令不能单独使用，只能配合 G71、G72 和 G73 指令使用，完成精加工固定循环。

② 精加工时，G71、G72 和 G73 程序段中的 F、S 和 T 指令无效，只有在 ns～nf 程序段中的 F、S 才有效。

4. 应用实例

用 G73 指令编写如图 2.3 – 16 所示工件的循环加工程序。1 号为粗车刀，3 号为精车刀，X 轴方向的精加工余量为 0.4 mm，Z 轴方向的精加工余量为 0.2 mm。

（1）确定刀具

1 号 90°外圆弧粗车刀、2 号 93°外圆弧精车刀。

（2）编写程序

参考程序如下：

O3002；	程序号
T0100；	调用 T01 号刀具
S600 M03；	主轴以 600 r/min 正转
G00 X30. Z5. T0101 M08；	刀具到循环起点位置，调用 01 号刀具补偿，开冷却液

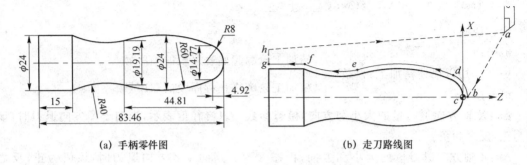

图 2.3－16　G73 指令应用实例

G73 U12.　W12　R6;	X 轴粗加工余量 12 mm,Z 轴粗加工余量为 3 mm,6 次走刀完成
G73 P10 Q20 U0.4 W0.2 F0.3;	精车余量 X0.4,Z0.2
N10 G00 G42 X0. Z2. S1000 F0.1;	加工轮廓起始程序段
G01 Z0;	b→c
G03　X14.77　Z－4.92　R8.;	c→d
X19.19　Z－44.81　R60.;	d→e
G02 X24.　Z－73.46　R40.;	e→f
G01　Z－83.46.;	f→g
N20 G40　X26.;	g→h
G00 X150. Z120. T0100;	快速退至换刀点
T0202;	换 2 号精车刀
G00　X30. Z5.;	快速移刀至循环起点
G70 P10 Q20;	精车轮廓到图示要求
G00 X150.0 Z120.0;	快速退至换刀点
M05;	主轴停止
M30;	程序结束,光标返回程序起始程序段

三、项目实施

(一) 加工工艺分析

1. 零件图分析

(1) 结构分析

如图 2.3－1 所示零件,材料为 45♯ 钢的棒料,工件的整体轮廓包含较多的连接圆弧表面,各圆弧连接处必须光滑连接,从零件的总体结构来看,没有方便装夹的部位,所以外轮廓可以一次安装加工完成的工艺方法,从 SR 球头一端开始,直至工件的最左端的 R11.95 的圆弧。最后将工件切断。需注意顺、逆圆弧的正确使用。该零件形状变化较多,且形位公差的要求较多,在制定加工工艺时须统筹考虑。

编写本任务工件的加工程序时,由于工件轮廓表面不符合单调性要求,因此,采用仿形车复合循环 G73 指令编程较为合适。另外,本任务两端轮廓的形位公差要求较高,为保证这些形位公差,应选用合适的夹具进行装夹,装夹后应进行精确的校正。

（2）精度分析

该零件的加工重点是保证 $\phi 30_0^{+0.05}$ 孔、$SR10$ 球面、$R20$ 弧面与基准 $A-B$ 的形位公差的要求及各圆弧与圆弧、直线与圆弧之间的光滑连接，表面粗糙度和尺寸公差的要求并不严格，在数控车床上分粗、精加工完全能够满足要求。

2. 装夹方案的确定

分析零件图结构可知，毛坯为棒料，用三爪卡盘定位夹紧，一次安装不能加工完成零件的全部内、外轮廓，所以需两次装夹。工件原点设在安装后零件的右端面，加工起点和换刀点可以设在同一点。

3. 加工顺序和进给路线的确定

工件分粗、精车进行加工，粗车用 G73 循环指令加工圆弧轮廓，用 G70 精车指令配合完成零件轮廓的最终加工。后用切断刀切断。

工序一

第一次安装，夹毛坯外圆，车削零件左端轮廓至尺寸要求。

工步一：车端面；

工步二：车外圆至尺寸 $\phi 48.5$ mm×33 mm；

工步三：打中心孔；

工步四：钻底孔至 $\phi 26$ mm；

工步五：粗镗内孔留 0.4 mm 精镗余量；

工步六：精镗内孔至图示尺寸。

工序二

第二次装夹，夹持 $\phi 48.5$ mm 外圆处，工件伸出卡盘端面的长度约 118 mm。

工步一：粗车外形轮廓，留 0.4 mm 精加工余量；

工步二：精车外形轮廓至图示技术要求；

工步三：切断，保证总长 110 mm。

4. 刀具及切削用量的选择

选择机械夹固式不重磨外圆车刀作为切削刀具，为了保证刀具后刀面在加工过程中不与工件表面发生摩擦，安装刀片后的刀具如图 2.3－17 所示，加工时其副偏角为 55°。刀具及切削参数见表 2.3－3。

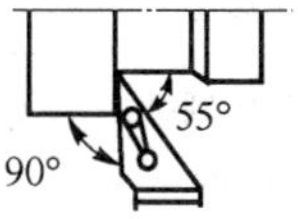

图 2.3－17　菱形外圆车刀

5. 填写工艺文件

多圆弧连接轴数控加工工序卡见表 2.3－4 和表 2.3－5。

表 2.3－3　刀具及切削参数

序　号	刀具号	刀具类型	加工表面	切削用量		
				背吃刀量 a_p/mm	主轴转速 n/ (r·min^{-1})	进给速度 F/ (mm·r^{-1})
1	T0101	90°外圆车刀	车端面及外圆 Φ48.5 mm× 33 mm	1～2	800	0.25
2	T0202	中心钻 A3	钻中心孔，定孔位	1.5	700	0.1

序　号	刀具号	刀具类型	加工表面	切削用量		
				背吃刀量 a_p/mm	主轴转速 n/ $(r \cdot min^{-1})$	进给速度 F/ $(mm \cdot r^{-1})$
3	T0303	ϕ26 mm 麻花钻	钻 ϕ30 mm 孔到 ϕ26 mm	13	400	0.08
4	T0404	内孔粗车刀,主偏角≥90°	粗车 ϕ30 mm 内孔,留精加工余量 0.4 mm	1.8	500	0.15
5	T0505	内孔精车刀,主偏角≥90°	精车 ϕ30 mm 内孔至图示要求	0.2	800	0.08
6	T0606	90°菱形外圆车刀	粗车外轮廓	1.5	800	0.15
7	T0707	90°菱形外圆车刀	精车外轮廓	0.2	1 200	0.08
3	T0808	3 mm 切槽刀	切断		500	0.05
编　制		审　核			批　准	

表 2.3－4　多圆弧连接轴数控加工工序卡一

数控加工工序卡			产品名称	零件名称	零件图号
				多圆弧连接轴	05
工序号	程序编号	夹具名称	夹具编号	使用设备	车　间
001	O0031	三爪卡盘			数控实训中心

工步号	工步内容	切削用量			刀具		量具名称	备注
		主轴转速/ $n(r \cdot min^{-1})$	进给速度/ $F(mm \cdot r^{-1})$	背吃刀量 a_p/mm	编号	名　称		
1	车端面	800	0.25	1.5	T0101	外圆车刀	游标卡尺	自动
2	车外圆 ϕ48.5 mm× 33 mm	1 500	0.1	0.75	T0101	外圆车刀	游标卡尺	自动
3.	钻中心孔,定孔位	700	0.1	1.5	T0202	中心钻 A3		手动
4	钻 ϕ30 mm 孔至 ϕ26 mm	400	0.08	13	T0303	ϕ26 mm 麻花钻	游标卡尺	手动
5	粗镗内孔留 0.4 mm 精镗余量	500	0.15	1.8	T0404	内孔粗车刀	游标卡尺	自动
6	精镗内孔至图示要求	800	0.08	0.2	T0505	内孔精车刀	内径千分尺	自动
编　制		审　核		批　准		共1页	第1页	

表 2.3－5 多圆弧连接轴数控加工工序卡二

数控加工工序卡		产品名称	零件名称	零件图号
			多圆弧连接轴	05
工序号	程序编号	夹具名称	夹具编号	使用设备	车 间
001	O0032	三爪卡盘			数控实训中心

工步号	工步内容	切削用量			刀具		量具名称	备注
		主轴转速/$n(\text{r} \cdot \text{min}^{-1})$	进给速度/$F(\text{mm} \cdot \text{r}^{-1})$	背吃刀量a_p/mm	编 号	名 称		
1	粗车外形轮廓,留0.4 mm精加工余量	800	0.15	1.5	T0606	90°菱形外圆车刀	游标卡尺	自动
2	精车外形轮廓至图示要求	1 200	0.08	0.2	T0707	90°菱形外圆车刀	游标卡尺	自动
3	切断,保证总长	500	0.05		T0808	切槽刀	游标卡尺	自动
编 制		审 核		批 准		共 1 页	第 1 页	

（二）加工程序编制

1. 多圆弧连接轴加工工序一

数控加工程序单(O0051)见表 2.3－6。

表 2.3－6 多圆弧连接轴车削数控加工程序单 1

零件号	03	零件名称	多圆弧连接轴	编程原点	右端面中心
程序号	O0031	数控系统	FANUC	编制	

程序内容	简要说明
N10 G50 X150. Z100. T0101;	建立工件坐标系,调用1号刀
N20 S800 M03;	主轴正转,转速800,
N30 G00 X58. Z1. M08;	刀具快速定位到循环起点,切削液开
N40 G94 X－1. Z0 F0.25.;	车端面
N50 G90 X50 Z－33;	粗车外圆至ϕ50,长33 mm
N60 X48.5 S1200 F0.1;	精车外圆到ϕ48.5
N60 G00 X150. Z100. T0100;	退刀,取消刀补
N70 T0202;	换2号刀
N80 G00 X0 Z4.;	刀具快速定位到起点
N90 G01 Z－2. S700 F0.1;	钻中心孔
N100 G00 Z4.;	
N110 G00 X150. Z100. T0200;	退刀,取消刀补
N120 T0303;	换3号刀
N130 G00 X0 Z4. S400;	刀具快速定位到起点
N140 G01 Z－33. F0.08;	钻孔

零件号	03	零件名称	多圆弧连接轴	编程原点	右端面中心
程序号	O0031	数控系统	FANUC	编制	

程序内容	简要说明
N150 G00 Z4. ;	换 4 号刀
N160 G00 X150. Z100. T0300;	刀具快速定位到循环起点
N170 T0404;	粗车内孔,留 0.4 mm 精加工余量
N180 G00 X24. Z2. S500;	退刀,取消刀补
N200 G90 X29.6 Z-33. F0.15;	换 5 号刀
N210 G00 X150. Z100. T0400;	刀具快速定位到循环起点
N220 T0505;	精车内孔,符图示要求
N230 G00 X24. Z2. S800;	退刀,取消刀补
N210 G90 X30. 025 Z - 35. F0.08;	主轴停转,冷却液关闭
	程序结束
N300 G00 X150. Z100. T0500;	
N340 M05 M09 ;	
N350 M30 ;	

2. 多圆弧连接轴加工工序二

数控加工程序单(O0032)见表 2.3 - 7。

表 2.3 - 7   圆弧连接轴车削数控加工程序单 2

零件号	03	零件名称	多圆弧连接轴	编程原点	安装后右端面中心
程序号	O0032	数控系统	FANUC	编 制	

程序内容	简要说明
N10 G50 X150. Z100. T0600;	
N20 S800 M03 ;	退刀,取消刀补
N30 G00 X54. Z2. M08 T0606;	建立工件坐标系,调用 6 号刀
N40 G73 U20. W0 R8. ;	主轴正转,转速 800 r/min,
N50 G73 P60 Q170 U0.4 W0 F0.15;	刀具快速定位到循环起点,开切削液,调 6 号刀补
N60 G00 X0. Z2. S1200;	仿形粗车循环
N70 G01 G42 Z0. F0.08. ;	
N80 G03 X12. Z-18. I0 K-10. ;	精加工轮廓描述
N90 G01 Z-23.27;	
N100 G02 X23.098 Z-37.09 R20. ;	
N110 G03 X42.7 Z-73. R25. ;	
N120 G01 Z-76. ;	
N130 G02 Z-92. R10. ;	
N140 G01 Z-95. ;	
N150 G03 Z-110. R11.95;	
N160 G01 Z-116. ;	

零件号	03	零件名称	多圆弧连接轴	编程原点	安装后右端面中心
程序号	O0032	数控系统	FANUC	编　制	

程序内容	简要说明
N170 G40 X52. ;	
N180 G00 X150. Z100. T0600；	退刀,取消刀补
N190 T0707；	换 7 号刀
N200 G00 X54. Z2. ；	刀具快速定位到循环起点
N210 G70 P60 Q170；	精车轮廓轨迹
N220 G00 X150. Z100. T0700；	退刀,取消刀补
N230 T0808；	换 8 号切断刀
N240 G00 X50. Z－113. S500；	刀具快速定位到起刀点
N250 G01 X28. F0.05；	切断
N260　　X50. ；	
N270　G00 X150. Z100. T0800；	退刀,取消刀补
N280 M05 M09；	主轴停转,冷却液关闭
N290 M30；	程序结束

（三）仿真加工

① 进入斯沃数控仿真系统,选择机床、数控系统,如图 2.3 - 18 所示。

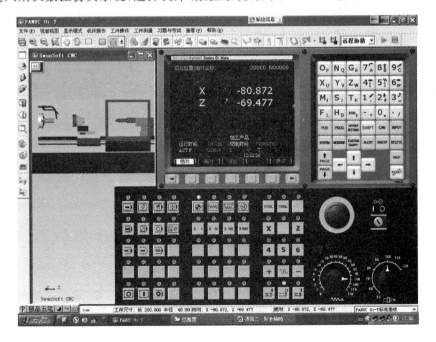

图 2.3 - 18　斯沃数控仿真系统界面

② 机床各轴回参考点。

③ 安装工件,将工件毛坯安装在三爪卡盘的卡爪上,如图 2.3 - 19 所示。

图 2.3-19　毛坯安装示意

④ 选择刀具,安装刀具并对刀,如图 5-20 所示。

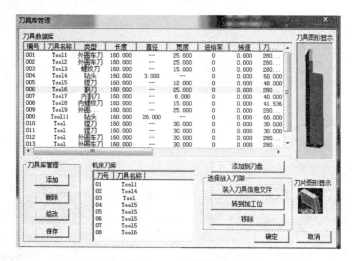

图 2.3-20　刀具选用表

⑤ 输入加工程序,并检查调试。

⑥ 手动移动刀具退到距离工件较远处。

⑦ 自动运行程序,加工工件轮廓,如图 2.3-21 所示。

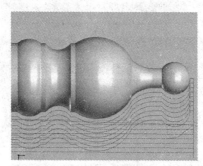

图 2.3-21　仿真加工

小　结

带有圆弧的工件粗车时,应根据毛坯的情况判断选用合适的程序指令,若为铸件或锻件毛坯,则选用 G73 指令进行粗车循环加工;如果是对工件精车,那么要注意正确判断圆弧的顺、逆方向。

思考与习题

一、判断题(请将判断结果填入括号中,正确的填"√",错误的填"×"):

1. (　　)指令"G02 X ＿ Z ＿ I ＿ K ＿";中的 I 值为直径值。

2. (　　)指令"G02 X ＿ Z ＿ R ＿;"不能用于编写整圆程序。

3. (　　)圆弧编程中 I、K 和 R 均为正值。

4. (　　)数控车床采用圆弧形车刀加工外圆锥面时,如果不采用刀尖圆弧半径补偿,则加工对圆锥的锥度不会产生影响。

5. (　　)在 FANUC 系统中,刀具半径补偿模式的建立与取消程序段只能在 G00 或 G01 移动指令模式下才有效。

6. (　　)数控车床采用圆弧形车刀加工外圆柱表面时,如果不采用刀尖圆弧半径补偿,则加工后圆柱尺寸将变大。

7. (　　)采用在 FANUC0i 的仿形粗车复合固定循环编程时,其轮廓外形必须采用单调递增或单调递减的形式,否则会产生凹形轮廓不进行分层切削而在半精加工时一次性切削的情况。

8. (　　)G73 指令中,"ns"程序段可以向 X 轴或 Z 轴的任意方向进刀。

二、选择题(将正确答案的序号填写在括号中):

1. 在数控加工中,如果圆弧指令后的半径遗漏,则机床按(　　)执行。

A. 直线指令;　　　　　B. 圆弧指令;　　　　　C. 停止;　　　　　D. 报警。

2. 圆弧编程中的 I、K 值是指(　　)的矢量值。

A. 起点到圆心;　　　　B. 终点到圆心;　　　　C. 圆心到起点;　　　　D. 圆心到终点。

3. 数控车床采用圆弧形车刀加工外圆锥面时,如果不采用刀尖圆弧半径补偿,则加工后锥面的大小端实际尺寸与既定尺寸比会(　　)。

A. 变大;　　　　　　　　　　　　　　B. 变小;

C. 没有变化;　　　　　　　　　　　　D. 可能变大也可能变小。

4. 在 FANUC 系统的刀具补偿模式下,一般不允许存在连续(　　)段以上的非补偿平面内移动指令。

A. 1;　　　　　　　　B. 2;　　　　　　　　C. 3;　　　　　　　　D. 4。

5. 为了高效切削铸造成形、粗车成形的工件,避免较多的空走刀,选用(　　)指令作为粗加工循环指令较为合适。

A. G71;　　　　　　　B. G72;　　　　　　　C. G73;　　　　　　　D. G74。

6. 以下复合固定循环指令中,(　　)指令所描述的工件轮廓形状没有单调递增或单调递减的限制。

A. G70;　　　　　　　B. G71;　　　　　　　C. G72;　　　　　　　D. G73。

三、简答题:

1. 简要说明数车刀尖圆弧半径补偿的补偿过程。

2. 简要说明采用刀尖圆弧半径补偿的注意事项。

3. 试写出 G73 指令格式,并说明指令中各参数的含义。

四、项目训练题:

1.零件图如图 2.3－22 所示,毛坯是 ϕ 35 mm 的棒料,材料为 45♯钢,制定数控加工工艺卡,并编写零件的数控加工程序。

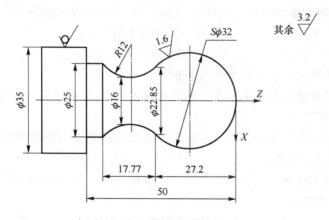

图 2.3－22　项目训练题 1

2. 零件图如图 2.3－23 所示,毛坯是 ϕ 30 mm×55 mm 的棒料,材料为 45♯钢,制定数控加工工艺卡,并编写零件的数控加工程序。

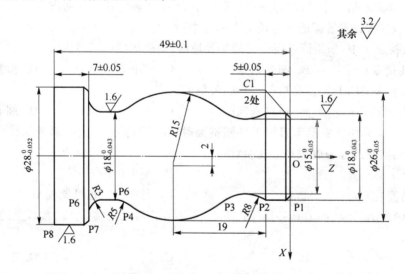

图 2.3－23　项目训练题 2

3. 车削如图 2.3－24 所示的工件,毛坯是 ϕ 55 mm×400 mm 的棒料,材料为 45♯钢,制定数控加工工艺卡,并编写零件的数控加工程序。

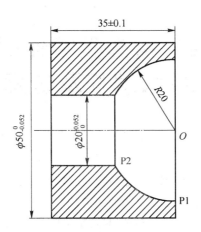

图 2.3 - 24　项目训练题 3

项目四　盘套类零件的
工艺设计、编程及仿真

【知识目标】

① 掌握盘、套类零件的结构特点和加工工艺特点,正确分析腔体零件的加工工艺;

② 掌握盘套类零件的工艺路线、工艺过程的制定方法;

③ 巩固数控系统端面车削固定循环指令 G94,掌握端面粗车复合循环指令 G72、端面深孔钻削指令 G74、径向切槽循环指令 G75 的编程格式及应用,掌握盘套类零件的手工编程方法。

【能力目标】

① 能正确分析盘类零件图纸(会分析零件图纸技术要求,会检查零件图的完整性和正确性,会分析零件的结构工艺性),并进行相应的工艺处理;

② 能正确选择短套零件、盘类零件装夹方案,正确选择加工设备、切削刀具与切削参数,会编写数控加工工艺卡;

③ 能运用仿真软件完成零件的模拟加工,优化加工程序。

一、项目导入

如图 2.4 - 1 所示,为轴套类零件,毛坯为 ϕ 210 mm × 60 mm 的空心棒料,材料为 45♯钢,内孔直径为 ϕ 85 mm 要求分析零件的加工工艺,填写工艺文件,编写零件的加工程序。

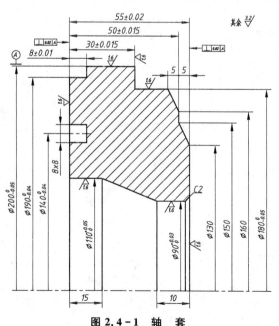

图 2.4 - 1　轴套

二、相关知识

(一)盘套类零件的加工工艺

1. 盘套类零件的结构特点及技术要求

(1)盘套类零件的结构特点

盘类零件一般指径向尺寸比轴向尺寸大,且最大与最小内外圆直径差较大,并以端面面积大为主要特征的零件,套类零件一般由外圆、内孔、端面、台阶和沟槽等组成,如齿轮、法兰盘、端盖、套环和轴承环等,这些表面不仅有形状精度、尺寸精度和表面粗糙度的要求,而且位置精度要求较高,有的零件壁较薄,加工中容易变形,盘套类零件主要靠车削加工,如何保证加工精度,是车削套类零件首要解决的问题。盘套类零件如图 2.4 - 2 所示。

(a) 法兰盘　　　(b) 透　盖　　　(c) 套　环　　　(b) 滑动轴承套　　　(e) 气缸套

图 2.4 - 2　盘套类零件

(2)盘套类零件的技术要求

套类零件的主要表面是内、外圆柱表面,此类零件的技术要求如下:

1)尺寸精度和几何形状精度

套类零件的内圆表面是起支承或导向作用的主要表面,它通常与运动着的轴、刀具或活塞相配合。套类零件内圆直径的尺寸精度一般为 IT7,精密的轴套有时达 IT6;形状精度应控制在孔径公差以内,一些精密轴套的形状精度则应控制在孔径公差的 $1/2\sim1/3$,甚至更高。对于长的套筒零件,形状精度除圆度要求外,还应有圆柱度要求。

套类零件的外圆表面是自身的支承表面,常以过盈配合或过渡配合同箱体、机架上的孔相连接。外圆直径的尺寸精度一般为 IT7～IT6,形状精度控制在外径公差以内。

2)相互位置精度

内、外圆之间的同轴度是套类零件最主要的相互位置精度要求,一般为 0.005～0.01 mm。

当套类零件的端面(包括凸缘端面)在工作中须承受轴向载荷,或虽不承受轴向载荷,但加工时用作定位面时,则端面对内孔轴线应有较高的垂直度要求,一般为 0.05～0.02 mm。

3)表面粗糙度

为保证零件的功用和提高其耐磨性,内圆表面粗糙度值应为 1.6～0.1 μm,要求更高的内圆,值应达到 0.025 μm。

外圆的表面粗糙度值一般为 3.2～0.4 μm。

2. 盘套类零件的孔加工特点及常用加工方法

(1)盘套类零件孔加工特点

① 孔加工是在工件内部进行的,观察切削情况比较困难,尤其是小孔、深孔更为突出。

② 刀杆尺寸由于受孔径和孔深的限制,既不能粗,又不能短,所以在加工小而深的孔时,刀杆刚性很差。

③ 排屑和冷却困难。

④ 当工件壁较薄时,加工时工件容易变形。

⑤ 测量孔比测量外圆困难。

(2) 盘套类零件孔加工的方法

加工内孔是盘套类零件的特征之一,不同精度要求的孔常用的加工工艺路线如表2.4-1所列。

表 2.4 - 1　盘套类零件的孔加工工艺路线

序号	加工方法	经济加工精度	经济粗糙度 $Ra/\mu m$	适用范围
1	钻	IT11～13	12.5	加工未淬火钢及铸铁的实心毛坯,也可用于加工有色金属。孔径小于15～20 mm
2	钻—铰	IT8～10	1.6～6.3	
3	钻—粗铰—精铰	IT7～8	0.8～1.6	
4	钻—扩	IT10～11	6.3～12.5	加工未淬火钢及铸铁的实心毛坯,也可用于加工有色金属。孔径大于15～20 mm
5	钻—扩—铰	IT8～9	1.6～3.2	
6	钻—扩—粗铰—精铰	IT7	0.8～1.6	
7	钻—扩—机铰—手铰	IT6～7	0.2～0.4	
8	钻—扩—拉	IT7～9	0.1～1.6	大批量生产(精度取决于拉刀)
9	粗镗(扩孔)	IT11～13	6.3～12.5	除淬火钢外各种材料,毛坯有铸出孔或锻出孔
10	粗镗(粗扩)—半精镗(精扩)	IT9～10	1.6～3.2	
11	粗镗(粗扩)—半精镗(精扩)—精镗(铰)	IT7～8	0.8～1.6	
12	粗镗(粗扩)—半精镗(精扩)—精镗—浮动镗刀精镗	IT6～7	0.4～0.8	
13	粗镗(扩孔)—半精镗—磨孔	IT7～8	0.2～0.4	主要用于淬火钢,也可用于未淬火钢,但不宜用于有色金属
14	粗镗(扩)—半精镗—粗磨—精磨	IT7～8	0.1～0.2	
15	粗镗—半精镗—精镗—精细镗(金刚镗)	IT6～7	0.05～0.4	主要用于精度要求高的有色金属加工
16	钻—(扩)—粗铰—精铰—珩磨;钻—(扩)—拉—珩磨;粗镗—半精镗—精镗—珩磨	IT6～7	0.025～0.4	精度要求很高的孔

根据内孔工艺要求,加工方法很多,数控加工中常用的有钻孔、扩孔、铰孔和镗孔等。

1) 钻　孔

钻孔常用的刀具是麻花钻,如图2.4-3所示。钻孔属于粗加工,其尺寸精度一般可达到IT11～IT12,表面粗糙度 Ra 为 12.5～25 μm。

2）扩　孔

扩孔是指用扩孔刀具扩大工件的孔径。常用的扩孔刀具有麻花钻和扩孔钻等,如图2.4-3和图2.4-4所示。一般精度要求较低的孔可用麻花钻扩孔,精度要求高的孔的半精加工可用扩孔钻。用扩孔钻加工,生产效率较高,加工质量较好,精度可达IT10～IT11,表面粗糙度Ra达6.3～12.5 μm。

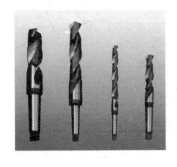

图2.4-3　麻花钻

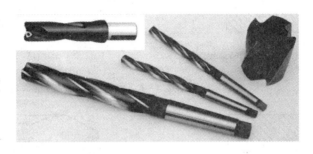

图2.4-4　扩孔钻

3）铰　孔

用铰刀(如图2.4-5所示)从被加工孔的孔壁上切除微量金属,使孔的精度和表面质量得到提高的加工方法,称为铰孔。铰孔是对较小和未淬火孔的精加工方法之一,一般粗铰的余量为0.15～0.3 mm,精铰为0.04～0.15 mm,余量大小直接影响铰孔的质量。铰孔可用于孔的半精加工和精加工,加工精度可达IT6～IT8,Ra可达1.6～0.4 μm。

对于铸造孔、铸造孔或用钻头钻出的孔,为达到所在要求的尺寸精度、位置精度和表面粗糙度,可采用车(镗)孔的方法。车(镗)孔后的精度可达到IT7～IT8,表面粗糙度Ra 1.6～3.2 μm,精车可达到Ra 0.8 μm,可作为半精加工和精加工。

图2.4-5　铰　刀

4）车(镗)孔

车(镗)孔是车削加工的主要内容之一,下面重点介绍车(镗)孔加工方法。

车刀可分为通孔车刀、不通孔车刀2种。安装时,刀尖应对准工件中心。刀杆与内孔中心线平行,刀杆伸出长度略长于被加工孔的长度。

通孔车刀切削部分的几何形状与75°外圆车刀基本相似,因刀具安装受孔深的影响,刀杆伸出较长,刀具刚性差。为了减小径向切削抗力,防止车孔时振动,主偏角应取得大些,一般取60°～75°;为减小刀具副后刀面与孔壁的摩擦,副偏角也应取得较大,一般为15°～30°;为了防止内孔车刀后刀面和孔壁的摩擦,同时又考虑不使刀具的强度下降,在实际加工中,一般建议将车刀后角刃磨成双后角。如图2.4-6所示。

不通孔(盲孔)车刀是用来车不通孔和台阶、圆弧等形状的。切削部分的几何形状与90°外圆车刀基本相似,它的主偏角大于90°,后角的要求和通孔车刀一样,不同之处是不通孔车刀的刀尖位刀具的最前端,当加工平底孔时,要求刀尖到刀杆外端的距离小于内孔半径R,使内孔刀刀杆不与孔壁发生碰撞,如图2.4-7所示。

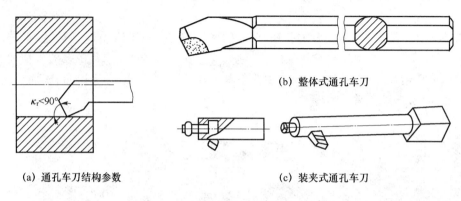

(a) 通孔车刀结构参数

(b) 整体式通孔车刀

(c) 装夹式通孔车刀

图 2.4-6　内孔(通孔)车刀结构与形状

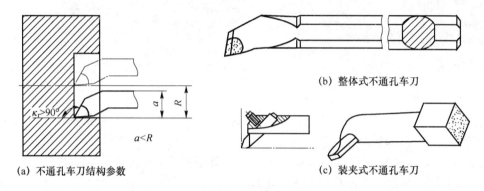

(a) 不通孔车刀结构参数

(b) 整体式不通孔车刀

(c) 装夹式不通孔车刀

图 2.4-7　内孔(不通孔)车刀结构与形状

3. 车(镗)内孔的关键技术

车孔的关键技术是解决内孔车刀的刚性问题和内孔车削过程中的排屑问题,主要包括以下几项:

(1) 尽量增加刀杆的截面积,但不能碰到孔壁

通常内孔车刀的刀尖位于刀柄的上面,这样刀柄的截面积较小,只有孔截面积的 1/4 左右;若使内孔车刀的刀尖位于刀柄的中心线上,那么刀柄在孔中的截面积可大大地增加。

(2) 刀杆伸出的长度尽可能缩短

以增加车刀刀柄刚性,减少切削过程中的振动。

(3) 控制切屑流出方向

通孔采用正刃倾角的内孔车刀,使切屑流向待加工表面(前排屑);盲孔采用负刃倾角的内孔车刀,使切屑流向待加工表面(后排屑),如图 2.4-8 所示。

(4) 充分加注切削液

切削液有润滑、冷却、清洗和防锈等作用,孔加工时应保证切削区域切削液浇注充分,以减小工件的热变形,提高零件的表面质量。

(5) 合理选择刀具几何参数和切削用量

孔加工时由于加工空间狭小,刀具刚性不足,所以刀具一般比较锋利,且切削用量比外圆加工时要选得小些。

4. 孔加工的工艺方法

① 车削孔径要求不高、孔径又小的,如螺纹底孔,可直接用钻头钻削。

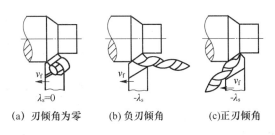

（a) 刃倾角为零　　　（b) 负刃倾角　　　(c)正刃倾角

图 2.4－8　刃倾角 λ_s 对切屑流出方向的影响

② 车削圆柱孔,孔径要求较高或深孔,可采用端面深孔加工循环 G74 的车削方法加工,或采用外圆、内圆车削循环(G90)的车削方法加工。

③ 车削有圆弧、台阶多、圆锥的内孔,可采用外圆粗车循环 G71、端面粗车循环 G72 的车削方法加工。

④ 车削内槽可采用端面车削循环 G94 或外圆、内圆切槽循环 G75 的车削方法加工。

5. 盘套类零件的定位与装夹方法

盘套类零件的内孔和外圆表面间的同轴度及端面和内孔轴线间的垂直度一般均有较高的要求。为达到这些要求,合理选择定位基准对保证零件的尺寸和相互位置精度起着决定性的作用。

（1）基准的选择

粗基准:粗基准尽量选择不加工表面或牢固、可靠的表面。

精基准:精基准尽量满足基准重合原则,即设计基准、装配基准、测量基准与编程计算基准重合。

（2）常用装夹方法

1）一次装夹

一次装夹完成外圆、内孔和端面的加工,可保证外圆和内孔的同轴度,外圆、内孔与端面的垂直度要求。由于消除了工件安装误差的影响,可以获得很高的相互位置精度;但这种方法工序比较集中,不适合于尺寸较大(尤其是长径比较大时)工件的装夹和加工,故多用于尺寸较小的轴套零件的加工,如图2.4－9所示。

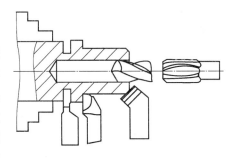

图 2.4－9　一次装夹加工方式

2）以内孔为基准装夹

当需以内孔作为定位基准保证工件的同轴度和垂直度要求时,首先零件要进行内孔加工至图纸要求,再按孔的尺寸配置心轴。常用的心轴有圆柱心轴、锥度心轴和胀力心轴等。

① 圆柱心轴

圆柱心轴(如图 2.4－10 所示)的圆柱表面与工件定位配合,并保持较小的间隙,工件靠螺母压紧,便于工件的装卸,但定心精度较低。圆柱心轴结构简单,制造方便,当工件直径较大时,采用带有压紧螺母的圆柱心轴。它的夹紧力较大,但精度比锥度心轴低。

② 胀力心轴

胀力心轴(如图 2.4－11 所示)是依靠锥形弹性套受轴向力挤压而产生径向弹性变形而定

位夹紧工件的。其特点是装夹方便,定位精度高,同轴度一般可达 0.01~0.02。胀力心轴适用于零件的精加工和半精加工,应用较为广泛。

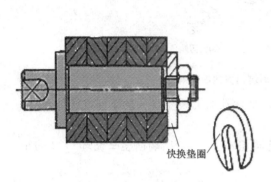

图 2.4 - 10　圆柱心轴

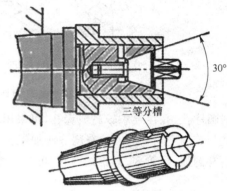

图 2.4 - 11　胀力心轴

③ 锥度心轴

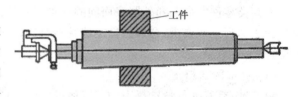

图 2.4 - 12　锥度心轴

锥度心轴(如图 2.4 - 12 所示)是刚性心轴的一种,心轴的外圆呈锥体,锥度为 1：1 000 至 1：5 000。工件压入锥度心轴时,工件孔产生弹性变形而胀紧工件,并借压合处的摩擦力传递转矩带动工件旋转。这种心轴的结构简单、制造方便,不需要夹紧元件,心轴与安装孔之间无间隙,故定位精度高,但能承受的切削力小,工件在心轴的轴线位移误差较大,不能加工端面,装夹不太方便,锥度心轴适用于同轴度要求较高的工件的精加工。

3) 以外圆为基准定位装夹

由于工艺需要先终加工外圆,再以外圆为精基准终加工内孔,为获得较高的位置精度,必须采用定心精度高的夹具,如弹性膜片卡盘、液性塑料夹具、经修磨后的三爪自定心卡盘及软爪等,如图 2.4 - 13 所示为三爪自定心卡盘及软爪配合加工套类零件。

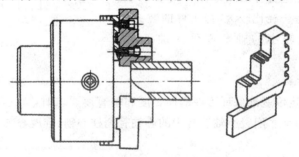

图 2.4 - 13　三爪自定心卡盘配合软爪加工轴套

6. 防止套筒变形的工艺措施

套筒零件由于壁薄,加工中常因夹紧力、切削力、内应力和切削热的作用而产生变形。故在加工时应注意以下几点:

① 为减小切削力和切削热的影响,粗、精加工应分开进行,使粗加工产生的热变形在精加

工中可以得到纠正,并应严格控制精加工的切削用量,以减小零件加工时的变形。

②　为减小热处理变形的影响,热处理工序应置于粗加工之后、精加工之前,以便使热处理引起的变形在精加工中得以纠正。

③　减小夹紧力的影响,工艺上可以采取以下措施:

➤改变夹紧力的方向,即变径向夹紧为轴向夹紧,使夹紧力作用在工件刚性较好的部位;

➤当需要径向夹紧时,为减小夹紧变形和使变形均匀,应尽可能使径向夹紧力沿圆周均匀
　分布,加工中可用开口过渡套或弹性套及扇形夹爪来满足要求;

➤制造工艺凸边、工艺肋或工艺螺纹,届时夹工艺凸边或用螺母夹紧,以减小夹紧变形。

7. 盘套类零件孔径的测量

(1) 内径千分尺测量

当孔的尺寸小于 25 mm 时,可用内径千分尺测量孔径,如图 2.4-14 所示。

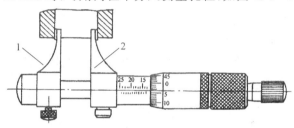

1—固定爪;2—活动爪

图 2.4-14　内径千分尺测量孔径

(2) 内径百分表测量

采用内径百分表测量零件时,应根据零件内孔直径,用外径千分尺将内径百分表对"零"后,进行测量,测量方法如图 2.4-15 所示。取测得的最小值为孔的实际尺寸。

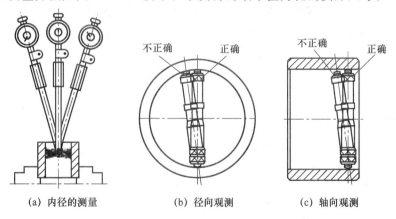

(a) 内径的测量　　　　(b) 径向观测　　　　(c) 轴向观测

图 2.4-15　内径百分表

(二) 端面粗车复合循环指令(G72)

G72 指令适合于粗车轴向余量大于径向余量且需多次走刀才能完成的棒料毛坯的内、外径多台阶轴或孔的加工,所加工的零件要求符合 X 轴、Z 轴方向同时单调增大或单调减小的特点。

编程格式：

G72 W(Δd) R(e)；

G72 P(ns) Q(nf) U(Δu) W(Δw) F(f) S(s) T(t)；

N(n$_s$)…；

…S(s)　F(f)；

　⋮

N(n$_f$)…；

其中,Δd:每次切削背吃刀量；

　　e:每次切削结束的退刀量；

　　n$_s$:精车加工程序第一个程序段的顺序号；

　　n$_f$:精车加工程序最后一个程序段的顺序号；

　　Δu:x 方向精加工余量的大小和方向,以直径值表示；

　　Δw:z 方向精加工余量的大小和方向；

　　f、s、t:包含在 ns~nf 程序段中的任何 F、S 或 T 功能在粗加工循环中被忽略,而在 G72 程序段中的 F、S 或 T 功能有效。

该指令的刀具路径如图 2.4-16 所示。

注意:① G72 指令必须带有 P、Q 地址,否则不能进行该循环加工；

② 在 ns 的程序段中应包含 G00/G01 指令,进行由 A 到 A′的动作,且该程序段中不应编有 X 向移动指令；

③ 在顺序号为 ns~nf 的程序段中,可以有 G02/G03 指令,但不应包含子程序。

应用举例:

【例 4-1】 编制如图 2.4-17 所示零件的加工程序,要求循环起点为 A(80,1),切削深度为 2 mm,退刀量为 1 mm,X 方向精加工余量为 0.2 mm,Z 方向精加工余量为 0.5 mm,其中双点划线部分为工件毛坯。

```
O4002；
G50 X150. Z200. T0100；
G96 S150.；
G50 S2500  M03；
G00 X80. Z1. T0101 M08；
G72 W2. R1.；
G72 P10 Q20 U0.2 W0.5 F0.25；
N10 G00 G42 Z-56.；
G01 X54. Z-40. S180. F0.07；
Z-30.；
G02 U-8. W4. R4.；
G01 X30.；
Z-15.；
U-16.；
G03 U-4. W2. R2.；
```

Z－2.；

U－6.W3.；

N20　G00 G40 X50.；

G00　X150.Z200.T0100；

T0202；

X80.Z1.；

G70 P10 Q20；

G00 X150.Z200.T0200；

M30；

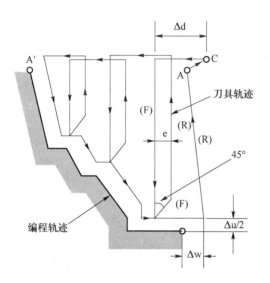

图 2.4－16　端面粗车复合循环 G72 走刀路线

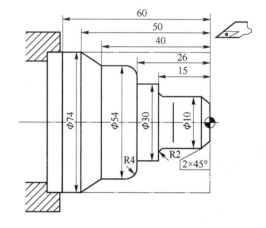

图 2.4－17　72 端面粗车复合循环编程实例

(三) 端面深孔钻削循环指令(G74)

G74 指令本来用于端面纵向断续切削,实际多用于深孔钻削加工,故也称为深孔钻削循环。用于内外圆的断续切削,端面圆环槽的断续切削,若省略 X 和 I、D 的指令,则可用于钻深孔加工。

编程格式:

G74　R(e)；

G74　X(u) Z(W)　P(Δi)　Q(Δk)　R(Δd)　F(f)；

其中,e:每次沿 Z 方向切削 Δk 后的退刀量。没有指定 R(e) 时,用参数也可以设定。根据程序指令,参数值也改变。

X:B 点的 X 方向绝对坐标值。

U:A 到 B 沿 X 方向的增量。

Z:C 点的 Z 方向绝对坐标值。

W:A 到 C 沿 Z 轴方向的增量。

Δi:X 方向的每次循环移动量(无符号,单位:μm)(直径)。

Δk:Z 方向的每次切削移动量(无符号,单位: μm)。

Δd:切削到终点时 X 方向的退刀量(直径),通常不指定,若省略 X(U)和 Δi,则视为 0。

f:进给速度。

该指令的刀具路线如图 2.4 – 18 所示。

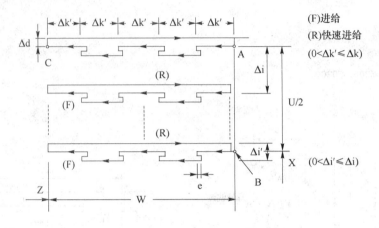

图 2.4 – 18 端面深孔钻削循环 G74

注意:对于程序段中的 Δi、Δk 值,在 FANUC 系统中,不能输入小数点,而直接输入最小编程单位。

应用举例:

【例 4 – 2】 加工如图 2.4 – 19 所示的端面环形槽及中心孔零件,编写加工程序。

以工件右端面中心为工件坐标系原点,切槽刀(T01)刀宽为 3 mm,以左刀尖为刀位点;选择 $\phi 10$ mm 钻头(T02)进行中心孔加工。

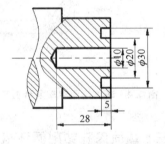

图 2.4 – 19 G74 指令编程实例

O4002;

T0101;

G97 M03 S600;

G00 X24. Z2.;

G74 R0.3;

G74 X20. Z – 5. P2000 Q2000 F0.1;

G00 X100. Z50.;

T0202;

G00 X0 Z2;

G74 R0.3;

G74 Z – 28 Q2000 F0.08;

G00 X100 Z50;

M05;

M30;

（四）径向切槽循环指令（G75）

用于径向外圆槽的断续切削，若省略 Z 和 K、D 的指令，则可用于切断或切窄槽加工。

编程格式：

```
G75 R(e);
G75 X(U)   Z(W)   P(Δi)   Q(Δk)   R(Δd)   F(f);
```

其中，e：每次沿 X 方向切削 Δi 后的退刀量。另外，用参数（No056）也可以设定，根据程序指令，参数值也改变。

X：C 点的 X 方向绝对坐标值。

U：A 到 C 的增量。

Z：B 点的 Z 方向绝对坐标值。

W：A 到 B 的增量。

Δi：X 方向的每次循环移动量（无符号单位：μm）（直径）。

Δk：Z 方向的每次切削移动量（无符号单位：μm）。

Δd：切削到终点时 Z 方向的退刀量，通常不指定，省略 X(U) 和 Δi 时，则视为 0。

f：进给速度。

该指令的刀具路线如图 2.4 - 20 所示。

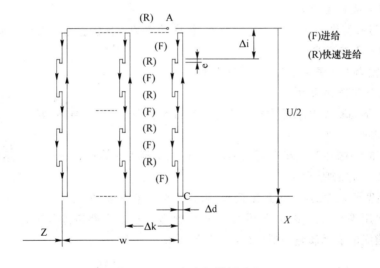

图 2.4 - 20　径向切槽循环 G75

使用切槽复合固定循环时的注意事项：

① 当出现以下情况而执行切槽复合固定循环指令时，将会出现程序报警。

➤X(U) 或 Z(W) 指定，而 Δi 或 Δk 值未指定或指定为 0。

➤Δk 值大于 Z 轴的移动量 W 或 Δk 值设定为负值。

➤Δi 值大于 U/2 或 Δi 值设定为负值。

➤退刀量大于进刀量，即 e 值大于每次切深量。

② 由于 Δi 和 Δk 为无符号值，所以，刀具切深完成后的偏移方向由系统根据刀具起刀点

及切槽终点的坐标自动判断。

③ 切槽过程中,刀具或工件受较大的单方向切削力,容易在切削过程中产生振动,因此,切槽加工中进给速度 F 的取值应略小(特别是在端面深孔钻削时),通常取 50~100 mm/min。

(五) 切槽相关知识链接

1. 关于槽加工刀具的选择

切矩形外圆沟槽的切槽刀和切断刀的形状基本相同,只是刀头部分的宽度和长度有些区别。

(1) 切断刀刀头各尺寸的确定

1) 切断刀宽度确定

切断刀的刀头宽度经验计算公式为

$$a \approx (0.5 \sim 0.6)\sqrt{D}$$

式中,a—主刀刃宽度,单位为 mm;D—被切断工件的直径,单位为 mm。

2) 切断刀刀头部分长度 L 确定

切断实心材料:$L = D/2 + (2 \sim 3)$。

切断空心材料:$L = h + (2 \sim 3)$。

式中,h—被切工件的壁厚,单位为 mm。

(2) 切槽刀各相关尺寸的确定

1) 切槽刀刀头宽度确定

切槽刀的刀头宽度一般根据工件的槽宽、机床功率和刀具的强度综合考虑确定。

2) 切槽刀的长度确定

切槽刀长度为 $L =$ 槽深$+ (2 \sim 3)$,单位为 mm。

2. 关于槽加工路线设计

不同宽度、不同精度要求的沟槽加工工艺路线设计是不同的,具体如下:

(1) 车外沟槽

① 在较窄的沟槽加工且精度要求不高时,可以选择刀头宽度等于槽宽采用横向直进切削而成,如图 2.4 - 21(a)所示。

② 槽宽精度要求较高时,可采用粗车、精车二次进给车成,即第一次进给车沟槽时两壁留有余量;第二次用等宽刀修整,并采用 G04 指令使刀具在槽底部暂停几秒钟进行无进给光整加工,以提高槽底的表面质量,如图 2.4 - 21(b)所示。

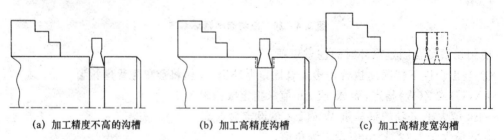

(a) 加工精度不高的沟槽   (b) 加工高精度沟槽   (c) 加工高精度宽沟槽

图 2.4 - 21 外沟槽的加工

③ 精度要求较高的较宽外圆沟槽加工,可以分几次进给,要求每次切削时刀具要有重叠的部分,并在槽沟两侧和底面留一定的精车余量,宽槽加工工艺路线设计如图 2.4 - 21(c)所示。

（2）车内沟槽

① 宽度较小和要求不高的内沟槽,可用主切削刃宽度等于槽宽的内沟槽刀采用直进法一次车出,如图 2.4 - 22(a)所示。

② 要求较高或较宽的内沟槽,可采用直进法分几次车出,粗车时槽壁和槽底留精车余量,然后根据槽宽、槽深进行精车,如图 2.4 - 22(b)所示。

③ 若内沟槽深度较浅,宽度很大,则可用内圆粗车刀先车出凹槽,再用内沟槽刀车沟槽两端垂直面,如图 2.4 - 22(c)所示。

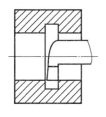 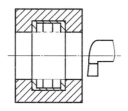 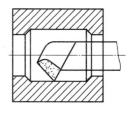

(a) 直进法一次车削　　　　(b) 直进法多次车削　　　　(c) 双车综合车削

图 2.4 - 22　内沟槽的加工

（3）车槽的退刀路线

切槽刀或切断刀退刀时要注意合理安排退刀的路线:一般应先退 X 方向,再退 Z 方向,应避免与工件外阶台发生碰撞,造成车刀甚至是机床损坏。

（4）车槽刀和切断刀刀位点的确定

切槽刀和切断刀都有左右两个刀尖,两个刀尖及切削刃中心都可以成为刀位点,编程时应该根据图纸尺寸标注以及对刀的难易程度确定具体的刀位点。一定要避免编程和实际对刀选用的刀位点不一致。

应用举例

【例 4 - 3】　加工如图 2.4 - 23 所示工件,编写加工程序。

零件加工时选择三把刀具:

T0101:外圆端面粗加工刀具,刀尖角 55°;

T0202:外圆端面精加工刀具,刀尖角 35°,刀尖半径 $R0.8$ mm;

T0303:切槽刀,刀宽 4 mm。

```
04003;
T0101;(外圆表面粗加工)
M03 S300;
G00 X38.0 Z2.0;
G71 U1.5 R0.5;
G71 P10 Q20 U0.5 W0.1 F0.5;
```

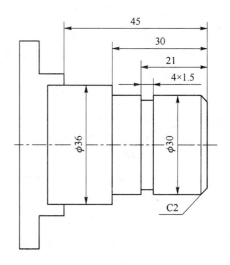

图 2.4 - 23　加工实例

```
N10 G00 G42 X22.0;
G01 X30.0 Z-2.0 S600  F0.2;
    Z-30.0;
N20  G40  X38.0;
G00 X100.0  Z50.;
T0202;(外圆表面精加工)
G00  X38. Z2.0;
G70 P10 Q20;
G00 X100.0 Z50.0;
M05;
T0303;（4 mm 宽切槽刀沟槽加工）
M03 S300;
G00 X32.0 Z-21.0;
G75 R0.5;
G75 X27.0 Z-21.0 P1000 F0.1;
G00 X100.0 Z50.0;
M05;
M30;
```

三、项目实施

(一) 加工工艺分析

1. 零件图工艺分析

如图 2.4-1 所示端盖,由端面、内外圆柱面、内外圆锥面、端面槽、倒角等几何元素构成。零件总体尺寸公差(IT7~IT8)及表面粗糙度($Ra1.6 \ \mu m$)要求较高,且各径尺寸偏差均以极限形式标注,为保证零件加工精度与设计精度相符,在编程前需对此类尺寸进行数学处理,将极限标注形式转换为对称尺寸标注的形式,方便尺寸的控制。

两被测要素(端面)相对于基准要素($\phi200$ 外圆柱面的轴线)有位置公差垂直度 0.02 mm 的要求。零件材料为 45♯钢,无热处理和硬度要求。

2. 装夹方案的确定

根据毛坯和零件轮廓结构特点分析,零件需两次装夹调头加工。为保证在进行数控加工时工件能可靠定位,先用三爪卡盘夹持毛坯外圆,加工零件左端端面、端面沟槽、外圆及内圆各轮廓;再调头用软爪或垫铜皮保护的三爪夹持已加工的 $\phi200^{0}_{-0.05}$ 外圆面加工零件右端面、外圆及内圆倒角各轮廓。

3. 加工顺序和进给路线的确定

(1) 工序的划分

按照数控加工工序集中的原则,结合零件的结构特点,以一次安装加工内容做为一道工序。此零件需二次装夹才能完成加工,所以分两道工序。工序 1 为工序 2 提供精基准。

(2) 加工顺序的确定

端盖零件由于结构特点及使用性能,外圆柱表面对内孔有一定的同轴度要求,所以在尽量

遵循"在一次安装中完成内外圆表面及端面的全部加工"原则确定加工顺序,具体加工顺序的安排如下:

工序一

如图 2.4 - 24 所示,三爪卡盘夹 ϕ210 毛坯外圆,伸出卡盘端面部分长度 35 mm 左右。

① 车端面;

② 粗、精车 $\phi200_{-0.05}^{0}$、$\phi190_{-0.04}^{0}$ 及左端面;

③ 粗、精车 $\phi100_{0}^{+0.05}$ 及 $\phi90_{0}^{+0.035}$ 内孔面;

④ 车端面槽。

工序二

如图 2.4 - 25 所示,工件调头,三爪卡盘软爪夹持 $\phi200_{-0.05}^{0}$ 已加工外圆表面。

① 车右端面,保证工件总长 55±0.05 mm;

② 粗、精车右端轮廓至图示尺寸要求;

③ 车内孔口倒角。

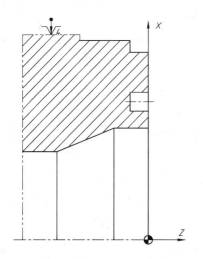

图 2.4 - 24 端盖工序一加工示意图

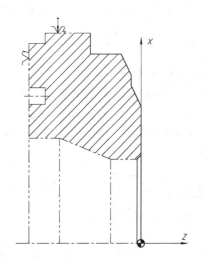

图 2.4 - 25 端盖工序二加工示意图

4. 刀具及切削用量的选择

(1) 刀具选择

为了避免刀具数量过多,外表面的粗、精车使用同一把车刀,内孔的粗、精镗使用同一把刀具。

T0101—93°外圆机夹车刀,粗、精车端面及左端外圆表面。

T0202—93°内孔机夹车刀,粗、精车内孔。

T0303—端面切槽刀(刀头宽度 3 mm),切端面槽。

T0404—95°机夹车刀(横刀),粗、精车右端外轮廓。

(2) 确定切削用量

主轴转速:粗车外圆时,确定主轴转速为 800 r/min;精车外圆时,确定主轴转速为 1 000 r/min。粗车内孔时,确定主轴转速为 600 r/min;精车内孔时,确定主轴转速为 800 r/min。车端面槽时,确定主轴转速为 300 r/min。

背吃刀量:粗车时,确定背吃刀量为 2 mm;粗车时,确定背吃刀量为 0.2 mm。

进给量:粗车时,确定进给量为 0.2 mm/r;精车时,确定进给量为 0.08mm/r;车端面槽时,确定进给量为 0.05 mm/r;

根据零件结构形状及工件材料的性质,端盖零件的切削用刀具及切削参数如表 2.4 - 2 所列。

表 2.4 - 2　端盖零件数控车削加工刀具及切削用量卡

序　号	刀具号	刀具类型	加工表面	刀尖半径/mm	切削用量		背吃刀量/mm
					主轴转速 $n/$ $(r \cdot min^{-1})$	进给速度 $F/(mm \cdot r^{-1})$	
1	T0101	93°外圆车刀	粗、精车左轮廓	0.4	800/1000	0.2 / 0.08	2/0.2
2	T0202	93°内孔车刀	粗、精内孔	0.4	600/800	0.2/0.08	1/0.2
3	T0303	切槽刀	切端面槽(8 mm)		300	0.05	
4	T0404	95°外圆车刀	粗、精车右轮廓	0.4	800/1000	0.2/0.08	12/0.2
编制		审核			批准		

5. 工艺文件的编制

端盖零件的数控车削加工工序卡片见表 2.4 - 3 和表 2.4 - 4。

表 2.4 - 3　端盖零件数控加工工序卡 1(第一次定位安装)

数控加工工序卡			产品名称	零件名称	零件图号
				端盖	04
工序号	程序编号	夹具名称	夹具编号	使用设备	车　间
001	O0041	三爪卡盘			数控实训中心

工步号	工步内容	切削用量			刀具		量具名称	备注
		主轴转速 $n/$ $(r \cdot min^{-1})$	进给速度 $F/$ $(mm \cdot r^{-1})$	背吃刀量 a_p/mm	编号	名　称		
1	车端面见光	800	0.2	1.5	T0101	外圆车刀		自动
2	粗车端盖零件左端 $\phi190$、$\phi200$ 外圆,留 0.2 mm 精加工余量	800	0.2	2	T0101	外圆车刀		自动
3	精车零件左端外圆至尺寸要求	1 000	0.08	0.2	T0101	外圆车刀	外径千分尺	自动
4	粗车内孔留 0.2 mm 精加工余量	600	0.15	1.0	T0202	内孔车刀	内径千分尺	自动
	精加工内孔	800	0.08	0.2				自动
5	车端面槽	300	0.05		T0303	切槽刀	游标卡尺	自动
编制		审　核		批　准			共 1 页	第 1 页

表 2.4－4　端盖零件数控加工工序卡 2（第二次定位安装）

数控加工工序卡			产品名称	零件名称	零件图号
				端盖	04
工序号	程序编号	夹具名称	夹具编号	使用设备	车　间
002	O0042	三爪卡盘（软爪）			数控实训中心

工步号	工步内容	切削用量			刀具		量具名称	备注
		主轴转速 $n/$ ($r \cdot min^{-1}$)	进给速度 $F/$ ($mm \cdot r^{-1}$)	背吃刀量 a_p/mm	编号	名称		
1	车右端面，保证总长 55 ± 0.05	800	0.2	1.5	T0404	外圆车刀	游标卡尺	自动
2	粗车右端轮廓，留 0.2 mm 精加工余量	800	0.2	2.0	T0404	外圆车刀	外径千分尺	自动
	精加工右端外轮廓	1 000	0.08	0.2				
3	车内孔倒角	800	0.1		T0202	内圆车刀		自动
编制		审核		批准			共1页	第1页

（二）加工程序编制

1. 建立工件坐标系

此工件可分为两个程序进行加工，在 Z 向需分两次对刀确定工件坐标原点。当装夹毛坯外圆，加工左端外轮廓、端面槽及内孔时，工件坐标原点如图 2.4－24 所示；当装夹 $\phi200$ 外圆，加工右端面、外轮廓及倒孔口角时，工件坐标原点如图 2.4－25 所示。

2. 数学处理

单件小批量生产，为了便于控制零件轮廓尺寸精度要求，编程时常取极限尺寸的平均值作为编程尺寸，即

$$编程尺寸＋基本尺寸＋\frac{上偏差＋下偏差}{2}$$

故 2.4－1 图中各极限尺寸换算如下：

$$\phi200_{-0.05}^{0}\text{的编程尺寸}＝\left(200＋\frac{0＋(-0.05)}{2}\right)mm＝199.975\ mm$$

$$\phi190_{-0.04}^{0}\text{的编程尺寸}＝\left(190＋\frac{0＋(-0.04)}{2}\right)mm＝189.98\ mm$$

$$\phi140_{-0.04}^{0}\text{的编程尺寸}＝\left(140＋\frac{0＋(-0.04)}{2}\right)mm＝139.98\ mm$$

$$\phi180_{-0.05}^{0}\text{的编程尺寸}＝\left(180＋\frac{0＋(-0.05)}{2}\right)mm＝179.975\ mm$$

$$\phi110_{0}^{+0.05}\text{的编程尺寸}＝\left(110＋\frac{+0.05＋0}{2}\right)mm＝110.025\ mm$$

$$\phi90_{0}^{+0.03}\text{的编程尺寸}＝\left(90＋\frac{+0.03＋0}{2}\right)mm＝90.015\ mm$$

3. 程序编写

（1）第一次安装

端盖零件第一次安装，工件左端加工程序参见表2.4-5。

表4-5 端盖零件数控加工参考程序单1

零件号	04	零件名称	端盖	编程原点	安装后右端面中心
程序号	O0041	数控系统	FANUC 0i Mate-TC	编制	

程序内容	简要说明
T0101;	调用1号外圆车刀
M03 S800;	主轴正转，转速为800 r/min
G00 X215. Z5.;	快速定位循环起点(215,5)
G94 X80. Z0.2 F0.2;	粗车端面，留0.2 mm精加工余量
Z0. S1200 F0.1;	精车端面
G71 U2 R0.5	外圆粗车循环：背吃刀量2 mm，退刀量0.5 mm，X方向精加工余量0.4 mm
G71 P10 Q20 U0.4 W0.2 S800 F0.2;	Z轴方向精加工余量0.2 mm，粗加工进给量0.2 mm/r
N10 G00 G42 X188.98 S1000 F0.1;	精加工起始程序段，建立刀尖圆弧右半径补偿、精加工参数
G01 X189.98 Z−0.5;	去锐边0.5×45°
Z−8.;	车ϕ189.98外圆
X198.975;	车端面
X199.975 W−0.5;	去锐边0.5×45°
N20 G40 Z−32.;	精加工终止程序段，取消刀尖圆弧半径补偿，车ϕ199.975外圆
G70 P10 Q20;	外圆精车循环
G00 X200. Z120. T0100;	1号快速退回换刀点(200,120)
M00;	程序停止
T0202;	换2号内孔镗刀，执行2号刀补
S600 M03;	主轴正转，转速为600 r/min
G00 X80. Z5.;	刀具快进至循环起点(80,5)
G71 U1. R0.5;	内孔粗车循环：背吃刀量1 mm，退刀量0.5 mm，X方向精加工余量0.4 mm
G71 P30 Q40 U−0.4 W0.2 F0.15;	Z轴方向精加工余量0.2 mm，粗加工进给量0.15 mm/r
N30 G00 G41 X110.025 S800 F0.08;	精加工起始程序段，建立刀尖圆弧左半径补偿、精加工参数
G01 Z−15.;	车ϕ110内孔
X90.015 Z−45.;	车ϕ110至ϕ90内孔锥面
N40 G40 Z−57.;	车ϕ90内孔，并取消刀尖圆弧半径补偿
G70 P30 Q40;	内轮廓精车循环
G00 X200. Z120. T0100;	2号快速退回换刀点(200,120)
M00;	程序停止
T0303;	调用3号切槽刀
S300 M03;	主轴正转，转速300 r/min
G00 X140.98 Z5.;	刀具快移至循环起点(140.98,5.)切槽刀的下刀尖为刀位点
G74 R0.5;	端面槽切削循环，每次退刀0.5 mm
G74 X135.98 Z−8.P2000 Q2000 F0.05;	槽深、槽宽各8 mm，每次切进2 mm，进给量0.05 mm/r
G00 X200. Z120. T0300;	3号快速退回换刀点(200,120)
M05;	主轴停止
M30;	程序结束

2. 第二次安装

端盖零件第二次安装,工件右端加工程序参见表 2.4－6。

表 4－6　端盖零件数控加工参考程序单 2

零件号	04	零件名称	端盖	编程原点	安装后右端面中心
程序号	O0042	数控系统	FANUC 0i Mate－TC	编制	

程序内容	简要说明
T0404;	调用 4 号横夹外圆车刀,执行 4 号刀补
M03 S800;	主轴正转,转速为 800 r/min
G00 X216. Z5.;	刀具快速定位至循环起点(216,5)
G94 X85. Z0.5 F0.15;	端面粗车循环,留 0.5 mm 余量
Z0 S1000 F0.1;	精车端面,保证总长 55±0.05 mm
G72 U2. R0.5;	端面粗车循环:背吃刀量 2 mm,退刀量 0.5 mm,X 方向精加工余量 0.4 mm
G72 P50 Q60 U−0.4 W0.2 S800 F0.2;	Z 轴方向精加工余量 0.2 mm,粗加工进给量 0.2 mm/r
N50　G00　G41 Z−25 S1000　F0.08;	精车首段,设置精加工参数
G01 X179.975;	车端面
Z−10.;	车 ϕ180 mm 外圆
X160. Z−5.;	车锥面
X150.;	车端面
X130. Z0;	车锥面
N60　G40　Z5.;	移动刀具,取消刀尖圆弧半径补偿
G70 P50 Q60;	端面精车循环
G00 X200. Z120.T0400;	4 号刀具快速退回换刀点(200,120)
M00;	程序停止
T0202;	调用 2 号内孔镗刀
M03 S1500;	主轴正转,转速为 1 500 r/min
G00 X98. Z2.;	刀具快速移动至距端面 2 mm 处
G01 X88. Z−3. F0.1;	倒孔口 2×45°角成
G00 Z5.;	Z 向退刀至端面 5 mm 处
G00 X200 Z120　T0200;	快速返回换刀点(200,120)
M05;	主轴停转
M30;	程序结束

(三) 零件的仿真加工

具体操作过程参见本篇项目二,零件仿真步骤如下:

① 进入数控车仿真软件并开机。

② 手动移动机床,使机床各轴的位置距离机床零点一定的距离。

③ 回零。

④ 输入程序。

⑤ 调用程序。

⑥ 安装工件。

⑦ 装刀并对刀。

⑧ 让刀具退到距离工件较远处。

⑨ 自动加工。

⑩ 测量工件。

小　结

本项目以盘套类零件为载体,介绍了该类零件的结构特点、加工方法,详细阐述了内孔车刀的选用,车内表面走刀路线设计,重点讲解了数控车复合循环指令 G72、G74、G75、G70 的使用方法和注意事项。通过本项目的学习要求读者能够独立完成对盘套类零件的工艺分析,制定合理的工艺路线,编写正确的加工程序。

思考与习题

一、判断题(请将判断结果填入括号中,正确的填"√",错误的填"×")

1. (　　　)FANUC 车床数控系统中的 G94 指令中的 X(U)、Z(W)的数值均为模态值。

2. (　　　)G75 循环指令执行过程中,X 向每次切削深度均相等。

3. (　　　)G75 指令中编写时的 Z 方向的偏移量应小于刀宽,否则在程序执行过程中会产生程序出错报警。

4. (　　　)采用 G75 编程时,循环起点为(X32 Z−15),切槽终点为(X28 Z−15),指令中参数"P(△i)"指定为"P1200",则程序执行过程中要执行 3 次切深。

5. (　　　)盘套类工件因受刀体强度、排屑状况的影响,所以每次切削深度要少一点,进给量要慢一点。

二、选择题(将正确答案的序号填写在题中的括号中)

1. 下列固定循环中,顺序号"ns"程序段必须沿 Z 向进刀,且不能出现 X 坐标的固定循环是(　　　)。

A. G71　　　　　　　　B. G72　　　　　　　　C. G73　　　　　　　　D. G70

2. 在 FANUC 系统循环指令 G72 中,关于参数"W(△d)"的属性描述,正确的是(　　　)。

A. X 向背吃刀量,半径量　　　　　　　　　　B. X 向背吃刀量,直径值

C. Z 向背吃刀量,有正负之分　　　　　　　　D. Z 向背吃刀量,始终为正值;

3. 关于 G72 指令中参数"R(e)"的属性描述,正确的是(　　　)。

A. X 向退刀量,有正负之分　　　　　　　　　B. X 向退刀量,均为正值

C. Z 向退刀量,有正负之分　　　　　　　　　D. Z 向退刀量,均为正值

4. FANUC 系统数控车复合固定循环指令中的"ns"和"nf"程序段之间出现(　　　)指令时,不会出现程序报警。

A. 固定循环　　　　　　　　　　　　　　　　B. 回参考点

C. 螺纹切削　　　　　　　　　　　　　　　　D. 90°～180°圆弧加工;

5. 对于径向尺寸要求比较高、轮廓形状单调递增、轴向切削尺寸大于径向切削尺寸的毛坯类工件进行粗车循环加工时,采用(　　　)指令编程较为合适。

A. G71　　　　　　　　B. G72　　　　　　　　C. G73　　　　　　　　D. G74;

三、项目训练题

1. 加工如图 2.4－26 所示工件,数量为 1 件,毛坯尺寸为 ϕ60 mm×65 mm 的 45♯钢,要求设计数控加工工艺方案,编写加工程序。

2. 加工如图 2.4－27 所示的盘类零件,毛坯为为 ϕ70 m×55 m 的棒料,材料为 45♯钢,要求设计数控加工工艺方案,编写加工程序。

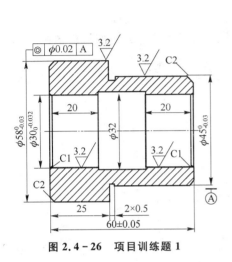

图 2.4－26 项目训练题 1

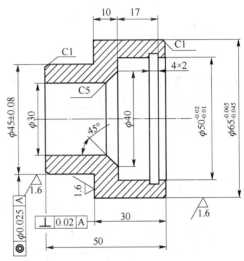

图 2.4－27 项目训练题 2

项目五　螺纹轴类零件的工艺设计、编程及仿真

【知识目标】

① 掌握含内螺纹、外螺纹、沟槽和圆柱面、圆锥面等几何元素螺纹轴类零件的结构特点和工艺特点,正确分析此类零件的加工工艺;

② 掌握螺纹加工编程指令 G32、G92、G76 的用法和注意事项;

③ 掌握螺纹的常用检测方法和手段;

④ 对于多头螺纹加工,掌握 FANUC 0i 数控系统的复合循环指令编制零件加工程序的方法。

【能力目标】

① 会分析包含内螺纹、外螺纹、圆柱面、沟槽等要素的螺纹轴的工艺,能正确选择加工设备、刀具、夹具、量具与切削用量,编制数控加工工艺卡;

② 进一步巩固前面项目所学的数控车削指令的使用方法;

③ 能使用复合循环指令正确编制螺纹轴的数控加工程序,并能正确运用数控系统仿真软件,校验编写的零件数控加工程序;

④ 能正确使用数控系统的复合循环指令 G71、G70 编制轴向余量大于径向余量的多台阶轴及孔的粗、精加工程序。

一、项目导入

如图 2.5 - 1 所示,为一内外螺纹轴,毛坯为 $\phi 35\,mm \times 60\,mm$ 的圆柱,材料为硬铝,要求分析零件的加工工艺,填写工艺文件,编写零件的加工程序。

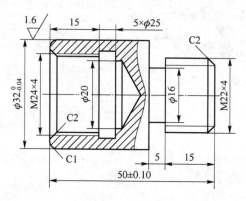

图 2.5 - 1　内外螺纹轴

螺纹是轴套类零件中的常见结构,本项目以典型零件为载体,分析螺纹结构的数控加工工艺设计与程序编制,使读者具备使用螺纹加工指令,编制包含螺纹元素的各类零件车削程序的

能力。

二、相关知识

(一) 螺纹数控车削加工工艺

1. 普通三角螺纹的工艺结构

普通三角螺纹是我国应用最为广泛的一种三角形螺纹,牙形角为60°。普通螺纹分粗牙普通螺纹和细牙普通螺纹。粗牙普通螺纹螺距是标准螺距,其代号用字母"M"及公称直径表示,如 M16、M12 等。

(1) 螺　　尾

螺纹末端形成的沟槽渐浅部分称为螺尾,如图 2.5-2 所示。

(2) 螺纹退刀槽

供退刀用的槽为螺纹退刀槽,作用是不产生螺尾。

(3) 螺纹倒角

为了便于装配,在螺纹的始端需加工一小段锥面,称为倒角,如图 2.5-2 所示。

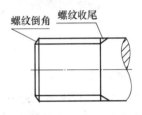

图 2.5-2　螺纹倒角与收尾示意图

2. 螺纹类零件加工刀具

螺纹车刀常用的有外螺纹车刀和内螺纹车刀,如图 2.5-3和图 2.5-4 所示。螺纹车刀的材料,一般有高速钢和硬质合金两种。高速钢螺纹车刀刃磨方便,韧性好,刀尖不易爆裂,常用于塑性材料螺纹的粗加工。但高速钢螺纹车刀高温下容易磨损,不能用于高速车削。硬质合金螺纹车刀耐磨和耐高温性能较好,用于加工脆性材料的螺纹和高速切削塑性材料的螺纹,以及批量较大的小螺距($P<4$)螺纹。

图 2.5-3　外螺纹车刀

图 2.5-4　内螺纹车刀

螺纹车刀,刀尖角等于螺纹牙形角 $\alpha=60°$,前角 $\gamma_0=0°$,粗加工或螺纹精度要求不高时,前角可以取 $\gamma_0=5°\sim20°$。安装螺纹车刀时,刀尖对准工件中心,并用样板对刀,保证刀尖的角平分线与工件的轴线相垂直,如图 2.5-5 所示。硬质合金螺纹车刀高速车削时,刀尖允许高于工件轴线螺纹大径的1%。

3. 螺纹类零件的测量工具

常用量具有以下几种。

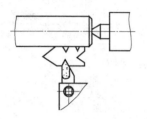

图 2.5－5　车外螺纹的对刀方法

（1）螺纹塞规、环规（综合测量）

螺纹塞规（见图 2.5－6）、环规（见图 2.5－7）是检验螺纹是否符合规定的量规。螺纹塞规用于检验内螺纹，螺纹环规用于检验外螺纹。螺纹是一种重要的、常用的结构要素。螺纹主要用于结构联结、密封联结、传动、读数和承载等场合。螺纹塞规、环规具有对螺纹各项参数如大、中、小径，螺距和牙形半角综合检测的功能。螺纹环规用于测量外螺纹尺寸的正确性，通端为一件，止端为一件。止端环规在外圆柱面上有凹槽。当尺寸在 100 mm 以上时，螺纹环规为双柄螺纹环规型式。规格分为粗牙、细牙和管螺纹三种。螺距为 0.35 mm 或更小的 2 级精度及高于 2 级精度的螺纹环规和螺距为 0.8 mm 或更小的 3 级精度的螺纹环规都没有止端。

图 2.5－6　螺纹塞规

图 2.5－7　螺纹环规

1）螺纹塞规使用方法

使用前：螺纹塞规应经相关检验计量机构检验计量合格后，方可投入生产现场使用。

使用时：应注意被测螺纹公差等级及偏差代号与螺纹塞规标识的公差等级、偏差代号相同。

检验测量过程中：首先要清理干净被测螺纹的油污及杂质，然后在螺纹塞规（通端）与被测螺纹对正后，旋转螺纹塞规或被测件，使其在自由状态下旋转并通过全部螺纹长度判定为合格，否则以不通判定。在螺纹塞规（止端）与被测螺纹对正后，旋转螺纹塞规或被测件，旋入螺纹长度在 2 个螺距之内止住为合格，不可强行用力通过，否则判为不合格品。只有当通规和止规联合使用，并分别检验合格，才表示被测工件合格。

2）螺纹环规的使用方法

通规使用前：应经相关检验计量机构检验计量合格后，方可投入生产现场使用。使用时应注意被测螺纹公差等级及偏差代号与环规标识的公差等级、偏差代号相同（如 M24×1.5－6 h 与 M24×1.5－5 g 两种环规外形相同，其螺纹公差带不相同，错用后将产生批量不合格品）。

检验测量过程：首先要清理干净被测螺纹的油污及杂质，然后在环规与被测螺纹对正后，用大拇指与食指转动环规，使其在自由状态下旋合通过螺纹全部长度判定合格，否则以不通判定。

止规使用前：应经相关检验计量机构检验计量合格后，方可投入生产现场使用。使用时应注意被测螺纹公差等级及偏差代号与环规标识公差等级、偏差代号相同。

检验测量过程：首先要清理干净被测螺纹的油污及杂质，然后在环规与被测螺纹对正后，用大拇指与食指转动环规，旋入螺纹长度在 2 个螺距之内为合格，否则判为不合格品。

3）注意事项

在用量具应在每个工作日用校对塞规计量一次。经校对塞规计量超差或者达到计量器具周检期的环规,由计量管理人员收回作相应的处理措施。可调节螺纹环规经调整后,测量部位会产生失圆,此现象由计量修复人员经螺纹磨削加工后再次计量鉴定,各尺寸合格后方可投入使用。报废环规应及时处理,不得流入生产现场。

（2）螺纹千分尺（单项测量）

螺纹千分尺具有60°锥形和V形测头,是应用螺旋副传动原理将回转运动变为直线运动的一种量具,主要用于测量外螺纹中径,如图2.5-8所示。

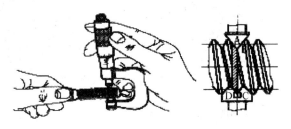

图2.5-8　用螺纹千分尺测量螺纹中径

注意事项：

① 螺纹千分尺的压线或离线调整与外径千分尺调整方法相同。

② 螺纹千分尺测量时必须使用"测力装置"以恒定的测量压力进行测量。另外,在使用螺纹千分尺时应平放,使两测头的中心与被测工件螺纹中心线相垂直,以减小其测量误差。

螺纹千分尺适用于精度较低的螺纹工件测量。

（3）用三针测量法测量螺纹中径（单项测量）

三针测量法是测量外螺纹中径的一种比较精密的测量方法。测量时,将3根直径相等的量针放在螺纹相对应的螺旋槽中,用千分尺量出两边量针顶点之间的距离 M,如图2.5-9所示。

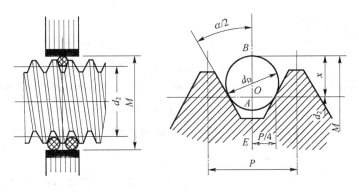

图2.5-9　针测量

普通三角螺纹三针测量螺纹中径的简化公式为

$$M = d_2 + 3d_D - 0.866P$$

式中,M 为三针测量时千分尺测量值（mm）;d_2 为螺纹中径（mm）;d_D 为量针直径（mm）;P 为螺纹螺距（mm）。

用三针测量法测量螺纹中径时,要合理选择量针直径。最小量针直径不能埋入齿谷中,如图2.5-10(a)所示;最大量针直径不能搁在齿顶上,与测量面脱离,如图2.5-10(c)所示;最佳量针直径应使量针与螺纹中径处相切,如图2.5-10(b)所示。普通螺纹测量时量针最佳直径计算简化公式

$$d_D = 0.577P$$

三针测量适用于精度高、螺旋升角小于4°的螺纹工件测量。

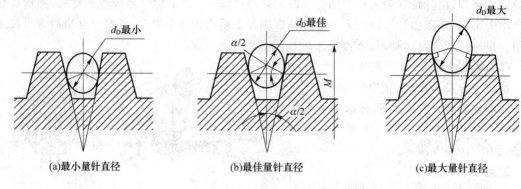

(a)最小量针直径　　　　　(b)最佳量针直径　　　　　(c)最大量针直径

图 2.5-10　三针直径的选择

4. 确定加工工艺参数

(1)螺纹加工切削用量的确定

1)螺纹切削进给次数与背吃刀量的确定

螺纹切削总余量就是螺纹大径尺寸减去小径尺寸,即牙形高度 h 的两倍。

$$（牙深）h=0.5412\times P（螺距）$$

螺纹实际牙型高度考虑刀尖圆弧半径等因素的影响,常取 $h_{(牙深)}=0.6495\times P$,数控车削一般采用直径编程,需换算成直径量。需切除的总余量如下:

$$2\times 0.6495\times P=1.299P（螺距）$$

外螺纹车削尺寸的确定:

$$螺纹大径\ d=公称直径-(0.1\sim 0.13)P（螺距）$$
$$螺纹底径\ d=公称直径-1.38P（螺距）$$

常用螺纹切削的进给次数与背吃刀量,如表 2.5-1 所列。这是使用普通螺纹车刀车削螺纹的常用切削用量,有一定的生产指导意义,操作者应该熟记并学会应用。

表 2.5-1　常用螺纹切削的进给次数与背吃刀量　　　　　　　　mm

螺 距		1.0	1.5	2.0	2.5	3.0	3.5	4.0
牙深(半径量)		0.649	0.974	1.299	1.624	1.949	2.273	2.598
切削次数及背吃刀量直径量	1 次	0.7	0.8	0.9	1.0	1.2	1.5	1.5
	2 次	0.4	0.6	0.6	0.7	0.7	0.7	0.8
	3 次	0.2	0.4	0.6	0.6	0.6	0.6	0.6
	4 次	—	0.16	0.4	0.4	0.4	0.6	0.6
	5 次	—	—	0.1	0.4	0.4	0.4	0.4
	6 次	—	—	—	0.15	0.4	0.4	0.4
	7 次	—	—	—	—	0.2	0.2	0.4
	8 次	—	—	—	—	—	0.15	0.3
	9 次	—	—	—	—	—	—	0.2

2）螺纹车削进给量的确定

在车床上车削单头螺纹时，工件每旋转一圈，刀具前进一个螺距，这是根据螺纹线原理进行加工的，据此单头螺纹加工的进给速度一定是螺距的数值，多头螺纹的进给速度一定是导程的数值。

3）螺纹加工时主轴转速的确定

加工螺纹时，主轴转速如下：

$$n \leqslant 1\,200/P - k$$

式中，P 为螺距，单位为 mm；k 为保险系数，一般为 80。

由于车螺纹起始时有一个加速过程，结束前有一个减速过程。在这段距离中，螺距不可能保持均匀，因此车螺纹时，两端必须设置足够的升速进刀段（空刀导入量）δ_1 和减速退刀段（空刀导出量）δ_2。螺纹加工进、退刀点如图 2.5-11 所示。

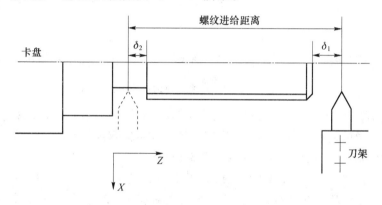

图 2.5-11　螺纹加工进、退刀点

升速进刀段 δ_1、减速退刀段 δ_2，一般按下式选取：

$$\delta_1 = n \times P/400$$
$$\delta_2 = n \times P/1\,800$$

螺纹加工的特点：一般加工一根螺纹时，从粗车到精车，用同一轨迹要进行多次螺纹切削。因为螺纹切削是在主轴上的位置编码器输出一转信号时开始的，所以零件圆周上的切削点仍然是相同的，工件上的螺纹轨迹也是相同的。因此从粗车到精车，主轴转速必须一定，否则螺纹导程不正确。

知识点说明：

① 图 2.5-11 中 δ_1 和 δ_2 有其特殊的作用，由于螺纹切削的开始及结束部分，伺服系统存在一定的滞后，导致螺纹导程不规则，为了考虑这部分螺纹尺寸精度，加工螺纹时的指令要比需要的螺纹长度长（$\delta_1 + \delta_2$）。

② 螺纹切削时，进给速度倍率开关无效，系统将此倍率固定在 100%。

③ 螺纹切削进给中，主轴不能停。若进给停止，则切入量急剧增加，很危险，因此进给暂停在螺纹切削中无效。

（2）螺纹实际直径的确定

螺纹车削会引起牙尖膨胀变形，因此外螺纹的外圆应车到最小极限尺寸，内螺纹的孔应车到最大极限尺寸。螺纹加工前，加工表面的实际直径尺寸可按以下公式计算：

内螺纹加工前的内孔直径:$D_{孔}$＝D(内螺纹的公称直径)－P

脆性材料 $D_{孔}$＝d(内螺纹的公称直径)－$1.05P$

外螺纹加工前的外圆直径:$d_{外}$＝d(外螺纹的公称直径)－$(0.1～0.13)P$

(3) 进刀方式

普通车床上有三种进刀方式,如图 2.5－12 所示。

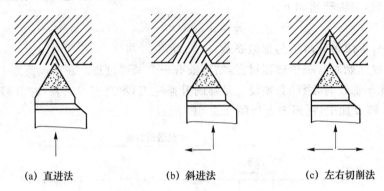

(a) 直进法   (b) 斜进法   (c) 左右切削法

图 2.5－12　车螺纹时的进刀方式

① 直进法:车螺纹时,只利用中拖板的垂直进刀,在几次行程中车好螺纹。直进法车螺纹可以得到比较正确的齿形,但由于车刀刀尖全部切削,螺纹不易车光,并且容易产生扎刀现象,适用于加工 $P<3$ mm 普通螺纹及精加工 $P\geqslant3$ mm 螺纹。

② 斜进法:在粗车时,为了操作方便,除了中拖板进给外,小拖板可先向一个方向进给(车右螺纹时每次吃刀略向左移,车左螺纹时略向右移)。螺纹牙形精度低,表面粗糙度值大,适用于粗加工 $P\geqslant3$ mm 螺纹,精车时用左右切削法,以使螺纹的两侧面都获得较低的表面粗糙度。

③ 左右切削法:车削螺纹时,除了用中拖板刻度控制螺纹车刀的垂直吃刀外,同时使用小拖板把车刀左、右微量进给,这样重复切削几次行程,精车的最后一、两刀应采用直进法微量进给,以保证螺纹牙形正确。

数控机床螺纹加工常用直进法(G32、G92)和斜进法(G76)两种方式进刀。

直进法一般应用于导程小于 3 mm 的螺纹加工;斜进法一般应用于导程大于 3 mm 的螺纹的粗加工(斜进法使用刀具单侧刃加工减轻负载)。

(4) 进退刀点及主轴转向

根据机床刀架是前置或后置及所选用刀具是左偏刀或右偏刀,选择正确的主轴旋转方向和刀具切削进退方向。例如:右旋外螺纹加工,前置刀架应主轴正转、刀具自右向左进行加工。

(二) 螺纹加工指令(G32、G92 和 G76)

数控车床可以加工直螺纹、锥螺纹和端面螺纹(见图 2.5－13)。加工方法上分为单段行程螺纹切削、简单螺纹切削循环和螺纹切削复合循环。

1. 单段螺纹切削指令 G32

切削加工圆柱螺纹、圆锥螺纹和端面螺纹。

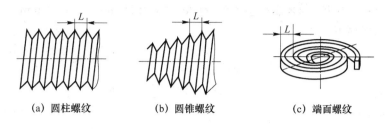

| (a) 圆柱螺纹 | (b) 圆锥螺纹 | (c) 端面螺纹 |

图 2.5-13　直螺纹、锥螺纹和端面螺纹

编程格式：

G32 X(U)_ Z(W)_ F_;

其中，X、Z 值是指车削到达的终点坐标；U、W 值是指切削终点相对切削起点的增量坐标；F 是指螺纹导程。

注意事项：

① 主轴应通过 G97 指令指定恒转速。切削螺纹时，为能加工到螺纹小径，车削时 x 轴的直径值逐次减少，若使用 G96 恒线速度控制指令，则工件旋转时，其转速会随切削点直径减小而增加，这会使 F 导程指定的值产生变动，从而发生乱牙现象。

② 由于伺服电机由静止到匀速运动有一个加速过程，反之，则为降速过程。为防止加工螺纹螺距不均匀，车削螺纹前后，必须有适当的进刀段 δ_1 和退刀段 δ_2。

③ 因受机床结构及 CNC 系统的影响，车削螺纹时主轴的转速有一定的限制，这因厂家而异。

④ 螺纹加工时最简单的方法是进刀方向指向卡盘，若使用左手刀具加工右旋螺纹，进刀方向也可远离卡盘，反之亦然。

⑤ 螺纹加工中的走刀次数和进刀量（切削深度）会直接影响螺纹的加工质量。车削螺纹时的切削深度及走刀次数可参考表 2.5-1。

指令应用：

【例 5-1】　如图 2.5-14 所示，在 CNC 车床上欲车削普通螺纹 M20×2.5，切削速度为 100 m/min，用 G32 指令编程。

在编程前，应先作下列计算：

① 先决定主轴转速。

由 $\nu_c = \pi d n/1\,000$，$n = (1\,000 \times 100)/(3.14 \times 20)$ (r/min) = 1 592(r/min)。

验算 n 取值是否合适：机床要求 $n \times P \leqslant 4\,000/2.5$，则 $n \leqslant 1\,600$(r/min)。

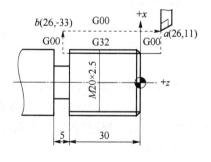

图 2.5-14　螺纹加工实例

由计算得知 n 取 1 592 r/min 可使用，一般取整数较方便，故取 1 500 r/min。

② 计算进刀段 δ_1 及退刀段 δ_2。

$\delta_1 = n \times P/400 = 1500 \times 2.5/400$(mm) = 9.4(mm)，取 $\delta_1 = 11$ mm。

$\delta_2 = n \times P/1\,800 = 1\,500 \times 2.5/1\,800$(mm) = 2.1(mm) 取 $\delta_2 = 3$ mm。

③ 计算螺纹牙底直径。

螺纹牙底直径＝大径－2×螺纹总深度＝(20－2×1.58)mm＝16.84 mm。

参考程序编制如下：

```
O5001;
T0100;
G97 S1500 M03;
G00 X26. Z11. T0101 M08;
N1 X19.0;
G32 Z－33 F2.5;
G00 X26.0;
Z11.0;
N2 X18.3;
G32 Z－33.0;
X26.0;
Z11.0;
N3 X17.7;
G32 Z－33.0;
G00 X26.0;
Z11.0;
N4 X17.3;
G32 Z－33.0;
G00 X26.0;
Z11.0;
N5 X16.9;
G32 Z－33.0;
G00 X26.0;
Z11.0;
N6 X16.75;
G32 Z－33.0;
G00 X26.0;
Z11.0;
X150. Z200. T0100;
M30;
```

2. 螺纹单一车削切削循环指令 G92

该指令可完成圆柱螺纹和圆锥螺纹的循环切削,把 G32 螺纹切削的 4 个动作"切入－螺纹切削－退刀－返回"作为 1 个循环执行。

编程格式：

```
G92 X(U)_ Z(W)_ R_ F_;
```

其中,X、Z 值是指车削到达的终点坐标;U、W 值是指切削终点相对循环起点的增量坐标;F 是指螺纹导程。

R 值为锥螺纹切削终点半径与切削起点半径的差值,当锥面起点坐标大于终点坐标时,该值为正,反之为负。切削圆柱螺纹时 R 值为 0,可以省略。

如图 2.5－15 所示为 G92 的切削循环路径,刀具从循环起点 A 开始,按 A－B－C－D－A

完成一个循环。

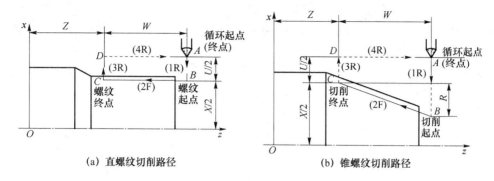

(a) 直螺纹切削路径　　　　　　(b) 锥螺纹切削路径

图 2.5 – 15　G92 切削循环路径

指令应用：

【例 5 – 2】　将前面介绍的例 5 – 1 螺纹加工程序 O5001 中螺纹加工程序段用 G92 编程，则可简化程序。

```
O5002;
T0100;
G97 S1500 M03;
G00 X26 Z11  T0101 M08;
G92 X19.0 Z−33. F2.5;
X18.3;
X17.7;
X117.3;
X16.9;
X16.75;
G00 X150. Z200. T0100;
M30;
```

3. 螺纹切削复合循环指令 G76

G76 螺纹切削多次循环指令较 G32、G92 指令简洁,在程序中只需指定一次有关参数,则螺纹加工过程自动进行。

编程格式：

```
G76 P(m)( r )(α)  Q(d min) R(d);
G76 X(U)__Z(W)__R( i )  P( k )  Q(Δd)  F( L );
```

其中,m:精车重复次数,从 01～99,用两位数表示,该参数为模态量;

r:螺纹尾端倒角值,该值的大小可设置 0.0～9.9 L,系数应为 0.1 的整倍数,用 00～99 之间的两位整数来表示,其中 L 为导程,该参数为模态量;

α:刀尖角度,可从 80°、60°、55°、30°、29°、0° 六个角度中选择,用两位整数来表示,该参数为模态量;

m、r、α 用地址 P 同时指定,例如,m＝2, r＝1.2L, α＝60°,表示为 P021260;

d_{min}:最小车削深度,用半径值指定,单位:μm;车削过程中每次的车削深度为($\Delta d \sqrt{n} - \Delta d \sqrt{n-1}$),当计算深度小于此极限值时,车削深度锁定在这个值,该参数为模态量;

d:精车余量,用半径值指定,单位:μm,该参数为模态量;

X(U)、Z(W):螺纹终点绝对坐标或增量坐标;

i:螺纹锥度值,用半径值指定,如果 i = 0 则为直螺纹,可省略;

k:螺纹高度,用半径值指定,单位:μm;

Δd:第一次车削深度,用 X 轴半径值指定,通常为正值,单位:μm;

L:螺纹的导程。

G76 的刀具轨迹如图 2.5 - 16 所示。

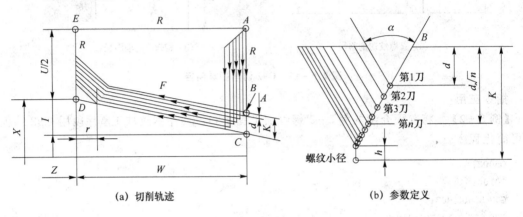

(a) 切削轨迹   (b) 参数定义

图 2.5 - 16   G76 螺纹循环

注意事项:

① G76 可以在 MDI 方式下使用。

② 在执行 G76 循环时,如按下循环暂停键,则刀具在螺纹切削后的程序段暂停。

③ G76 指令为非模态指令,所以必须每次指定。

④ 在执行 G76 时,如要进行手动操作,刀具应返回到循环操作停止的位置。如果没有返回到循环停止位置,就重新启动循环操作,手动操作的位移将叠加在该条程序段停止时的位置上,刀具轨迹就多移动一个手动操作的位移量。

指令应用:

【**例 5 - 3**】 加工如图 2.5 - 17 所示的螺纹部分,用螺纹复合切削循环指令 G76 编程,加工螺纹为 M68×6,螺纹刀具为 T0606。

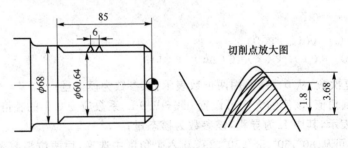

图 2.5 - 17   G76 指令编程实例

参考程序如下:

```
T0600;
G97  S300  M03;
```

```
G00   X80.  Z10.   T0606   M08;
G76   P021060   Q100   R200;
G76   X60.64   Z-85. P3680   Q1800 F6.0;
G00   X200.  Z120.   T0600;
M30;
```

4. 螺纹指令进刀方法的比较

G32 和 G92 的直进式（径向进刀）切削方法，由于两侧刃同时工作，切削力较大，而且排屑困难，因此在切削时，两切削刃容易磨损。在切削螺距较大的螺纹时，由于切削深度较大，刀刃磨损较快，从而造成螺纹中径产生误差；但是其加工的牙形精度较高，因此一般多用于小螺距螺纹加工。G32 由于其刀具移动切削均靠编程来完成，所以加工程序比较冗长（每次进刀加工至少需要 4 个程序段，若螺纹加工时用斜线退刀，则需要 5 个程序段），一般多用于小螺距高精度螺纹的加工。由于刀刃容易磨损，因此加工中要做到勤测量。G92 较 G32 简化了编程指令，提高了效率。一条语句相当于 G32 四条语句，使编程语言简洁。

在 G76 螺纹切削循环中，螺纹刀以斜进的方式进行螺纹切削，为单侧刃加工，加工刀刃容易损伤和磨损，使加工的螺纹面不直，刀尖角发生变化，从而造成牙形精度较差。但由于其为单侧刃工作，刀具负载较小，排屑容易，并且切削深度为递减式。此加工方法一般适用于大螺距低精度螺纹的加工。由于此加工方法排屑容易，刀刃加工工况较好，在螺纹精度要求不高的情况下，此加工方法更为方便。

如果需要加工高精度、大螺距的螺纹，则可采用 G92、G76 混用的方法，即先用 G76 进行螺纹粗加工，再用 G92 进行精加工。需要注意的是，粗、精加工时的起刀点要相同，以防止螺纹乱扣的产生。

（三）复合循环指令（G71、G70）

1. 轴向粗车复合循环（G71）

在使用 G90 时，已使程序得到简化，但还有一类复合型固定循环，能使程序进一步得到简化。利用复合型固定循环，只要编出最终加工路线，给出每次切除的余量深度或循环次数，机床即可自动地重复切削直到工件加工完为止。

指令功能：

该指令应用于圆柱棒料外圆表面粗车、加工余量大、需要多次粗加工的情形。

编程格式：

G71 U(Δd) R(e)；

G71 P(ns) Q(nf) U(Δu)　　W(Δw)　　F(f) S(s) T(t)；

参数说明：

Δd—每次切削深度，半径值，无正负号，该值是模态值；

e—退刀量，半径值，该值为模态值；

ns—指定精加工路线的第一个程序段段号；

nf—指定精加工路线的最后一个程序段段号；

Δu—X 方向上的精加工余量，直径值指定；

Δw—Z 方向上的精加工余量；

F、S、T—粗加工过程中的切削用量及使用刀具。

G71 指令刀具轨迹如图 2.5 - 18 所示。

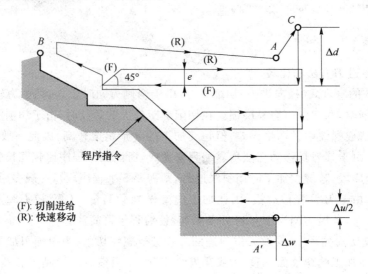

图 2.5 - 18　G71 指令刀具轨迹

注意事项:

① 在使用 G71 进行粗加工循环时,只有含在 G71 程序段的 F、S、T 功能才有效。而包含在 ns~nf 程序段中的 F、S、T 功能,即使被指定对粗车循环也无效。

② 零件轮廓必须符合 X 轴、Z 轴方向的共同单调增加或减少的模式,精加工轮廓第一程序段必须是用 G00 或 G01 沿 X 轴方向进刀,进给至精加工轨迹起始点,然后开始描述精加工轮廓轨迹。

③ 可以进行刀具补偿。因此在 G71 指令前必须用 G40 取消原有的刀尖半径补偿。在 ns~nf 程序段中可以含有 G41 或 G42 指令,对精车轨迹进行刀尖半径补偿。

④ G71 程序段本身不进行精加工,精加工是按后续程序段 ns~nf 给定的精加工编程轨迹由 G70 指令执行。

⑤ 循环起点的确定:G71 粗车循环起点的确定主要考虑毛坯的加工余量、进退刀路线等。不宜太远,以缩短空行程,提高加工效率。

⑥ ns~nf 程序段中不能调用子程序。

指令应用:

【例 5 - 4】　编写如图 2.5 - 19 所示零件的加工程序,毛坯预先钻 $\phi8$ mm 内孔。已知条件如下:

① 采用内径粗车循环指令编写加工程序;

② 以工件右端面中心为工件坐标系原点;

③ 将循环起点设置在直径为 $\phi6$ mm,距离端面为 5 mm 的地方,选择切削深度为 1.5 mm(半径值),退刀量为 1 mm;

④ X 方向精加工余量为 0.4 mm,Z 方向精加工余量为 0.1 mm。

参考程序编制如下:

O5004;

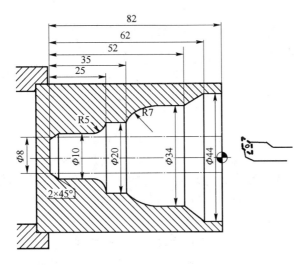

图 2.5 - 19 G71 内径复合循环编程实例

T0100；

G96 S80.；

G50 S1600.M03；

G00 X6. Z5. T0101 M08；

G71 U1.5 R1.；

G71 P10 Q20 U - 0.4 W0.1 F0.2；

N10 G00 G41 X44.；

G01 W - 25. S100. F0.08；

X34. W - 10.；

W - 10.；

G03 X20. W - 7. R7.；

G01 W - 10.；

G02 X10. W - 5. R5.；

G01 W - 18.；

X6. Z - 82.；

N20 G40 X0.；

G00 X180. Z150.T0100；

T0202；

G00 X6. Z5.；

G70 P10 Q20；

G00 X180. Z150. T0200；

M05；

M30；

2. 精加工循环(G70)

指令功能：

由 G71 完成粗加工后,可以用 G70 进行精加工。

编程格式：

G70 P(ns) Q(nf)；

指令说明:

ns—指定精加工路线的第一个程序段段号;

nf—指定精加工路线的最后一个程序段段号。

在这里 G71 程序段中的 F、S、T 指令都无效,只有在 ns~nf 程序段中的 F、S 才有效,在粗车程序段之后再加上"G70 P(ns) Q(nf);"就可以完成从粗加工到精加工的全过程。

注意事项:

① 必须先使用 G71、G72、G73 指令后,才可使用 G70 指令。

② G70 指令指定 ns~nf 间精车的程序段中,不能调用子程序。

③ ns~nf 精车的程序段所指定的 F 及 S 功能是给 G70 精车时使用的。

④ 精车时的 S 功能也可以用于 G70 指令前,在换精车刀时同时指令。

⑤ 使用 G71、G72、G73 及 G70 指令的程序段必须储存于 CNC 控制器的内存内,即有复合循环指令的程序不能通过计算机以边传边加工的方式控制 CNC 机床。

⑥ 到 G70 循环加工结束时,刀具返回到起点并读下一个程序段。

三、项目实施

(一) 加工工艺分析

1. 零件图的工艺分析

如图 2.5-1 所示螺纹轴,由外圆柱面,螺纹退刀槽,普通内、外三角形螺纹和内沟槽等元素构成,零件 $\phi 32^{0}_{-0.04}$ mm 外圆尺寸精度要求较高,表面粗糙度 $Ra \leqslant 1.6\ \mu m$。同时为了保证内、外螺纹的配合,加工时应注意控制内、外螺纹的同轴度。

2. 装夹方案的确定

毛坯为棒料,针对内外螺纹轴的结构特点,需两次装夹,用三爪自定心卡盘夹紧定位。

3. 加工顺序和进给路线的确定

工序一

夹持毛坯外圆,伸出三爪卡盘端面长度大于 35 mm。

① 车端面,打中心孔;

② 钻 ϕ 20 mm,深 28 mm 的螺纹预加工孔;

③ 粗车 $\phi 32^{0}_{-0.04}$ mm 外圆,留 0.4 mm 精加工余量,精加工外圆柱面至图示尺寸;

④ 粗车螺纹底孔,留 0.4 mm 精加工余量,精加工螺纹孔至符合螺纹加工要求;

⑤ 切内螺纹尾端 5×ϕ 25 mm 退刀槽;

⑥ 粗、精车内螺纹符合图示要求。

工序二

夹持已加工 $\phi 32^{0}_{-0.04}$ mm 外圆,防止夹伤已加工表面,伸出三爪卡盘端面长度大于 25 mm。

① 车端面,保证工件总长 50±0.1 mm;

② 粗车外螺纹圆柱表面,留 0.4 mm 精加工余量,精加工外螺纹圆柱面至螺纹加工要求;

③ 切外螺纹尾端 5×ϕ 16 mm 退刀槽;

④ 粗、精车外螺纹至图示要求。

4. 刀具及切削用量的选择

根据零件结构形状及工件材料的性质,选择内外螺纹轴切削用刀具及切削参数如表 2.5 - 2 所列。

表 2.5 - 2　刀具及切削参数

序号	刀具号	刀具类型	加工表面	刀尖半径 /mm	切削用量	
					主轴转速 $n/(\text{r} \cdot \text{min}^{-1})$	进给速度 $F/(\text{mm} \cdot \text{r}^{-1})$
1	T0101	93°外圆车刀	粗、精车内轮廓		800/1 200	0.2 / 0.1
2	T0202	外切槽刀	切外螺纹退刀槽		400	0.05
3	T0303	内孔刀	粗、精车内轮廓		600/1 000	0.2/ 0.1
4	T0404	60°内螺纹刀	粗、精车内螺纹		400	4
5	T0505	内孔切槽刀	切内螺纹退刀槽		300	0.1
6	T0606	60°外螺纹刀	粗、精车外螺纹		500	4
7	T0707	A5 中心钻	钻中心孔		300	
8	T0808	ϕ 20 mm 麻花钻	钻螺纹预孔		300	
编　制		审　核			批　准	

5. 确定工件坐标系和对刀点

以工件左端面和右端面圆心为工件原点,建立工件坐标系,采用手动对刀方法吧左右端面圆心作为对刀点,如图 2.5-20 所示。

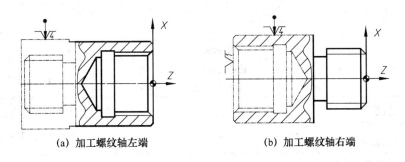

(a) 加工螺纹轴左端　　　　　　(b) 加工螺纹轴右端

图 2.5 - 20　工件坐标系

6. 填写工艺文件

内外螺纹轴数控加工工序卡见表 2.5 - 3 和表 2.5 - 4。

表 2.5-3 内外螺纹轴数控加工工序卡 1

数控加工工序卡			产品名称	零件名称	零件图号
				内外螺纹轴	03
工序号	程序编号	夹具名称	夹具编号	使用设备	车 间
001	00051	三爪卡盘			数控实训中心
工步号	工步内容	切削用量			刀 具		量具名称	备 注
		主轴转速/ $n(\text{r} \cdot \text{min}^{-1})$	进给速度/ $F(\text{mm} \cdot \text{r}^{-1})$	背吃刀量 a_{p}/mm	编 号	名 称		
1	车左端面	800	0.2	1.5	T0101	外圆车刀	游标卡尺	手动
2	钻中心孔	300		2.5	T0707	中心钻		手动
3	钻螺纹预加工孔	300		10	T0808	麻花钻		手动
4	粗车外轮廓,留精加工余量 0.4 mm	800	0.2	1.5	T0101	外圆车刀	游标卡尺	自动
	精加工外圆柱面	1 200	0.1	0.2	T0101	外圆车刀	外径千分尺	自动
5	粗车螺纹底孔,留 0.4 mm精加工余量	600	0.2	1.5	T0303	内孔车刀	游标卡尺	自动
	精加工螺纹底孔	1 000	0.1	0.2	T0303	内孔车刀	游标卡尺	自动
6	切螺纹退刀槽	400	0.1		T0505	内切槽刀		自动
7	粗、精螺纹至图示要求	400	4		T0404	内螺纹刀	螺纹塞规	自动
编制		审 核		批 准			共 1 页	第 1 页

表 2.5-4 内外螺纹轴数控加工工序卡 2

数控加工工序卡			产品名称	零件名称	零件图号
				内外螺纹轴	03
工序号	程序编号	夹具名称	夹具编号	使用设备	车 间
002	00052	三爪卡盘			数控实训中心
工步号	工步内容	切削用量			刀 具		量具名称	备 注
		主轴转速/ $n(\text{r} \cdot \text{min}^{-1})$	进给速度/ $F(\text{mm} \cdot \text{r}^{-1})$	背吃刀量 a_{p}/mm	编 号	名 称		
1	车右端面,保证总长	800	0.2	1.5	T0101	外圆车刀	游标卡尺	自动
2	粗车外螺纹圆柱表面,留 0.4 mm 精加工余量	800	0.2	3.0	T0101	外圆车刀	游标卡尺	自动
	精加工外螺纹圆柱面至螺纹加工要求	1 200	0.1	0.2	T0101	外圆车刀	游标卡尺	自动
3	切槽 $5 \times \phi 16\text{mm}$	400	0.05		T0303	外切槽刀		自动
4	粗、精车外螺纹至图示要求	500	4		T0606	外螺纹刀	螺纹环规	自动
编 制		审 核		批 准			共 1 页	第 1 页

（二）加工程序编制

因零件精度要求较高,加工本零件时采用车刀的刀具半径补偿,使用 G71 进行粗加工,使用 G70 进行精加工。

1. 内外螺纹轴加工工序 001

数控加工参考程序单 1 见表 2.5-5。

表 2.5-5　内外螺纹轴数控参考程序单 1(第一次安装,加工螺纹轴的左端)

零件号	05	零件名称	内外螺纹轴	编程原点	安装后右端面中心
程序号	O0051	数控系统		编　制	

程序内容	简要说明
T0100;	调用 1 号外圆车刀
M03 S800;	主轴正转,转速为 800 r/min
G00 X35. Z2. T0101 M08;	至循环起点
G94 X−1.0 Z0.5 F0.1;	车左端面
Z0.;	
G71 U3. R0.5;	G71 外圆粗车复合循环切削
G71 P10 Q20 U0.5 W0.2 F0.2;	X 向留精加工余量 0.5 mm,Z 向留精加工余量 0.2 mm
N10 G00 G42 X25.98;	精车首段,建立刀具半径补偿,至倒角延长线
G01 X31.98 Z−1. S1200 F0.1;	车倒角
N20 G40 Z−35.;	精车末段,取消刀补,车 φ32 mm 外圆
G70 P10 Q20;	精车
G91 G28;	返回参考点
M05;	主轴停止
M00;	手动钻中心孔,打 φ20×28 mm 螺纹预加工孔
T0303;	换内孔刀
M03 S600;	主轴正转,转速为 600 r/min
G00 X17.5 Z2.;	至循环起点
G71 U2. R0.5;	G71 内孔粗车复合循环切削
G71 P30 Q40 U−0.5 W0.2 F0.2;	X 向留精加工余量 0.5 mm,Z 向留精加工余量 0.2 mm
N30 G00 G41 X27.67;	精车首段,建立刀具半径补偿,至倒角延长线
X19.67 Z−2. S1000. F0.1;	车倒角
Z−20.;	粗车内孔
X20.;	X 向进刀
N40 G40 W−1.;	精车末段,取消刀补
G70 P30 Q40;	精车内孔
G91 G28;	返回参考点
M05;	主轴停止
T0505;	换内孔切槽刀
M03 S400;	主轴正转,转速为 400 r/min
G00 X15. Z2.;	快速定位接近工件
Z−20.;	至内孔加工位置
G01 X25. F0.05;	切内槽
X15.;	X 向退刀
Z2.;	Z 向退刀
G91 G28;	返回参考点
M05;	主轴停止
T0404;	换 60° 内螺纹刀

零件号	05	零件名称	内外螺纹轴	编程原点	安装后右端面中心
程序号	O0051	数控系统		编 制	

程序内容	简要说明
M03 S300;	主轴正转,转速为 300 r/min
G00 X20. Z8.;	至循环起点
G76 P010060 Q100 R50;	切螺纹
G76 X24 Z-15. P2599 Q500 F4;	
G91 G28;	返回参考点
M05;	主轴停止
M30;	程序结束

2. 内外螺纹轴加工工序 002

数控加工参考程序单 2 见表 2.5 - 6。

表 2.5 - 6 内外螺纹轴数控参考程序单 2(第二次安装,加工螺纹轴的右端)

零件号	05	零件名称	内外螺纹轴	编程原点	安装后右端面中心
程序号	O0052	数控系统		编 制	

程序内容	简要说明
O3008;	程序名
T0100;	调用 93°外圆车刀
M03 S800.;	主轴正转,转速为 800 r/min
G00 X42. Z2. T0101 M08;	至循环起点
G94 X-1. Z0.5 F0.1;	车端面
Z0;	
G71 U3 R0.5;	G71 外圆粗车复合循环切削
G71 P10 Q20 U0.5 W0.2 F0.2;	X 向留精加工余量 0.5 mm,Z 向留精加工余量 0.2 mm
N10 G00 G42 X17.6;	精车首段,建立刀具半径补偿
G01 Z0 F0.1;	至倒角起点
X21.6 Z-2.;	车倒角
Z-20.;	车外圆
X27.98;	车台阶面
X31.98 Z-22.;	车倒角
N20 G40 Z5.;	精车末段,取消刀补
G70 P10 Q20;	精车
G91 G28;	返回参考点
M05;	主轴停止
T0202;	换 5 mm 宽切断刀
M03 S400;	主轴正转,转速为 400 r/min
G00 X33. Z-20.;	快速定位接近工件
G01 X16. F0.05;	切槽
X33.;	退刀
G91 G28;	返回参考点
T0606;	换 60°外螺纹车刀
G00 X24. Z8.;	至循环起点
G76 P010060 Q100 R50;	车螺纹
G76 X16.804 Z-17. P2599 Q500 F4;	
G91 G28;	返回参考点
M05;	主轴停止
M30;	程序结束

（三）仿真加工

① 进入斯沃数控仿真系统，选择机床、数控系统并开机，显示页面如图 2.5 - 21 所示。

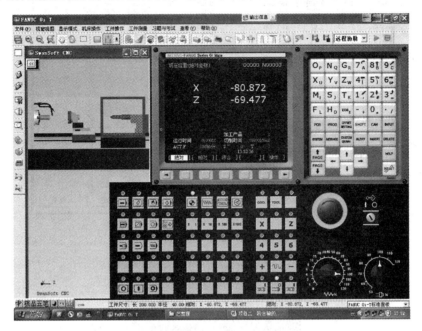

图 2.5 - 21　斯沃数控仿真系统界面

② 机床各轴回参考点。

③ 安装工件，将工件夹持在机床三爪卡盘卡爪上，如图 2.5 - 22 所示。

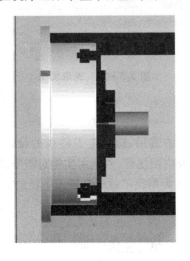

图 2.5 - 22　工件安装

④ 选择刀具，如图 2.5 - 23 所示。

⑤ 轮廓成形自动加工，如图 2.5 - 24 所示。

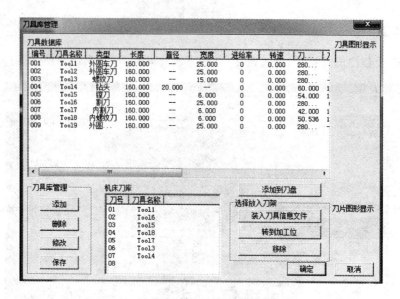

图 2.5 - 23　刀具选择

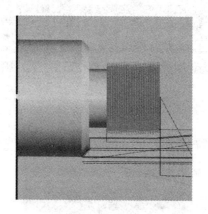

图 2.5 - 24　轮廓加工

小　结

本项目详细介绍了螺纹车刀的选用,螺纹走刀路线的设计,常用螺纹加工指令 G32、G92、G76 的编程格式、使用注意事项及应用场合,并运用实例对指令的具体运用作了讲解。同时学习了复合固定循环指令 G71、G70,大大简化了轴向余量大于径向余量的多台阶轴或孔的程序编制。

思考与习题

一、选择题(将正确答案的序号填写在括号中)

1. 关于固定循环编程,以下说法不正确的是(　　)。

A. 固定循环是预先设定好的一系列连续加工动作

B. 利用固定循环编程,可大大缩短程序的长度,减少程序所占内存

C. 利用固定循环编程,可以减少加工时的换刀次数,提高加工效率

D. 固定循环编程,可分为单一形状与多重(复合)固定循环两种

2. 螺纹标记为 M20×1.5LH 的螺纹,表示该螺纹为( )。

A. 粗牙左旋螺纹,螺距为 1.5 mm

B. 细牙左旋螺纹,螺距为 1.5 mm

C. 粗牙右旋螺纹,螺距为 1.5 mm

D. 细牙右旋螺纹,螺距为 1.5 mm

3. 螺纹标记 M30×1.5－6G 中的"6G"用于表示内螺纹( )的公差。

A. 大径   B. 中径

C. 小径   D. 顶径

4. 在加工螺纹时,应适当考虑其车削开始时的导入距离,该值一般取( )较为合适。

A. $n×P/400$ B. $1P$

C. $2P$ D. 任意

5. 用 FANUC 系统指令"G92 X(U)_ Z(W)_ F_;"加工双头螺纹,该指令中"F_"是指( )。

A. 螺纹导程   B. 螺纹螺距

C. 每分钟进给量   D. 螺纹起始角

6. 下列因素中,造成加工后螺纹牙形半角不正确的原因可能是( )。

A. 切削速度过低   B. 刀具中心过高

C. 切削用量选择不正确   D. 刀具安装不正确

7. 关于 FANUC 系统车床中的指令 G92,下列描述不正确的是( )。

A. 内、外螺纹加工指令   B. 模态指令

C. 单一固定循环指令   D. 不能用于加工左旋螺纹

8. 指令"G76 X(U)_ Z(W)_ R(i) P(k) Q(Δd) F_;"中"P(k)"用于表示( )。

A. 螺纹半径差   B. 牙形编程高度

C. 螺纹第一刀切削深度   D. 精加工余量

9. 关于指令"G76 P030130 Q(Δdmin) R(d);"中的参数"R(d)",下列描述正确的是( )。

A. 精加工次数   B. 总切削次数

C. 螺纹加工过程中的退刀量   D. 精加工余量

10. 关于 G71 指令中参数"Δu"的属性描述,正确的是( )。

A. 半径量,有正负之分

B. 半径量,均为正值

C. 直径量,有正负之分

D. 直径量,均为正值

二、判断题(请将判断结果填入括号中,正确的填"√",错误的填"×")

1. ( )加工普通螺纹,当螺纹牙形较深时,应分多次进给切削,每次进给的背吃刀量应相等。

2. ( )FANUC 系统单一固定循环指令 G92 中的 R 值有正负之分。

3. ( )G32 指令是 FANUC 系统中用于加工螺纹的单一固定循环指令。

4. ( )如果在单段方式下执行 G92 循环,则每执行一次循环必须按 4 次循环启动

按钮。

5. ( )在 G92 指令执行过程中,机床面板上的进给速度倍率旋钮和主轴速度倍率旋钮均无效。

6. ( )FANUC 系统 G76 指令只能用于圆柱螺纹的加工,不能用于圆锥螺纹的加工。

7. ( ) G76 指令为非模态指令,所以必须每次指定。

8. ( )采用 G76 指令加工螺纹时,加工过程中的进刀方式是沿牙形一侧面平行方向的斜向进刀。

9. ( ) 执行 G71 固定循环,刀具从循环起点开始,循环结束后刀具必定返回循环起点。

10. ( )G71 指令中的 F 和 S 值是指粗加工循环中的 F 和 S 值,该值一经指定,则在粗车循环执行过程中,程序段段号"ns"和"nf"之间所有的 F 和 S 值均无效。

11. ( )精车循环指令"G70",既可用于 G71、G72、G73 指令的程序内容后,也可单独使用。

12. ( ) FANUC 数控车复合固定循环指令中能进行子程序的调用。

三、项目训练题

1. 分析如图 2.5 - 25 所示零件的数控车削加工工艺,填写工序卡,编制加工程序,毛坯为 ϕ 45 mm×80 mm 棒料,材料为 45♯钢。

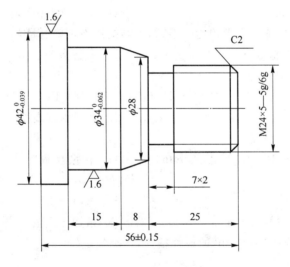

图 2.5 - 25　项目训练题 1

2. 如图 2.5 - 26 所示零件,数量为 1 件,毛坯为 ϕ 55 mm×85 mm 的 45♯钢,要求设计数控加工工艺方案,编制数控加工工序卡,数控加工程序卡。

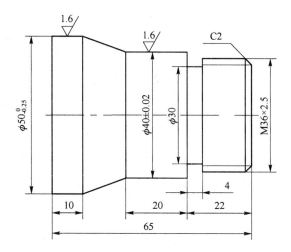

图 2.5 - 26　项目训练题 2

项目六　非圆曲线类回转体零件的工艺设计及编程

【知识目标】
① 正确分析非圆曲线类回转体零件的工艺性,选择合适的加工刀具和切削参数;
② 掌握非圆曲线类回转体零件的编程方法,学会参数编程的思路;
③ 基本掌握 FANUC 0i 系统 B 类宏程序的简单应用。

【能力目标】
① 能正确运用数控系统仿真软件,校验编写的零件数控加工程序,并虚拟加工零件;
② 掌握非圆曲线类回转体零件的检测方法。

一、项目导入

如图 2.6-1 所示的头部椭圆形零件,已知材料为 45♯热轧圆钢,毛坯为 ϕ52 mm×150 mm 的棒料,要求:制定零件的加工工艺,编写零件的数控加工程序,完成椭圆零件的车削加工。

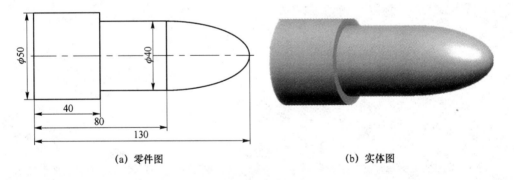

(a) 零件图　　　　　　　　　　　(b) 实体图

图 2.6-1　椭圆零件图

二、相关知识

数控系统比较成熟的插补功能只有直线插补和圆弧插补,一般情况下,要对椭圆、双曲线和抛物线等非圆曲线进行加工,数控系统无法直接实现,须通过一定的数学处理。数学处理的方法就是用直线段或圆弧段去逼近非圆曲线。

(一) 用户宏程序

1. 用户宏程序的概念

用户宏程序是以变量的组合通过各种算术和逻辑运算、转移和循环等命令,编制出的各种可以灵活运用的程序。这种程序只要改变变量的赋值,就可完成不同尺寸零件的加工或操作。

2. 变量及变量的引用

普通程序中的指令是由地址符和其后所跟数值组成的,如 G01,X100 等。使用用户宏程序时,数值可以直接指定或用变量指定,当用变量时,变量值可以通过程序改变或通过 MDI 操作面板设定或修改,在程序执行时,变量随着设定值的变化而变化。

(1) 变量的表示

变量需用变量符号♯和后面的变量号码指定,即:♯i(i=0,1,2,3,4⋯)。

例如:♯8,♯110,♯5008。

变量号也可以用一个表达式来指定,这时表达式必须用括号封闭起来。

例如:♯[♯11+♯12−123]。

(2) 变量的引用

跟在地址后的数值可以被变量替换。假设程序中出现(地址)♯1 或(地址)−♯1 时,这就意味着把变量值或它的负值作为地址的指令值。例如:

F♯10——当♯10=20 时,F20 被指令。

X−♯20——当♯20=100 时,X−100 被指令。

G♯130——当♯130=2 时,G2 被指令。

当一个变量的值未被定义时,这个变量被当作"空"变量。变量♯0 始终是空变量,它不能被赋任何值。

注意:变量"0"与变量"空"是两个完全不同的概念,可以这样理解:"变量的值是 0"相当于"变量的值等于 0",而"变量的值是空"则意味着"该变量所对应的地址根本不存在,不生效"。

例如:当变量♯11 的值是 0,而变量♯22 的值是空时,"G00X♯11　Y♯22"执行的结果是"G00　X0"。

(3) 变量的运算

在变量之间,变量和常量之间可以进行各种运算。常用的算术和逻辑运行见 2.6−1 表。

表 2.6−1　算术和逻辑运算

运　算	格　式	说　明
赋值	♯i=♯j	
加	♯i=♯i+♯k	
减	♯i=♯j−♯k	
乘	♯i=♯j*♯k	
除	♯i=♯j/♯k	
正弦	♯i=SIN[♯j]	
反正弦	♯i=ASIN[♯j]	
余弦	♯i=COS[♯j]	角度单位为°,如:90°30′应表示为 90.5°
反余弦	♯i=ACOS[♯j]	
正切	♯i=TAN[♯j]	
反正切	♯=ATAN[♯j]/[♯k]	

运 算	格 式	说 明
平方根	#i=SQRT[#j]	
绝对值	#i=ABS[#j]	
四舍五入圆整	#i=ROUND[#j]	
上取整	#i=FIX[#j]	
下取整	#i=FUP[#j]	
自然对数	#i=LN[#j]	
指数函数	#i=EXP[#j]	
或	#i=#j OR #k	
异或	#i=#j XOR #k	逻辑运算对二进制数逐位进行
与	#i=#j AND #k	

运算的优先顺序如下:

① 函数;

② 乘除、逻辑与;

③ 加减、逻辑或、逻辑异成。

可以用 [ ] 来改变顺序。

3. 控制指令

(1) 无条件转移(GOTO 语句)

语句格式如下:

GOTO n;

其中,n 为顺序号(取值范围为 1~99 999),可用变量表示。例如:

GOTO 1;

GOTO #10;

(2) 条件转移(IF 语句)

语句格式如下:

IF [条件式] GOTO n;

当条件式成立时,从顺序号为 n 的程序段开始执行;当条件式不成立时,执行下一个程序段。

条件表达共有 6 种,见表 2.6 - 2。

表 2.6 - 2　条件式的比较运算符

比较运算符	含 义	英语单词
EQ	=	Equal
NE	≠	Not Equal
GT	>	Greater Than
LT	<	Less Than
GE	≥	Great or Equal
LE	≤	Less or Equal

注意:条件式中变量♯j或♯k可以是常数或表达式,条件式必须用中括弧括起来。

例如:"IF〔♯j EQ ♯k〕GOTO 5"的含义为当♯j等于♯k时转移到N5。

例1:用条件求从1到100的和。

参考程序如下:

```
O6100;
♯1 = 0;                    (存储和的变量初值)
♯2 = 1;                    (被加数变量的初值)
N1 IF〔♯2 GT 100〕GOTO 2;   (当被加数大于100时转移到N2)
♯1 = ♯1 + ♯2;             (计算和)
♯2 = ♯2 + 1;              (下一个被加数)
GOTO 1 ;                   (转到N1)
N2 M30;                    (程序结束)
```

当运行到结尾时,参数♯1的数值即为1～100的和。

(3)循环(WHILE语句)

语句格式如下:

```
WHILE〔条件式〕DO m;(m = 1,2,3)
  ⋮
END m;
```

当条件式成立时,程序执行"DO m"之后的程序段;如果条件不成立,则执行"END m;"之后的程序段。DO和END后的数字是用于表明循环执行范围的识别号。可以使用数字1、2和3,如果是其他数字,系统会产生P/S报警(No.126)。DO～END循环能够按需要使用多次。

如下所示:

```
 ┌WHILE 〔条件式〕DO 1;
 │ ⋮
 │ ┌WHILE 〔条件式〕DO 2;
 │ │ ⋮
 │ │ ┌WHILE 〔条件式〕DO 3;
 │ │ │ ⋮
 │ │ └END3
 │ │ ⋮
 │ └END2
 │ ⋮
 └END1
```

上面例1的求和程序也可用WHILE语句编制如下:

```
O6200;
♯1 = 0;
♯2 = 1;
WHILE〔♯2 LE 100〕DO 1;
♯1 = ♯1 + ♯2;
```

```
#2 = #2 + 1;
END1;
M30;
```

(二) 图形的数学处理方法

数控加工过程中,无论是采用手工编程还是自动编程,对零件图进行数学处理是程序编制前的重要准备工作之一,是必不可少的工作步骤。

非圆曲线包括除圆以外的各种可以用方程描述的圆锥二次曲线(如抛物线、椭圆和双曲线)、阿基米德螺旋线、对数螺旋线及各种参数方程、极坐标方程所描述的平面曲线与列表曲线等。

数控机床在加工上述各种曲线平面轮廓时,必须经过数学处理,采用微小的直线段或圆弧去逼近这些曲线,再通过设置宏变量(或参数)的演算式,引入加工程序,同时在加工程序中使用逻辑判断语句进行编程。下面分别介绍常用的直线逼近和圆弧逼近的数值计算方法。

1. 直线逼近法

一般来说,由于直线逼近法的插补节点均在曲线轮廓上(见图 2.6-2),容易计算,编程简单,所以常用直线逼近法来逼近非圆曲线。其缺点是直线插补误差较大,为减小插补误差,必须增加插补节点的数量。因此,为了满足加工需要,关键在于插补长度的选择及插补误差控制。

由于各种曲线上各点的曲率不同,如果要使各插补段长度均相等,则各段插补的误差大小不同,反之,如果要使各段插补误差相同,则各插补段长度不等。

(1) 等间距直线逼近法

等间距直线逼近法是在一坐标轴方向,将拟合轮廓总增量(如果在极坐标中,则指转角或径向坐标的总增量)进行等分后,对其设定节点所进行的坐标值计算方法,如图 2.6-3 所示。

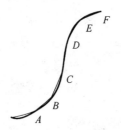

图 2.6-2　直线逼近法

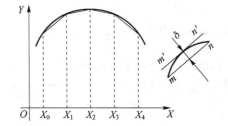

图 2.6-3　等间距直线逼近法

已知方程 $Y = f(X)$,根据给定的 ΔX 求出 X_i 代入 $Y = f(X)$,即可求得一系列 (X_0, Y_0),…,(X_i, Y_i),即每个线段的终点坐标,并以坐标值来编制直线程序段。

ΔX 取决于曲线的曲率和允许误差 δ,一般 δ 取零件公差的 $1/5 \sim 1/10$,验算的方法如图 2.6-3 所示。

mn 为某一逼近线段,其方程如下:

$$Y - F(X_i) = \frac{F(X_i + \Delta X) - F(X_i)}{\Delta X}(X - X_i)$$

作 $m'n'$ 平行于 mn 且与 mn 距离为 δ 的直线 $m'n'$，若 $m'n'$ 与曲线无交点，则说明所选择 ΔX 满足要求；若 $m'n'$ 与曲线相交，则说明插补误差大于加工误差，需重新选择 ΔX。

其算法如下：

求解联立方程式（6-1）和式（6-2）

$$Y-F(x_i)=\frac{F(x_i+\Delta x)-F(x_i)}{\Delta x}(x-x_i)\pm\delta\sqrt{1+[F(x_i+\Delta x)-F(x_i)]^2/\Delta x^2}$$

$$(6-1)$$

$$Y=f(x) \qquad\qquad (6-2)$$

当该方程组有一解或无解时，即可满足精度要求。

等间距直线逼近计算简单，但由于取定值 ΔX，在曲率变化较大时，程序段数较多。采用这种方法进行手工编程时，容易控制其非圆曲线的节点。因此，宏（参数）程序编程普遍采用这种方法。

（2）等插补段直线逼近法

等插补段直线逼近法，即所有逼近线段的长度都相等，如图2.6-4所示。

（3）等插补误差法

该方法是使各插补段的误差相等，而插补长度不等，可大大减少插补段数，这一点比等插补段法优越，如图2.6-5所示为等插补误差法计算示意图。它可以用最少的插补段数目完成对曲线的插补工作，故对大型复杂零件的曲线轮廓处理意义较大。

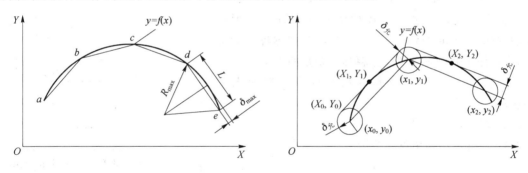

图2.6-4　等插补段直线逼近法图　　　图2.6-5　等插补误差的计算

上述三种方法除用于直线插补加工由数学方程表达的非圆曲线外，也常用于圆弧插补加工此类非圆曲线轮廓的事先在曲线上获取型值点，目的是防止取点的盲目性及控制插补误差。后两种在用手工计算时比较麻烦，多用于计算机编程时的处理。

2. 圆弧逼近法

由于直线逼近曲线时，工件轮廓是由许多折线构成的近似线段，连接点处不光滑，而且直线的曲率半径无穷大，与原有曲线的曲率半径相差很大，使用圆弧逼近可以避免这些缺点。

圆弧逼近曲线有曲率圆法、三点圆法和相切圆法等。三点圆法是通过已知三个节点求圆，并作为一个圆程序段。相切圆法是通过已知四个节点分别作两个相切的圆，编出两个圆程序段。这两种方法都应先用直线逼近法求出节点，再求出各圆，编出两个圆弧程序段。

三、项目实施

非圆曲线轮廓零件的种类很多,但不管是哪一种类型的非圆曲线零件,编程时所做的数学处理都是大致相同的。一是选择插补方式:即首先应决定是采用直线段逼近非圆曲线,还是采用圆弧段逼近非圆曲线;二是计算插补节点坐标:采用直线段逼近零件轮廓曲线,一般数学处理较简单,但计算的坐标数据较多。这里采用手动编程的方式,选取等间距直线逼近法来完成此项目的加工。

(一) 加工工艺分析

1. 零件的工艺分析

零件由圆柱面、椭圆面构成。零件材料为 45♯钢棒。椭圆长半轴为 50 mm,短半轴为 20 mm,中心在工件轴线上。椭圆轨迹曲线复杂,是非圆弧曲线,不能直接用 G02、G03 按圆弧车削,所以加工难度较大,必须采用宏指令编程才能加工。另处,应注意椭圆方程中的坐标值与工件坐标系中的标值之间的数据转换。

2. 装夹方案的确定

毛坯为棒料,选用三爪自定心卡盘定位夹紧。

3. 加工顺序和进给路线的确定

① 用轴向切削复合循环指令 G71 粗加工外形轮廓,并留 0.5 mm 的精加工余量,在轮廓描述程序段部分,用宏程序完成对椭圆部分粗加工余量的去除;

② 用 G70 复合循环指令精车外形轮廓至图示要求;

③ 切断,保证总长。

4. 刀具及切削用量的选择

(1) 选择刀具

T0101——93°外圆粗加工外圆车刀;

T0202——93°外圆精加工外圆车刀;

T0303——切断刀(宽 3 mm)。

(2) 确定切削用量

主轴转速:粗加工时,恒线速 S 为 160 m/min;精加工时,恒线速 S 为 200 m/min;切槽时,主轴转速为300 r/min;

背吃刀量:粗加工时,a_p 取 2 mm;精加工时取 a_p 取 0.5 mm;

进给量:粗加工时,f 取 0.2 mm/r;精加工时,f 取 0.1 mm/r;切断时,f 取 0.05 mm/r。

5. 宏程序加工椭圆轮廓的思路

宏程序加工椭圆轮廓的流程图如图 2.6 – 6 所示。

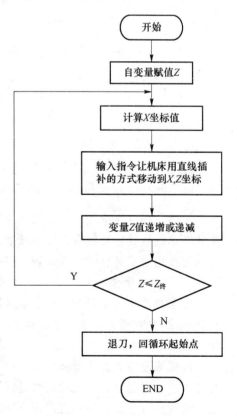

图 2.6 – 6 宏程序加工椭圆轮廓的流程图

根据形状分析和数控车床运动规律,选取 Z 坐标为变量。X 坐标值按几何要求计算如下:

$$X = \frac{4}{5}\sqrt{-100Z - Z^2}$$

注意:在车床编程中,X 坐标值为直径值,故为计算值的 2 倍。

6. 工艺文件的编制

① 将所选定的刀具及其参数填入椭圆零件数控加工刀具卡片中,以便编程和操作管理。椭圆零件数控加具卡如表 2.6-3 所列。

表 2.6-3　椭圆零件数控加工刀具卡

产品名称或代号		刀具名称及规格	零件名称	椭圆零件	零件图号	06
序　号	刀具号		数　量	加工表面	刀尖半径/mm	备　注
1	T0101	93°外圆粗车刀	1	粗加工外形轮廓	1.2	
2	T0202	93°外圆精车刀	1	精加工外形轮廓	0.6	
6	T0303	切槽刀	1	切断		宽 3 mm
编制		审　核		批　准	年　月　日	共1页　第1页

② 椭圆零件数控加工工序卡见表 2.6-4。

表 2.6-4　椭圆零件数控加工工序卡

数控加工工序卡			产品名称		零件名称	零件图号
					椭圆零件	06
工序号	程序编号	夹具名称	夹具编号	使用设备		车　间
001	O0061	三爪卡盘		数控车床11		数控实训中心
工步号	工步内容	切削用量			刀　具		量　具	
		主轴转速 n/$(r \cdot min^{-1})$	进给速度 F/$(mm \cdot r^{-1})$	背吃刀量 a_p/mm	编　号	名　称	编　号	名　称
1	粗车外形轮廓	160	0.2	2	T0101	93°外圆粗车刀	1	游标卡尺
2	精车外形轮廓	200	0.1	0.5	T0202	93°外圆精车刀	1	游标卡尺
3	切断	300	0.05		T0303	切断刀	1	游标卡尺
编制		审　核		批　准		年　月　日	共1页	第1页

(二) 加工程序编制

按参数编写程序的思路,确定精加工路线,再使用 G71 粗车复合循环去除零件轮廓粗加工余量,结合 G70 精车复合循环将椭圆零件由毛坯加工成成品。零件的加工参考程序见表2.6-5。

表 2.6-5 椭圆零件数控加工参考程序单

零件号	06	零件名称	椭圆零件	编程原点	安装后右端面中心
程序号	O0061	数控系统		编 制	

程序内容	简要说明
T0100 ;	选择 1 号刀(93°外圆车刀)
G96 S160 ;	设置恒线切削速度 S 为 160 m/min,
G50 S2000 M03;	限制主轴最高转速为 2 000 r/min,主轴正转
G00 X45. Z2. T0101 M08;	快速定位到循环起始点,调用 01 号刀具补偿,开冷却液
G71 U2. R0.5 ;	选择粗加工背吃刀量,退刀量
G71 P10 Q20 U1 W0.5 F0.2;	
N10 G00 G42 X0 S200 F0.1;	精加工轮廓描述起始程序段
G01 Z0;	
#1=0;	定义 z 坐标为 1 号变量
WHILE [#1 GE −50] DO 1;	
#2=0.8 ∗ SQRT[−100 ∗ #1−#1 ∗ #1];	根据 z 坐标,计算出 x 坐标
G01 X#2 Z#1;	以直线插补的方式,逼近曲线
#1=#1−0.1;	改变 z 坐标值,根据曲线要求精度
END 1;	
G01 Z−90.;	
X40;	
N20 G00 G40 X45. ;	循环结束
G00 X200. Z200. T0100;	快速返回换刀点,取消 01 号刀具补偿
T0202;	换 02 号精车刀
G70 P10 Q20;	精加工轮廓
G00 X200. Z200. T0200;	快速返回换刀点,取消 02 号刀具补偿
M05;	主轴停止
T0303 ;	换 03 号切槽刀(刀宽 3 mm)
G97 S300 M03;	主轴正转,转速为 300 r/min
G00 Z−133.0 X55.0;	快速移动刀具至切断循环起点(左刀尖定位)
G75 R1.;	外径切槽功能切断工件
G75 X0.5 P5. F0.05;	
M09;	停冷却液
G00 X200. Z200. T0300;	快速返回换刀点,取消 03 号刀具补偿
M05;	主轴停止
M30;	程序结束

(三) 仿真加工

① 进入数控车仿真软件,选择机床、数控系统并开机。

② 回零操作,使机床坐标系生效。

③ 安装工件,调整工件伸出卡盘端面的长度,满足加工要求。

④ 选择刀具、安装刀具,并试切对刀。

⑤ 在编辑运行模式下,按程序显示与编辑页面键,输入程序;界面显示如图 2.6-7 所示。

单步运行程序,检查程序运行轨迹正确与否。

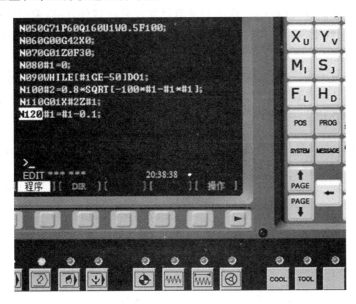

图 2.6 – 7　程序输入界面示意图

⑥ 自动运行程序,完成零件的模拟加工。仿真加工过程及结果见图 2.6 – 8。

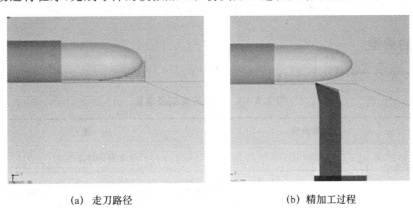

(a)　走刀路径　　　　　　　　　　　(b)　精加工过程

图 2.6 – 8　仿真加工过程及结果

⑦ 测量工件,优化程序。

四、知识点拓展

椭圆类等非圆曲线都是由数学关系所定义的,在编程思路和算法上,每一种类型的非圆曲线是一致的。可以采用与子程序相类似的思路,将相同加工操作的程序统一编制,从而使程序简化。

然而子程序只能实现相同的形状加工,却不能实现相似的加工。其原因在于子程序中的各指令参数一但确定就是固定不变的,因而适应性较差。如何才能实现同类零件(类型相同,参数不同)加工程序的简化呢? 借鉴前面参数编程的思路,如果能在子程序中加入变量参数编程的思路,就可以通过不断改变变量值来实现相似的加工,这就是宏程序。

用户宏程序由于允许使用变量、算术和逻辑运算及条件转移,使得编制同样的加工程序比子程序更简便,适用性更强。使用时,加工主程序可用一条简单指令调用宏程序,与调用子程序完全一样。

参数的宏程序与子程序类似,但宏程序中可以使用变量、算术和逻辑运算及转移指令,还可以方便地实现循环程序设计。使相同加工操作的程序更方便,更灵活。这里以 FANUC 系统 B 类宏程序为例介绍。子程序与宏程序的区别与联系如图 2.6－9 所示。

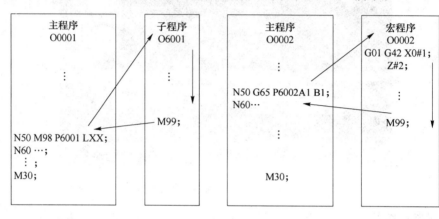

图 2.6－9　子程序与宏程序的区别与联系

(一) 变量的类型

变量的类型及功能见表 2.6－6。

表 2.6－6　变量的类型及功能

变量号	变量类型	功　能
＃0	空(Null)	该变量的值总为空
＃1～＃33	局部变量 (local variables)	局部变量是只能在一个用户宏程序中用来表示运算结果等的变量,各宏程序可单独使用。当机床断电后,局部变量的值被清除,当宏程序被调用时,可对局部变量赋值
＃100～＃149(＃199) ＃500～＃531(＃999)	公共变量(全局变量) (common variables)	公共变量在不同的宏程序中是可以共用的变量。＃100～＃149 在关掉电源后变量值全部被清除;而 ＃500～＃531 即使在关掉电源后,变量值仍被保存。作为可选择的公共变量,＃150～＃199 和 ＃532～＃999 也是允许的
＃1000～	系统变量 (system variable)	系统变量是固定用途的变量,它的值决定系统的状态,用于表示接口的输入/输出、刀具补偿、各轴当前的位置等,有些系统的变量只能被读取

系统变量的主要类型见表 2.6－7。

表 2.6 - 7　系统变量的主要类型

变量号	类型	用途
♯1000～♯1133	信号接口	可在可编程控制器(PMC)和用户宏程序之间交换的信号
♯2001～♯2400	刀具补偿量	可用来读和写刀具补偿量
♯3000	宏程序报警	当♯3000 变量被赋予值 0～99 时,CNC 停止运行并产生报警。例:♯3000＝1→报警屏幕上显示"3001 TOOL NOT FOUND"(刀具未找到)
♯3001、♯3002 ♯3011、♯3012	时间信息	能够用来读和写时间信息
♯3003、♯3004	自动运行控制	能改变自动运行的控制状态(单步、连续控制)。当电源接通时,两个变量的值均为零,表示单程序段及进给暂停、进给速度倍率、准确停止有效
♯3005	设置变量	该变量可做读和写的操作,把二进制值转化成十进制值来表示,可控制镜像开/关,米制输入/英制输入,绝对坐标编程/增量坐标编程等
♯4001～♯4130	模态信息	用来读取直到当前程序段有效的模态指令(G、B、D、F、H、M、N、S、T、P 等)。例:♯4002 的功能表示 G17,G18,G19,当执行"♯1＝♯4002;"时,在♯1 中得到的值是 17、18 或 19
♯5001～♯5104	设置信息	能够读取位置信息(包括各轴程序段终点位置、各轴当前位置和刀具偏置值等)

(二) 宏程序调用

1. 宏程序非模态调用指令 G65

在主程序中可用 G65 指令调用宏程序。指令格式如下:

G65 P___ L____(自变量表);

其中,P 为要调用的宏程序号;L 为重复调用次数,调用一次时 L 可省略;自变量表是由地址及数值构成,用以对需传递到宏程序中的变量赋值。

例如:

主程序:

O6002;
   ⋮
G65 P6100 L2 A1 B2;(调用 O7100 宏程序,重复调用两次,♯1＝1,♯2＝2);
M30;

宏程序:

O6100;
 ♯3＝♯1＋♯2;
G00 G91 X♯3;
 M99;

2. 自变量赋值

自变量赋值有两种类型:自变量赋值Ⅰ、自变量赋值Ⅱ。

（1）自变量赋值 Ⅰ

使用除了 G、L、N、O、P 以外的其他字母作为地址,每个字母指定一次。

（2）自变量赋值 Ⅱ

可使用 A、B、C 每个字母一次,I、J、K 每个字母可使用 10 次作为地址。

表 2.6 - 8 和表 2.6 - 9 分别为两种类型自变量赋值的地址与变量号码之间的对应关系。

表 2.6 - 8　自变量赋值 Ⅰ 的地址与变量号码之间的对应关系

地　址	宏程序中变量	地　址	宏程序中变量	地　址	宏程序中变量	地　址	宏程序中变量
A	#1	I	#4	Q	#17	X	#24
B	#2	J	#5	R	#18	Y	#25
C	#3	K	#6	S	#19	Z	#26
D	#7	M	#13	T	#20		
E	#8			U	#21		
F	#9			V	#22		
H	#11			W	#23		

注:① 地址 G、L、N、O、P 不能在自变量中使用;

　　② 地址不需要按字母顺序指定,但 I、J、K 需要按字母顺序确定。

表 2.6 - 9　自变量赋值 Ⅱ 的地址与变量号码之间的对应关系

地　址	宏程序中变量	地　址	宏程序中变量	地　址	宏程序中变量
A	#1	K_3	#12	J_7	#23
B	#2	I_4	#13	K_7	#24
C	#3	J_4	#14	I_8	#25
I_1	#4	K_4	#15	J_8	#26
J_1	#5	I_5	#16	K_8	#27
K_1	#6	J_5	#17	I_9	#28
I_2	#7	K_5	#18	J_9	#29
J_2	#8	I_6	#19	K_9	#30
K_2	#9	J_6	#20	I_{10}	#31
I_3	#10	K_6	#21	J_{10}	#32
J_3	#11	I_7	#22	K_{10}	#33

注:表中 I、J、K 的下标只表示顺序,并不写在实际的命令中。

在 G65 的程序中,可以同时使用表 2.6 - 8 和表 2.6 - 9 中的两组自变量赋值。系统可以根据使用的字母自动判断自变量赋值的类型,如果自变量赋值 Ⅰ 和自变量赋值 Ⅱ 混合指定,后指定的自变量类型有效。

例:G65 P1000 A1 B2 I3 I-4 D5;

A1 B2 I3 分别表示给 #1 赋值1,#2 赋值2,#4 赋值3;I-4 和 D5 都表示给 #7 赋值,后者有效,所以本程序段对 #7 赋值5。

五、拓展知识应用

通过前面的分析,我们可以用宏程序的方法来解决整个椭圆类曲线回转体面的车削。

所有椭圆的方程均可表示为

$$\frac{(X-I/2)^2}{A^2}+\frac{(Z-K)^2}{B^2}=1$$

因此,需要的参数如下:

A——长(短)半轴长;

B——短(长)半轴长;

I——椭圆中心 X 坐标(直径值);

K——椭圆中心 Z 坐标;

Z 始——椭圆弧开始点 Z 坐标(程序中用地址 E 表示);

Z 终——椭圆弧结束点 Z 坐标(程序中用地址 F 表示);

D 毛坯——毛坯直径大小。

通过查询自变量赋值表 6-8,将前面的椭圆轮廓加工程序改写为宏程序(程序号为 O6001):

```
06001;
♯10 = ♯7 + 4;                                根据毛坯直径确定循环起始点 X 值;
♯11 = ♯8 + 2;
♯26 = ♯7;                                    根据椭圆弧确定循环起始点 Z 值;
G00 X♯10  Z♯11;                              快速定位到循环起始点
♯24 = 2 * [♯1] * SQRT[1 - [♯26 - ♯6] * [♯26 - ♯6]/    椭圆弧起始点 X 值;
[♯2 * ♯2]]
G71 U2 R0.5;                                 选择粗加工背吃刀量,退刀量
G71 P10  Q20  U1  W0.5  F100;
N10 G00 G42 X♯24;
G01 Z♯7  F30;
♯26 = ♯7;                                    定义 Z 坐标
WHILE [♯26 GE ♯9]  DO 1;
♯24 = 2 * [♯1] * SQRT[1 - [♯26 - ♯6] * [♯26 - ♯6]/    根据 Z 坐标,计算 X 坐标
[♯2 * ♯2]];
G01 X♯24  Z♯26;                              以直线插补的方式逼近曲线
♯26 = ♯26 - 0.1;                             根据曲线要求精度,改变 Z 坐标值
END 1;
N20 G00 G40 X[♯24 + 4];                      G71 循环结束
G70 P10 Q20;                                 精加工轮廓
M99;                                         返回主程序
```

实际应用:

本项目中椭圆弧的方程如下:

$$\frac{X^2}{A^2}+\frac{(Z-K)^2}{B^2}=1$$

则参数如下：

A(短半轴长)：20 mm；

B(长半轴长)：50 mm；

I(椭圆中心 X 坐标)：0；

K(椭圆中心 Z 坐标)：−50 mm；

Z 始，椭圆弧开始点 Z 坐标(程序中用地址 E 表示)：0；

Z 终，椭圆弧结束点 Z 坐标(程序中用地址 F 表示)：−50 mm；

D(毛坯直径大小)：50 mm。

只需根据前面分析所得的参数，编写主程序(O1234)调用宏程序 O6001，即可加工出所需椭圆。

主程序如下：

```
01234；
T0101；                              选择刀具,按图示编程原点对刀
G96 S160  M03 M08；
G50 S2000；
G65 P6001 A20 B50 K−50 F−50 D50      I,E 为零,可不定义值
                                     椭圆弧加工结束
   ⋮                                 台阶面加工程序略
M30；
```

小 结

本项目须完成椭圆截面的回转体、外圆表面和台阶表面的加工。对于只有直线和圆弧插补功能的数控设备而言，在加工一些由数学表达式给出的非圆曲线轮廓时，是无法直接加工的，只能用直线和圆弧去逼近这些曲线。如果采用直线或圆弧逼近法计算出轮廓的每一个节点来编制加工程序，不但计算繁琐，而且程序段数目会很多。

本项目讲述了车非圆曲线的走刀路线设计、宏程序的概念、变量及变量的引用、变量的控制及运算指令、转移和循环语句、用户宏程序功能 B 的编程方法和宏程序的调用，要求读者了解宏程序的应用场合、变量的概念，熟悉转移和循环语句，掌握宏程序的调用。

思考与习题

一、判断题(请将判断结果填入括号中,正确的填"√",错误的填"×")

1. (   )在变量赋值方法 I 中，自变量 A 对应的变量是 #6。

2. (   )"#i=#j−#k"表示的是两者的差值。

3. (   )"#iLT#j"表示#i 大于#j。

4. (   )如果自变量赋值 I 和自变量赋值 II 混合指定，后指定的自变量类型有效。

5. (   )运算的优先顺序如下：函数；乘除、逻辑与；加减、逻辑或、逻辑异或。

二、选择题(将正确答案的序号填写在括号中)

1. 在变量赋值方法 I 中，自变量 C 对应的变量是(   )。

A. #23；   B. #110；   C. #5；   D. #3。

2. 在变量赋值方法 I 中，自变量 F 对应的变量是(　　)。

A. ♯14；　　　　　B. ♯13；　　　　　C. ♯9；　　　　　D. ♯19。

3. 在运算指令中，"♯i＝ATAN[♯j]"代表的意义是(　　)。

A. 反正切函数；　　B. 平方根；　　　　C. 正切函数；　　　D. 余弦函数。

4. 在运算指令中，"♯i＝♯jAND♯k"代表的意义是(　　)。

A. 逻辑乘；　　　　B. 逻辑与；　　　　C. 逻辑异或；　　　D. 逻辑或。

5. "IF[♯1EQ♯2]THEN♯3＝5"表示的意思是(　　)。

A. 如果♯1和♯2的值相同，5赋值给♯3；

B. 如果♯1的值大于♯2的值，5赋值给♯3；

C. 如果♯1的值小于♯2的值，5赋值给♯3；

D. 如果♯1的值不等于♯2的值，5赋值给♯3。

6. 宏程序的结束程序段用(　　)返回主程序。

A. M02；　　　　　B. M30；　　　　　C. M99；　　　　　D. M03。

三、简答题

1. 解释子程序与用户宏程序之间的区别。

2. 变量有哪些类型？其主要功能有哪些？

四、项目训练题：

加工如图 2.6-10 所示零件，数量为 1 件，毛坯为 φ45 mm×95 mm 的 45♯钢，要求：分析数控加工工艺，编写加工程序。

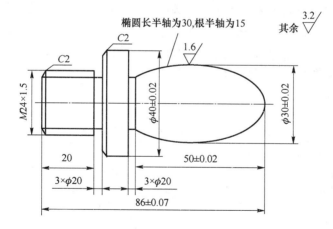

图 2.6-10　实训项目零件

项目七　配合件的工艺设计与编程

【知识目标】

① 分析确定相互配合的轴、套类零件的加工工艺路线；

② 掌握形位公差、尺寸精度和表面粗糙度的综合控制方法，保证配合精度；

③ 懂得配合件的车削工艺、加工质量的分析和编程方法。

【能力目标】

① 能正确分析相互配合的轴、套类零件图纸，并进行相应的工艺处理；

② 能分析零件的工艺性；

③ 合理选择刀具和切削参数，提高综合控制尺寸精度、形位精度和配合间隙的技能，能按装配图的技术要求完成配合件的加工与装配。

一、项目导入

如图 2.7-1 所示为含有圆柱、圆弧和螺纹面的配合套件的装配图和零件图，其分别由螺纹轴和螺纹轴套两部分组成。零件图分别如图 2.7-1(b) 和图 2.7-1(c) 所示。装配后如图 2.7-1(a) 所示，螺纹轴毛坯尺寸为 $\phi52\ \text{mm}\times60\ \text{mm}$，螺纹轴套毛坯尺寸为 $\phi50\ \text{mm}\times85\ \text{mm}$，材料为 45♯钢，试分析加工工艺并编写加工程序。

本项目通过一配合组件的加工、装配过程的介绍，学习配合件的加工方法，提高综合控制尺寸精度、形位公差和调节配合间隙的技能，巩固数控车削加工的工艺分析能力，综合编程能力和操作应用技能。

二、项目实施

(一) 加工工艺分析

1. 图样分析

(1) 装配图分析

组合体装配图如图 2.7-1(a) 所示。

配合长度要求 $(110\pm0.1)\ \text{mm}$，结合零件的结构特点和装配图的要求，配合长度尺寸 $(110\pm0.1)\ \text{mm}$，由两零件装配后加工保证。

(2) 零件图分析

螺纹轴套如图 2.7-1(c) 所示，由内外圆柱面、端面、内螺纹、孔内沟槽和退刀槽等表面组成，其中径向尺寸有较高的尺寸精度和表面粗糙度要求，安排工序时注意保证内外表面同轴度公差的要求。

螺纹轴如图 2.7-1(d) 所示，由端面、外圆柱面、外螺纹、螺纹退刀槽和圆锥面等表面组

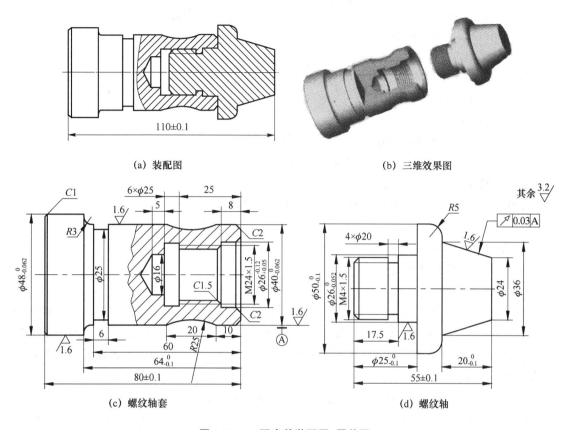

（a）装配图　　　　　　　　　　　　　（b）三维效果图

（c）螺纹轴套　　　　　　　　　　　　（d）螺纹轴

图 2.7 - 1　配合件装配图、零件图

成,其中圆锥面对基准 A 跳动要求为 0.03 mm,为了保证这一位置公差,根据螺纹轴的具体情况,决定将螺纹轴与螺纹轴套配合为一体后再加工圆锥面。

2. 装夹方案与加工工艺路线的确定

根据零件的加工工艺性和装配图的技术要求两方面综合考虑,螺纹轴和螺纹轴套需交替加工,三爪自定心卡盘装夹螺纹轴右端毛坯外圆,加工左端外圆、槽及外螺纹表面;然后装夹螺纹轴套左端毛坯外圆,加工螺纹轴套右端端面、外圆、内孔和内螺纹等,再将螺纹轴拧紧在螺纹轴套上,加工螺纹轴右端端面、圆锥及外圆;最后调头加工螺纹轴套左端端面、$\phi 48_{-0.062}^{0}$ mm 外圆。

配合后再加工螺纹轴右端,一是因为螺纹轴 $\phi 26_{-0.052}^{0}$ mm 外圆长度较短,加工右端表面刀具车削 $\phi 50_{-0.1}^{0}$ mm 时易触碰到卡盘表面;二是因为螺纹轴的圆锥面对螺纹轴套 $\phi 40_{-0.062}^{0}$ mm 轴线有跳动要求。

具体工艺过程如下:

工序一:三爪卡盘夹持螺纹轴右端毛坯外圆。

① 车左端面;

② 粗、精车外轮廓;

③ 切槽;

④ 粗、精车外螺纹。

工序二:三爪卡盘夹持螺纹轴套左端毛坯外圆。

① 车右端面;

② 粗、精车外圆;

③ 钻中心孔、钻孔(手动);

④ 粗、精车内孔;

⑤ 车孔内沟槽;

⑥ 粗、精车内螺纹;

⑦ 切外表面沟槽。

工序三:将螺纹轴与螺纹轴套拧紧成为一体。

① 车螺纹轴右端面(手动),控制 $\phi 50_{-0.1}^{0}$ mm 左端面到工件右端面的总长;

② 粗、精车圆锥面、外圆柱面。

工序四:调头用三爪卡盘夹持螺纹轴套右端 $\phi 40$ mm 外圆。

① 车左端面;

② 粗、精车 $\phi 48_{-0.0.62}^{0}$ mm 外圆。

3. 刀具与切削用量的选择

(1) 刀具的选择

粗、精加工外圆轮廓用 90°外圆车刀;切槽用切槽刀;外螺纹用外螺纹车刀切削,内螺纹加工用内螺纹车刀车削;内孔表面加工需用中心钻、麻花钻、内孔车刀和内孔切槽刀等;螺纹轴套外轮廓表面有凹圆弧面,所选外圆车刀副偏角应足够大,防止切削刃与凹槽表面发生干涉。刀具具体参数见表 2.7-1。

表 2.7-1 零件综合加工数控加工刀具卡片

产品名称或代号		配合件	零件名称		零件图号	
序 号	刀具号	刀具名称及规格	数 量	加工表面	刀尖半径/mm	备 注
1	T0101	90°硬质合金外圆粗刀	1	粗车端面、外轮廓	0.4	
2	T0202	90°硬质合金外圆精刀	1	精车端面、外轮廓	0.2	
3	T0303	硬质合金切槽刀	1	切槽、切断	刀头宽 4 mm	
4	T0404	60°硬质合金螺纹车刀	1	车螺纹	0.2	
5		A2 中心钻	1	钻 A2 中心孔	安装在尾座内(手动)	
6		$\phi 16$ mm 麻花钻	1	$\phi 16$ mm 孔	安装在尾座内(手动)	
7	T0505	盲孔粗车刀	1	粗车内孔各表面	0.4	
8	T0606	盲孔精车刀	1	精车内孔各表面	0.2	
9	T0707	内孔切槽刀	1	内沟槽	刀头宽 4 mm	
10	T0808	60°内螺纹车刀	1	内螺纹	刀尖 60°	
编 制		审 核	批 准		年 月 日	共 1 页	第 1 页

(2) 切削用量选择

根据被加工表面质量要求、刀具材料和工件材料,参考切削用量手册或有关资料选取切削速度与进给量,具体参数见工序卡。

背吃刀量的选择因粗、精加工而有所不同。粗加工时,在工艺系统刚性和机床功率允许的情况下,尽可能取较大的背吃刀量,以减少进给次数;精加工时,为保证零件表面粗糙度要求,背吃刀量一般取 0.1～0.4 mm 较为合适。

4. 数控加工工艺卡的拟订

将前面分析的各项内容综合,编制数控加工工序卡。

① 加工螺纹轴左端轮廓,加工工序卡见表 2.7 - 2。

表 2.7 - 2　螺纹轴左端轮廓数控加工工序卡

数控加工工序卡			产品名称	零件名称		零件图号	
			07	螺纹轴		07 - 01	
工序号	程序编号	夹具名称	夹具编号	使用设备		车　间	
001	O0071	三爪卡盘				数控实训中心	
工步号	工步内容	切削用量			刀　具		量　具	
		主轴转速 $n/$ $(r \cdot min^{-1})$	进给量 $F/$ $(mm \cdot r^{-1})$	背吃刀量 a_p/mm	编号	名　称	编号	名　称
1	平端面	500	0.2	1.5	T0101	90°外圆粗车刀		
2	粗车外轮廓,留 0.2 mm 精加工余量	500	0.2	1.5	T0101	90°外圆粗车刀	1	游标卡尺
3	精加工外轮廓至尺寸	800	0.1	0.1	T0202	90°外圆精车刀	2	外径千分尺
4	车槽	300	0.08	4	T0303			
5	车螺纹	400	1.5	0.05～0.4	T0404	60°螺纹车刀	3	螺纹环规
编　制		审　核		批　准		年　月　日	共 1 页	第 1 页

② 加工螺纹轴套右端轮廓,加工工序卡见表 2.7 - 3。

表 2.7 - 3　螺纹轴套右端轮廓数控加工工序卡

数控加工工序卡			产品名称	零件名称		零件图号	
			07	螺纹轴套		07 - 02	
工序号	程序编号	夹具名称	夹具编号	使用设备		车　间	
002	O7002	三爪卡盘				数控实训中心	
工步号	工步内容	切削用量			刀　具		量　具	
		主轴转速 $n/$ $(r \cdot min^{-1})$	进给量 $F/$ $(mm \cdot r^{-1})$	背吃刀量 a_p/mm	编号	名　称	编号	名　称
1	平端面	500	0.2	1.5	T0101	90°外圆粗车刀		
2	粗车外轮廓,留 0.2 mm 精加工余量	500	0.2	1.5	T0101	90°外圆粗车刀	1	游标卡尺
3	精加工外轮廓 至尺寸	800	0.1	0.1	T0202	90°外圆精车刀	2	外径千分尺
4	车 6 mm× ϕ36 mm 槽	300	0.08	4	T0303	硬质合金切槽刀	1	游标卡尺
5	钻中心孔	800	0.1	1.0		A2 中心钻		
6	钻孔	400	0.05	8		ϕ16 mm 麻花钻	1	游标卡尺
7	粗车内孔,留 0.4 mm 精加工	500	0.2	1.5	T0505	盲孔粗车刀	1	游标卡尺
8	精车内孔至尺寸	800	0.1	0.2	T0606	盲孔精车刀	4	内径千分尺
9	车内沟槽	300	0.05	4	T0707	内孔切槽刀		
10	粗、精车内螺纹 至尺寸	400	1.5	0.05～0.4	T0808	60°内螺纹车刀		外螺纹试配
编　制		审　核		批　准		年　月　日	共 1 页	第 1 页

③ 将螺纹轴拧紧在螺纹轴套上,加工螺纹轴右端轮廓,加工工序卡见表 2.7 - 4。

表 2.7 - 4　螺纹轴与套配合后右端轮廓数控加工工序卡

数控加工工序卡			产品名称		零件名称		零件图号		
			配合件						
工序号	程序编号	夹具名称	夹具编号		使用设备		车　间		
003	O0073	三爪卡盘					数控实训中心		
工步号	工步内容	切削用量			刀　具		量　具		
		主轴转速 $n/$ $(r \cdot min^{-1})$	进给量 $F/$ $(mm \cdot r^{-1})$	背吃刀量 a_p/mm	编号	名　称	编　号	名　称	
1	平端面	500	0.1	1.0	T0101	90°外圆粗车刀			
2	粗车外轮廓,留 0.2 mm 精加工余量	500	0.2	1.5	T0101	90°外圆粗车刀	1	游标卡尺	
3	精加工外轮廓 至尺寸	800	0.1	0.1	T0202	90°外圆精车刀	2	外径千分尺	
编制		审　核		批　准		年　月　日		共 1 页	第 1 页

④ 将螺纹轴拧紧在螺纹轴套上,加工螺纹轴套左端轮廓,加工工序卡见表 2.7 - 5。

表 2.7 - 5　螺纹轴与套配合后轴套左端轮廓数控加工工序卡

数控加工工序卡			产品名称		零件名称		零件图号		
			配合件						
工序号	程序编号	夹具名称	夹具编号		使用设备		车　间		
004	O0074	三爪卡盘					数控实训中心		
工步号	工步内容	切削用量			刀　具		量　具		
		主轴转速 $n/$ $(r \cdot min^{-1})$	进给量 $F/$ $(mm \cdot r^{-1})$	背吃刀量 a_p/mm	编号	名　称	编　号	名　称	
1	平端面	500	0.1	1.0	T0101	90°外圆粗车刀			
2	粗车外加轮廓,留 0.2 mm 精加工余量	500	0.2	1.5	T0101	90°外圆粗车刀	1	游标卡尺	
3	精加工外轮廓 至尺寸	800	0.1	0.1	T0202	90°外圆精车刀	2	外径千分尺	
编制		审　核		批　准		年　月　日		共 1 页	第 1 页

(二) 加工程序编制

1. 螺纹轴左端轮廓表面加工

参考程序见表 2.7 - 6。

表 2.7-6　螺纹轴左端轮廓车削数控加工程序单

零件号		零件名称	螺纹轴	编程原点	装夹后右端面中心
程序号	O0071	数控系统	FANUC	编　制	

程序内容	简要说明
N10　G50 X150. Z50.；	建立工件坐标系
N20　S500　M03；	主轴正转,转速 500 r/min
N30　T0101 M08；	开切削液,换 1 号刀
N40　G00 X0. Z3.；	刀具快速定位到切削起点
N50　G01　　Z0 F0.2；	车端面
N60　　　　X58.；	
N70　G00 X52. Z3.；	刀具快速定位到外圆切削循环起点
N80　G71 U1.5 R0.5；	外圆粗车循环
N90　G71 P100 Q150 U0.2 W0.1 F0.2；	
N100　G00 X18. Z1.；	精加工轮廓描述
N110 G01 G42 X24. Z−2. S800 F0.1；	
N120　　　　Z−17.5；	
N130　　　　X26.；	
N140　　　　Z−25.；	
N150 G40　X52.；	
N160 G00 X150. Z50. T0100；	退刀,取消刀补
N170　T0202；	换 2 号刀
N180 G00 X52. Z3.；	刀具快速定位到循环起点
N190　G70 P100 Q150；	精车循环
N200 G00 X150. Z50. T0200；	退刀,取消刀补
N210 T0303；	换 3 号刀
N220 G00 X30. Z−17.5 S300 ；	刀具快速定位到起点
N230 G01 X20. F0.08；	切槽
N240 G04 P2000；	
N250 G00 X30.；	
N260　　X150. Z50. T0300；	退刀,取消刀补
N270 T0404；	换 4 号刀
N280 G00 X24. Z10. S400；	刀具快速定位到螺纹循环起点
N290 G76 P011060 Q100　R0.2；	螺纹车削循环
N300 G76 X22.052 Z−16.5 P974 Q800 F1.5；	
N310 M05；	主轴停转,冷却液关闭
N320 G00 X150. Z50. T0400；	退刀,取消刀补
N330 M30；	程序结束

2. 螺纹轴套右端轮廓表面加工

参考程序见表 2.7-7。在自动加工前,先手动车端面,再手动钻中心孔及钻孔。

3. 螺纹轴右端表面加工

参考程序见表 2.7-8。当螺纹轴套右端轮廓加工完毕后不拆下工件,直接将螺纹轴拧紧在螺纹轴套上,刀具重新对刀,手动加工螺纹轴右端面,控制总长,然后运行自动加工。

表 2.7-7　螺纹轴套右端轮廓车削数控加工程序单

零件号		零件名称	螺纹轴	编程原点	装夹后右端面中心
程序号	O0072	数控系统	FANUC	编　制	

程序内容	简要说明
N10　G50 X100. Z50. ;	建立工件坐标系
N20　S500 M03 T0101 M08;	主轴正转,转速500 r/min,开切削液,换1号刀
N30　G00 X52. Z3. ;	刀具快速定位到切削循环起点
N40　G73 U2. W2.　R1. ;	粗车外轮廓
N50　G73 P60 Q110 U0. 2 W0. 1 F0. 2;	
N60　G00 X32. Z2. S800 F0. 1;	精加工轮廓描述
N70　G01 G42 X40. Z-2. ;	
N80　　　　　Z-10. ;	
N90　G02　　Z-30. R25. ;	
N100　G01　　Z-64. R3. ;	
N110 G00 G40 X55. ;	
N120　　X100. Z50. T0100;	退刀,取消刀补
N130 T0202;	换2号刀
N140 G00 X52. Z3. ;	刀具快速定位到循环起点
N150 G70 P60 Q110;	精车循环
N160 G00 X100. Z50. T0200;	退刀,取消刀补
N170 T0303;	换3号刀
N180 G00 X52. Z-58. S300;	刀具快速定位到起点
N190 G75 R0. 5;	外轮廓切槽循环
N200 G75 X36. Z-60. P1000 Q2000 F0. 08;	
N210 G00 X100. Z50. T0300;	退刀,取消刀补
N200 T0505;	换5号刀
N210 G00 X14. Z2. S500;	刀具快速定位到内孔循环起点
N220 G71 U1. 5 R0. 5;	内孔粗车循环
N230 G71 P240 Q310 U-0. 4 W0 F0. 2;	
N240 G00 G41　X34. ;	内孔精加工轮廓描述
N250 G01 X26. Z-2. F0. 1;	
N260　　　　Z-8;	
N270　　X25. 052;	
N280　　X22. 052 W-1. 5;	
N290　　　　Z-31. ;	
N300 G00 G40 X20. W2. ;	
N310　　　　Z2. ;	
N320 X100. Z50. T0500;	退刀,取消刀补
N330 T0606;	换6号刀
N340 G00 X14. Z2. S800;	刀具快速定位到循环起点
N350 G70 P240 Q310;	内孔精车循环
N360 X100. Z50. T0600;	退刀,取消刀补
N370 T0707;	换7号刀
N380 G00 X20. Z2. S300;	刀具快速定位到起点

零件号		零件名称	螺纹轴	编程原点	装夹后右端面中心
程序号	O0072	数控系统	FANUC	编　制	
程序内容			简要说明		

程序内容	简要说明
N390 G01　　Z-29.；	内孔切槽循环
N400 G75　R0.5；	
N410 G75 X25.Z-31.P1000 Q2000 F0.05；	
N420 G00 Z2.；	
N430 X100.Z50.T0700；	退刀,取消刀补
N440 T0808；	换8号刀
N450 G00 X22.Z2.；	刀具快速定位到起点
N460 G76 P011060 Q100 R0.2；	内孔螺纹加工循环
N470 G76 X24.Z-28.P974 Q800 F1.5；	
N480 M05；	主轴停转,关闭冷却液
N490 G00 X100.Z50.T0800；	退刀,取消刀补
N500 M30；	程序结束

表 2.7-8　螺纹轴右端轮廓车削数控加工程序单

零件号		零件名称	螺纹轴	编程原点	装夹后右端面中心
程序号	O0073	数控系统	FANUC	编　制	
程序内容			简要说明		

程序内容	简要说明
N10　G50 X150.Z50.；	建立工件坐标系
N20　S500 M03；	主轴正转,转速 500 r/min
N30　T0101 M08；	开切削液,换1号刀
N40　G00 X54.Z2.；	刀具快速定位到外圆切削循环起点
N50　G71 U1.5 R0.5；	外圆粗车循环
N60　G71 P70 Q130 U0.2 W0.1 F0.2；	
N70　G00 X24.；	精加工轮廓描述
N80　G01 G42 Z0 S800 F0.1；	
N90　　X36.　Z-20.；	
N100　　X40.；	
N110　G03 X50.　Z-25.R5.；	
N120　G01　　W-10.；	
N130　G40　X54.；	
N140　G00 X150.Z50.T0100；	退刀,取消刀补
N150　T0202；	换2号刀
N160　G00 X54.Z2.；	刀具快速定位到外圆切削循环起点
N170　G70 P70 Q130；	外圆精车循环
N180　G00 X150.Z50.T0200；	退刀,取消刀补
N190　M05；	主轴停转,关闭冷却液
N200　M30；	程序结束

4. 螺纹轴套左端表面加工

参考程序见表 2.7 - 9。在加工前,刀具需重新对刀。

表 2.7 - 9　螺纹轴套左端轮廓车削数控加工程序单

零件号		零件名称	螺纹轴	编程原点	装夹后右端面中心
程序号	O0074	数控系统	FANUC	编　制	
程序内容			简要说明		
N10　G50 X150. Z50. ;			建立工件坐标系		
N20　S500 M03 ;			主轴正转,转速 500 r/min		
N30　T0101 M08 ;			开切削液,换 1 号刀		
N40　G00 X54. Z2. ;			刀具快速定位到外圆切削循环起点		
N50　G71 U1.5 R0.5 ;			外圆粗车循环		
N60　G71 P70 Q100 U0.2 W0.1 F0.2 ;					
N70　G00 X42. ;			精加工轮廓描述		
N80　G42 G01 X48. Z-1 S800 F0.1 ;					
N90　　　Z-26. ;					
N100 G40　X54. ;					
N110 G00 X150. Z50. T0100 ;			退刀,取消刀补		
N120　T0202 ;			换 2 号刀		
N130 G00 X54. Z2. ;			刀具快速定位到外圆切削循环起点		
N140 G70 P70 Q100 ;			外圆精车循环		
N150 G00 X150. Z50. T0200 ;			退刀,取消刀补		
N160 M05 ;			主轴停转,关闭冷却液		
N170 M30 ;			程序结束		

(三) 仿真加工

① 进入斯沃数控仿真系统,选择机床、数控系统并开机,如图 2.7 - 2 所示。

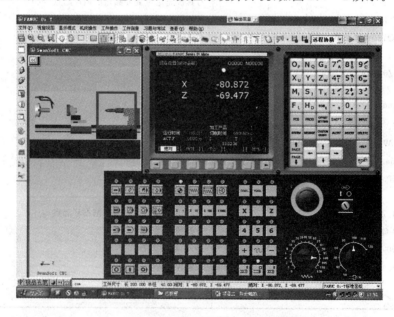

图 2.7 - 2　斯沃数控仿真系统操作界面

　　② 进入数控系统后首先应将 X、Z 轴返回参考点,注意先回 X 轴,再回 Z 轴。

　　③ 安装工件,将毛坯安装在机床三爪卡盘的卡爪上,如图 2.7-3 所示。

　　④ 从"刀具库管理"选择刀具,如图 2.7-4 所示。

　　⑤ 输入程序及加工测量。

　　⑥ 手动移动刀具退至距离工件较远处。

　　⑦ 自动加工。加工零件如图 2.7-5 所示。

图 2.7-3　工件毛坯的安装

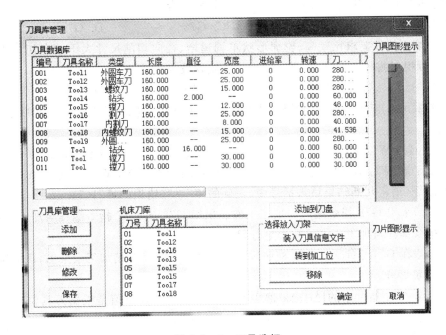

图 2.7-4　刀具选择

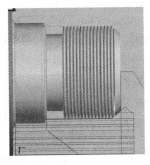

(a) 螺纹轴加工示意图

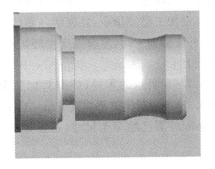

(b) 螺纹轴套加工示意图

图 2.7-5　螺纹配合件加工示意图

小　结

轴、套配合类零件在进行工艺分析时,注意根据其结构工艺性、技术要求等选择正确的装夹方式、加工进给路线以及程序指令。安排加工路线时须考虑配合后的技术要求,掌握配合精度的控制方法。

思考与习题

一、选择题(将正确答案的序号填写在括号中)

1. 对于径向尺寸要求比较高、轮廓形状单调递增、轴向切削尺寸大于径向切削尺寸的毛坯类工件进行粗车循环加工时,采用(　　)指令编程较为合适。

    A. G71　　　　　　B. G72　　　　　　C. G73　　　　　　D. G74

2. 对于端面精度要求比较高、轮廓形状单调递增、径向切削尺寸大于轴向切削尺寸的毛坯类工件进行粗车循环加工时,采用(　　)指令编程较为合适。

    A. G71　　　　　　B. G72　　　　　　C. G73　　　　　　D. G74

3. 如果采用 G71 指令加工内轮廓,则指令中关于参数 U(△u)和 W(△w)的取值,合适的是(　　)。

    A. U(△u)和 W(△w)均小于 0　　　　　　B. U(△u)小于 0,W(△w)等于 0

    C. U(△u)和 W(△w)均大于 0　　　　　　D. U(△u)大于 0,W(△w)小于 0

二、判断题(请将判断结果填入括号中,正确的填"√",错误的填"×")

1. (　　)采用 G73 指令编程与加工工件和采用 G71 或 G72 指令编程与加工工件相比,采用 G73 指令编程与加工工件可减少空行程。

2. (　　)在 G71 、G72 、G73 程序段中的 △W 、△U 是指精加工余量值,该值按其余量的方向有正、负之分。

3. (　　)G73 指令中的 △i 、△k 值也有正、负之分,其正负值是根据刀具位置和进退刀方式来判定的。

三、简答题

1. 试写出径向切槽循环指令,并说明各参数含义。

2. 试写出螺纹加工循环指令,并说明各参数含义。

3. 比较内、外轮廓加工时,复合固定循环指令的区别。

四、项目训练题:

加工如图 2.7 - 6 所示的零件,外圆精加工余量 X 向 0.5 mm ,Z 向 0.1 mm ,车槽刀刃宽 4 mm ,工件程序原点如图所示,ϕ70 mm 外圆已粗车至尺寸,不需加工。试编写加工程序。

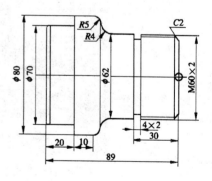

图 2.7 - 6　螺纹轴

第三篇　数控铣床及加工中心加工工艺及编程

绪　论　数控镗铣床及加工中心的认知概论

【学习目标】
① 了解数控镗铣床及加工中心的功能、结构及分类方式；
② 掌握数控镗铣床及加工中心的加工特点。

数控镗铣床和加工中心（Machine Center）在结构、工艺和编程等方面有许多相似之处，特别是全功能型数控铣床与加工中心相比，区别主要在于数控铣床没有自动刀具交换功能（ATC）及刀具库，只能用手动方式换刀，而加工中心因具备 ATC 及刀具库，能实现主轴与刀库间刀具的自动更换。数控铣床与加工中心都能进行铣削、钻削、镗削以及螺纹等加工，是机械加工中常用的数控加工方法。特别是数控加工中心除了能完成与数控铣床相同的 2～5 轴的坐标联动加工外，由于具有自动更换刀具的功能，使机械零件在加工过程中工序更加集中，大大减少了辅助时间，缩短了生产周期。

一、数控铣床和加工中心的分类

1. 布置形式与布局特点

按机床主轴的布置形式及机床的布局特点，可分为立式、卧式和龙门数控铣床及加工中心等。

（1）立式数控铣床与加工中心

立式数控机床主轴与机床工作台面垂直，工件装夹方便，加工时便于观察，但不便于排屑。一般采用固定式立柱结构，工作台不升降，主轴箱作上下运动，并通过立柱内的重锤平衡主轴箱的重量。为保证机床的刚性，主轴中心线距立柱导轨面的距离不能太远，因此，这种结构主要用于中小尺寸的数控铣床及加工中心，如图 3.0-1 所示。

（2）卧式数控铣床与加工中心

数控卧式机床的主轴与机床工作台面平行，加工时不便于观察，但排屑顺畅。一般配有数控回转工作台，能实现零件各侧面的连续加工。单纯的数控卧式铣床现在已比较少，而多是在配备自动换刀装置（ATC）后成为卧式加工中心。卧式加工中心一般具有 3～5 个运动坐标，常见的是三个直线运动坐标加一个回转运动坐标（回转工作台），卧式加工中心特别适合对箱体类零件上的一些孔和型腔有位置公差要求，以及孔和型腔与基准面有严格尺寸精度要求的零件的加工，如图 3.0-2 所示。

（3）龙门式数控铣床和加工中心

对于大尺寸的数控机床，一般采用对称的双立柱结构，以保证机床的整体刚性和强度。数

（a）立式数控铣床

（b）立式加工中心

图 3.0 - 1　立式数控铣床和加工中心

（a）卧式数控铣床

（b）卧式加工中心

图 3.0 - 2　卧式数控铣床和加工中心

控龙门铣床有工作台移动和龙门架移动两种形式。它适用于加工飞机整体结构件零件、大型箱体零件和大型模具等，如图 3.0 - 3 所示。

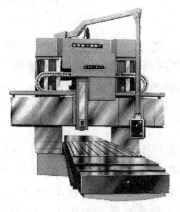
（a）龙门式数控铣床

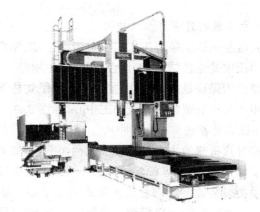
（b）龙门式加工中心

图 3.0 - 3　龙门式数控机床

（4）立、卧两用数控铣床与加工中心

立、卧两用数控机床是指一台机床有立式或卧式两个主轴，或者主轴可作 90°旋转的数控铣床,同时具备立、卧铣床的功能,故能在工件一次装夹后,完成除安装面外其他 5 个面的加工,降低了工件二次安装引起的形位误差,大大提高了加工精度和生产效率,主要用于箱体类零件以及各类模具的加工。

如图 3.0-4 所示为具有立式和卧式两个主轴的立、卧两用数控铣床和加工中心。

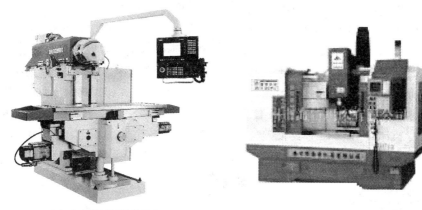

(a) 立、卧两用数控铣床　　　　　　(b) 立、卧两用加工中心

图 3.0-4　立、卧两用数控铣床和加工中心

2. 按照控制联动坐标轴数分类

(1) 三坐标数控铣床与加工中心

三坐标数控铣床与加工中心的共同特点是除了具有普通铣床的工艺性能外,还具有加工需二轴联动(如二维曲线、二维轮廓和二维区域)、二轴半联动(空间曲面的近似加工)、三轴联动的形状复杂的零件轮廓的加工任务。

对于三坐标联动的加工中心,由于具有自动换刀功能,适于多工种、多工序复合加工,如需铣、钻、铰、镗及攻螺纹等多工序复合的箱体类零件。特别是在卧式加工中心上,加装数控回转工作台后,可实现零件的 4 面加工;若主轴方向可变换,则可实现除安装面以外的其余 5 面加工。

(2) 四坐标数控镗铣床与加工中心

四轴联动是指在 x、y、z 三个直线移动坐标轴的基础上增加一个旋转轴(A、B 或 C),且 4 个轴可以联动,如图 3.0-5 所示。

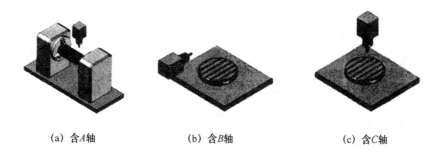

(a) 含 A 轴　　　　　　(b) 含 B 轴　　　　　　(c) 含 C 轴

图 3.0-5　四轴联动数控机床

如图 3.0-5(a)所示是在立式数控机床工作台上安装一个能绕 x 轴旋转的数控转台,这

种结构主要应用于回转体类工件的加工。

如图 3.0-5(b)所示是在卧式数控机床工作台上安装一个能绕 y 轴旋转的数控转台,这种结构主要适用于大型工件的侧面加工。

如图 3.0-5(c)所示是在立式数控机床工作台上安装一个能绕 z 轴旋转的数控转台,这种结构一个典型的应用是在回转体工件上需要较大 x、y 轴行程才能进行的钻孔加工。

对于四坐标机床,不管是哪种类型,其共同特点是:相对于静止的工件来说,刀具的运动位置不仅是任意可控的,而且刀具轴线的方向在刀具摆动平面内也是可以控制的,从而可根据加工对象的几何特征,按保持有效切削状态或根据避免刀具干涉等需要来调整刀具相对零件表面的姿态。因此,四坐标加工可以获得比三坐标加工更广的工艺范围和更好的加工效果。

(3) 五坐标数控镗铣床与加工中心

对于五坐标机床,不管是哪种类型,它们都具有两个回转坐标,如图 3.0-6 所示。

(a) 工作台旋转型　　　　(b) 主轴头旋转型　　　　(c) 工作台和主轴头复合旋转型

图 3.0-6　五轴联动数控机床

工作台旋转型如图 3.0-6(a)所示。在工作台上增加一个绕 x 轴摆动的转台和一个绕 z 轴旋转的转台。这种结构转动回转轴也可以是 B、C 轴或 A、B 轴,回转轴是 B、C 轴时摆动轴绕 y 轴摆动;回转轴是 A、B 轴时摆动轴绕 x 轴摆动,并且当 A 轴为 0°时旋转轴绕 y 轴旋转。这种类型主要用于小型五轴机床,又称为“小五轴”。

主轴头旋转型如图 3.0-6(b)所示。这种类型包含主轴头绕 z 轴旋转的 C 轴,以及绕 x 轴摆动的 A 轴。这种结构主要用于大型五轴机床,又称为“大五轴”。

主轴头旋转和工作台旋转的复合型如图 3.0-6(c)所示。工作台安装有绕 z 轴旋转的转台(C 轴),同时主轴头可绕 y 轴摆动(B 轴)。这种结构主要适用于中型、卧式或车铣复合机床。

五坐标数控机床相对于静止的工件来说,其运动合成可使刀具轴线的方向在一定的空间内(受机构结构限制)任意控制,从而具有保持最佳切削状态及有效避免刀具干涉的能力。因此,五轴加工又可以获得比四轴加工更广的工艺范围和更好的加工效果,特别适宜于三维曲面零件的高效、高质量加工以及异形复杂零件的加工。采用五轴联动对三维曲面零件进行加工,可用刀具最佳几何形状进行切削,不仅加工表面粗糙度值低,而且效率也大幅度提高。一般认为,一台五轴联动机床的效率可以等同于两台三轴联动机床,特别是使用立方氮化硼等超硬材料铣刀进行高速铣削淬硬钢零件时,五轴联动加工可比三轴联动加工发挥更高的效益。

二、数控铣削的加工特点及加工对象

1. 数控铣削的加工特点

① 对零件加工的适应性强、灵活性好,能加工轮廓形状特别复杂或难以控制尺寸的零件,如模具类和壳体类零件等。

② 能加工普通机床无法加工或很难加工的零件,如用数学模型描述的复杂曲线类零件以及三维空间曲面类零件。

③ 能加工一次装夹定位后,需进行多道工序加工的零件。如可对零件进行钻、扩、镗、铰、攻螺纹、铣端面和挖槽等多道工序的加工。

④ 加工精度高,加工质量稳定可靠。

⑤ 生产自动化程度高,生产效率高。

⑥ 从切削原理上讲,端铣和周铣都属于断续切削方式,不像车削那样连续切削,因此对刀具的要求较高,刀具应具有良好的抗冲击性、韧性和耐磨性。在干式切削状况下,还要求刀具具有良好的红硬性。

2. 数控铣床及加工中心的加工对象

(1) 数控铣床主要的加工对象

数控铣床及加工中心可以对工件进行钻、扩、铰、锪、镗孔与攻丝等加工,但它主要还是用来对工件进行铣削加工,这里所说的主要加工对象及分类也是从铣削加工的角度来考虑的。

1) 平面类零件

加工面平行、垂直于水平面或与水平面的夹角为定角的零件,如图 3.0-7 所示。

(a) 带平面轮廓的平面零件　　　(b) 正圆台和斜筋的平面零件　　　(c) 带斜平面的平面零件

图 3.0-7　平面类零件

目前,在数控铣床上加工的绝大多数零件属于平面类零件。平面类零件的特点:各个加工单元面是平面,或可以展开成为平面,一般只须用 3 坐标数控铣床的两坐标联动就可以把它们加工出来。

2) 变斜角类零件

加工面与水平面的夹角呈连续变化的零件称为变斜角类零件,如图 3.0-8 所示。

这类零件多数为飞机零件,如飞机上的整体梁、框、缘条与肋等,此外还有检验夹具与装配型架等。变斜角类零件的变斜角加工面不能展开为平面,但在加工中,加工面与铣刀圆周接触的瞬间为一条直线。最好采用四坐标和五坐标数控铣床摆角加工。

3) 曲面类(立体类)零件

加工面为空间曲面的零件称为曲面类零件,如图 3.0-9 所示。

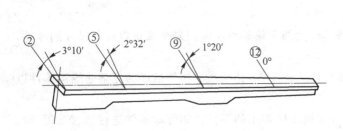

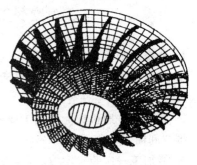

图 3.0-8　变斜角类零件图　　　　　　图 3.0-9　曲面类零件

　　曲面类零件的特点:一是加工面不能展开为平面;二是加工面与铣刀始终为点接触。加工时,加工面与铣刀始终为点接触。一般采用三轴联动数控铣床加工;当曲面较复杂、通道较狭窄、会伤及毗邻表面及需刀具摆动时,要采用四轴甚至五轴联动数控铣床加工。

　　(2) 加工中心主要加工的对象

　　加工中心适用于复杂、工序多、精度要求高、需用多种类型普通机床和繁多刀具、工装,经过多次装夹和调整才能完成加工的具有适当批量的零件。其主要加工对象有以下 4 类:

　　1) 箱体类零件

　　箱体类零件(如图 3.0-10 所示)是指具有一个以上的孔系,并有较多型腔的零件,这类零件在机械、汽车和飞机等行业较多,如汽车的发动机缸体、变速箱体,机床的床头箱、主轴箱,柴油机缸体,齿轮泵壳体等。

　　箱体类零件在加工中心上加工,一次装夹可以完成普通机床 60 ％～ 95 ％的工序内容,零件各项精度一致性好,质量稳定,同时可缩短生产周期,降低成本。对于加工工位较多,工作台需多次旋转角度才能完成的零件,一般选用卧式加工中心;当加工的工位较少,且跨距不大时,可选立式加工中心,从一端进行加工。

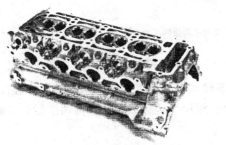

(a) 发动机缸体零件　　　　　　(b) 变速器箱体零件

图 3.0-10　箱体类零件

　　2) 复杂曲面类零件

　　在航空航天、汽车、船舶和国防等领域的产品中,复杂曲面类占有较大的比重,如叶轮、螺旋桨和各种曲面成形模具等,如图 3.0-11 所示的整体叶轮。

零件上的复杂曲面用加工中心加工时,与数控铣削加工基本是一样的,所不同的是加工中心刀具可以自动更换,工艺范围更宽。

3）异形件类零件

异形件是外形不规则的零件,大多需要点、线、面多工位混合加工,如支架、基座、样板和靠模等,如图3.0-12所示。

异形件的刚性一般较差,夹压及切削变形难以控制,加工精度也难以保证,这时可充分发挥加工中心工序集中的特点,采用合理的工艺措施,一次或两次装夹,完成多道工序或全部的加工内容。

图 3.0-11　整体叶轮

(a) 叉架零件　　　　　　　　(b) 支架零件

图 3.0-12　异形类零件

4）盘、套、板类零件

带有键槽、径向孔或端面有分布孔系以及有曲面的盘套或轴类零件,还有具有较多孔加工的板类零件,适宜采用加工中心加工。端面有分布孔系、曲面的零件宜选用立式加工中心,有径向孔的可选卧式加工中心。

小　结

本章主要介绍了数控铣床和加工中心的分类;数控铣削的加工特点;数控铣床和加工中心的加工对象。数控铣床用途广泛,不仅可以加工各种平面、沟槽、螺旋槽、成形表面和孔,而且还能加工各种平面曲线和空间曲线等复杂型面,适合于各种模具、凸轮、板类及箱体类零件的加工。

加工中心机床又称多工序自动换刀数控机床。它主要是指具有自动换刀及自动改变工件加工位置功能的数控机床,能对需要做镗孔、铰孔、攻螺纹和铣削等作业的工件进行多工序的自动加工。

思考与习题

一、填空题(将正确的答案填写在题中的横线上)

1. 按机床主轴的布置形式及机床的布局特点分类,可分为_____、_____和龙门数控铣床及加工中心等。

2. 三坐标数控铣床与加工中心的共同特点是除了具有普通铣床的工艺性能外,还具有加工需_____(如二维曲线、二维轮廓、二维区域)、_____(空间曲面的近似加工)、_____

的形状复杂的零件轮廓的加工任务。

3. 四轴联动是指在 x、y、z 三个直线移动坐标轴的基础上增加一个_____,且 4 个轴可以联动。

4. 加工面与水平面的夹角呈连续变化的零件称为_____零件。

5. 曲面类零件的特点:一是加工面_____;二是加工面与铣刀始终为_____。

6. 立、卧两用数控机床是指一台机床有_____或_____两个主轴,或者主轴可作____旋转的数控铣床。

7. 数控龙门铣床有_____移动和_____移动两种形式。

8. 对于加工工位较多,工作台需多次旋转角度才能完成的零件,一般选用____加工中心;当加工的工位较少,且跨距不大时,可选_____加工中心,从一端进行加工。

二、判断题(请将判断结果填入括号中,正确的填"√",错误的填"×")

1. ( )立式数控机床主轴与机床工作台面垂直,工件装夹方便,加工时不便于观察,但便于排屑。

2. ( )数控卧式机床的主轴与机床工作台面平行,加工时便于观察,但排屑不顺畅。

3. ( )立、卧两用数控机床能在工件一次装夹后,完成除安装面外其他 5 个面的加工。

4. ( )数控铣削对刀具的要求较高,刀具应具有良好的抗冲击性、韧性和耐磨性。

5. ( )数控铣削能加工一次装夹定位后,需进行多道工序加工的零件。

6. ( )变斜角类零件的变斜角加工面不能展开为平面,但在加工中,加工面与铣刀圆周接触的瞬间为一点。

7. ( )端面有分布孔系、曲面的零件宜选用立式加工中心,有径向孔的可选卧式加工中心。

8. ( )加工中心主要是指具有自动换刀及自动改变工件加工位置功能的数控机床。

三、简答题

1. 数控铣床和加工中心按照控制联动坐标轴数分为几类?

2. 加工中心的定义是什么? 它应具有哪些功能?

3. 数控铣削有哪些加工特点?

项目一　数控铣削加工工艺分析

【知识目标】

① 了解有关数控铣削的主要加工对象等一些相关概念。

② 掌握如何选择并确定数控铣削加工的内容,熟练掌握数控铣削加工工艺性分析方法,并了解零件图形的数学处理方法和作用。

③ 理解制定数控铣削加工工艺时加工工序的划分方法,掌握走刀路线选择方法、切入切出路径的确定与顺、逆铣及切削方向和方式的确定方式,了解反向间隙误差的存在和避免方式。

【能力目标】

① 能分析零件图样,正确选择适合数控铣削加工的内容。

② 能综合应用数控铣削加工工艺知识,分析典型零件的数控铣削加工工艺,具备制定中等复杂程度零件数控铣削加工工序的能力。

数控铣削加工是数控加工中最为常见的加工方法之一,广泛应用于机械设备制造、模具加工等领域。它以普通铣削加工为基础,结合数控机床的特点,不但能完成普通铣削加工的全部内容,而且还能完成普通铣削无法加工、难以加工或加工质量难以保证的工序。数控铣削加工设备主要有数控铣床和加工中心,可以对零件进行平面轮廓铣削、曲面轮廓铣削加工,还可以进行钻、扩、铰、镗、锪加工及螺纹加工等。

本项目以典型槽类零件加工工艺分析为载体,从实际加工需求的角度,介绍数控铣削加工工艺的基本知识和基本原则,以便于初学者结合实际情况,在后续的学习过程中能够逐步掌握科学、严谨、合理的设计数控铣削加工工艺的方法。

一、项目导入

如图 3.1-1 所示为泵盖零件图,材料为 HT200,毛坯尺寸(长×宽×高)为 170 mm×110 mm×30 mm,小批量生产。要求分析其数控车铣加工工艺,编制数控加工工序卡、数控铣削加工刀具卡。

二、相关知识

(一) 选择并确定数控铣削的加工内容

数控铣削加工有着自己的特点和适用对象,若要充分发挥数控铣床的优势和关键作用,就必须正确选择数控铣床类型、数控加工对象与工序内容。通常将下列加工内容作为数控铣削加工的主要选择对象:

① 工件上的曲线轮廓,特别是有数学表达式给出的非圆曲线与列表曲线等曲线轮廓;

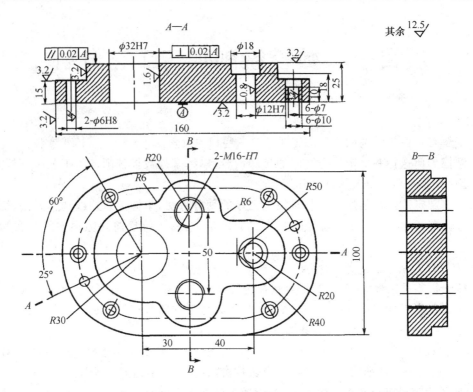

图 3.1 - 1　泵盖零件图

② 已给出数学模型的空间曲面,如球面;

③ 形状复杂、尺寸繁多、划线与检测困难的部位;

④ 用通用铣床加工时难以观察、测量和控制进给的内外凹槽;

⑤ 以尺寸协调的高精度孔或面;

⑥ 能在一次安装中顺带铣出来的简单表面或形状;

⑦ 采用数控铣削后能成倍提高生产率,大大减轻体力劳动强度的一般加工内容。

此外,立式数控铣床和立式加工中心适于加工箱体、箱盖、平面凸轮、样板、形状复杂的平面或立体零件,以及模具的内、外型腔等;卧式数控铣床和卧式加工中心适于加工复杂的箱体类零件、泵体、阀体和壳体等;多坐标联动的卧式加工中心还可以用于加工各种复杂的曲线、曲面、叶轮和模具等。

(二)零件结构工艺性分析及处理

1. 零件图的分析

分析零件图,了解图形的结构要求,明确零件的材料、加工内容和技术要求,掌握图形几何要素间的相互关系和几何要素建立的充要条件,分析零件的设计基准和尺寸标注方法,为编程原点的选择和尺寸的计算做好准备。

(1)分析零件图的结构要求

熟悉零件在产品中的位置、作用、装配关系和工作条件,明确各项技术要求对零件装配质量和使用性能的影响。

（2）分析零件图的尺寸标注方法

零件图上的尺寸标注应适应数控机床加工的要求,在数控加工零件图上,应以同一基准标注尺寸或直接给出坐标尺寸,这样既便于编程,又有利于设计基准、工艺基准、测量基准和编程原点的统一。

（3）分析零件图的完整性和正确性

构成零件轮廓几何元素的尺寸和相互关系(相交、相切、同心、垂直和平行等),是数控编程的重要依据,手工编程时,要依据这些条件计算每一个基点或节点的坐标,零件图样构成条件要充分,必要时要用绘图软件验证,如图 3.1-2 所示。

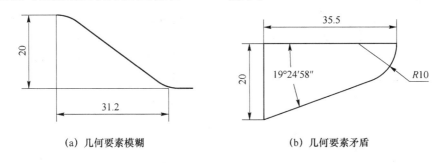

(a) 几何要素模糊　　　　　　　　　　(b) 几何要素矛盾

图 3.1-2　几何要素的条件应完整、准确

（4）分析零件的技术要求

零件的技术要求主要是指尺寸精度、形状精度、位置精度、表面粗糙度及热处理等。这些要求在保证零件使用性能的前提下,应该适度、合理。过高的精度和表面粗糙度要求会使工艺过程复杂,加工制造困难,零件的生产成本提高。

2.零件结构工艺性分析

零件的结构工艺性分析,是指设计的零件在满足使用要求的前提下,制造的可行性和经济性。良好的结构工艺性,可以使零件加工容易,节省工时和材料。零件各加工部位的结构工艺性应符合数控加工的特点。

（1）结构尺寸设计要合理

如图 3.1-3(a)所示,内壁转接圆弧半径 R 不能太小。当工件的被加工轮廓高度 H 较小,内壁转接圆弧半径 R 较大时,则可采用刀具切削刃长度 L 较短、直径 D 较大的铣刀加工。这样,底面 A 的走刀次数较少,表面质量较好,因此,工艺性较好。反之如图 3.1-3(b)所示,铣削工艺性则较差。通常,当 $R>0.2H$ 时,零件结构工艺性较好。

内壁与底面转接圆弧半径 r 不要过大。如图 3.1-4(a)所示,铣刀直径 D 一定时,铣刀与铣削平面接触的最大直径 $d=D-2r$,工件的内壁与底面转接圆弧半径 r 越小,则 d 越大,即铣刀端刃铣削平面的面积越大,加工能力越强,铣削工艺性越好。反之,工艺性越差,如图 3.1-4(b)所示。

当底面铣削面积大,转接圆弧半径 r 也较大时,只能先用一把 r 较小的铣刀加工,再用符合要求 r 的刀具加工,分两次完成切削。

（2）统一几何类型及尺寸

零件的外形、内腔最好采用统一的几何类型及尺寸,这样可以减少换刀次数,还可能应用控制程序或专用程序以缩短程序长度,如图 3.1-5 所示的内壁转接圆弧半径、内壁与底面的

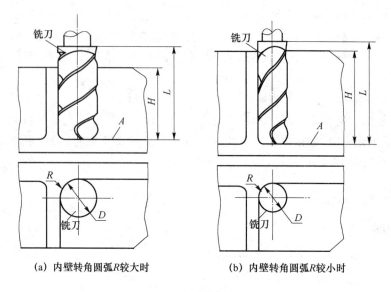

(a) 内壁转角圆弧R较大时　　　　(b) 内壁转角圆弧R较小时

图 3.1-3　内壁转接圆弧半径

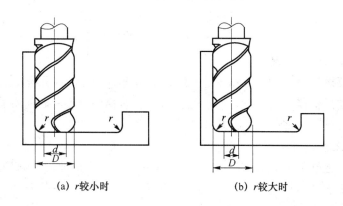

(a) r较小时　　　　(b) r较大时

图 3.1-4　内壁与底面的转接圆弧半径

转接圆弧半径在不影响使用性能的情况下,尽量采用统一的半径尺寸,以利于程序的编写和刀具的管理。

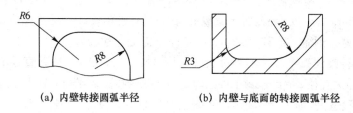

(a) 内壁转接圆弧半径　　　　(b) 内壁与底面的转接圆弧半径

图 3.1-5　几何类型及尺寸尽量统一

在加工中心上加工的零件,切削加工量要小,光孔、螺纹的规格尺寸尽量少,以防刀库容量不够,零件的加工表面应具有加工的可能性和方便性,零件应具有一定的刚度,以减小夹紧变形和切削变形。

（3）定位基准要统一

若在数控加工中若没有统一的定位基准,则会因工件的二次装夹而造成加工轮廓的位置及尺寸误差。另外,在零件上要选择合适的结构(孔、凸台等)作为定位基准,必要时设置工艺结构作为定位基准,或用精加工表面作为统一基准,以减少二次装夹产生的误差,如图 3.1-6 所示。

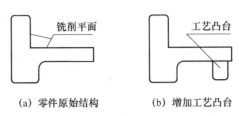

(a) 零件原始结构　　　　(b) 增加工艺凸台

图 3.1-6　增加基准定位可靠性

（4）分析零件的变形情况,保证获得要求的加工精度

过薄的底板或肋板,在加工时由于产生的切削拉力及薄板的弹力退让极易产生切削面的振动,使薄板厚度尺寸公差难以保证,其表面粗糙度也增大。零件在数控铣削加工时的变形,不仅影响加工质量,而且当变形较大时,将使加工不能继续下去。

预防措施:

① 对于大面积的薄板零件,改进装夹方式,采用合适的加工顺序和刀具;

② 采用适当的热处理方法,如对钢件进行调质处理,对铸铝件进行退火处理;

③ 粗、精加工分开及对称去除余量等措施来减小或消除变形的影响。

（三）零件毛坯的工艺性分析

1. 毛坯应有充分、稳定的加工余量

毛坯主要指锻件、铸件。锻件在锻造时欠压量与允许的错模量会造成余量不均匀;铸件在铸造时因砂型误差、收缩量及金属液体的流动性差不能充满型腔等造成余量不均匀。此外,毛坯的挠曲和扭曲变形量的不同也会造成加工余量不充分、不稳定,因此,在对毛坯的设计时就加以充分考虑,即在零件图样注明的非加工面处增加适当的余量。

2. 分析毛坯的装夹适应性

主要考虑毛坯在加工时定位和夹紧的可靠性与方便性,以便在一次安装中加工出较多表面。对不便装夹的毛坯,可考虑在毛坯另外增加装夹余量或工艺凸台、工艺凸耳等辅助基准(见图 3.1-7)。

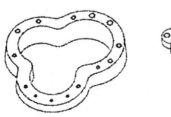

(a) 零件原始毛坯结构　　　　(b) 增加工艺凸台与辅助孔

图 3.1-7　增加毛坯辅助基准示例

3. 分析毛坯的变形、余量大小及均匀性

分析毛坯加工中与加工后的变形程度,考虑是否应采取预防性措施和补救措施。如对于热轧中、厚铝板,经淬火时效后很容易加工变形,最好采用经欲拉伸处理的淬火板坯。

对毛坯余量大小及均匀性,主要考虑在加工中要不要分层铣削,分几层铣削。在自动编程中,这个问题尤为重要。

(四) 数控铣削加工工艺过程的制定

在数控铣床及加工中心可铣削平面、平面轮廓及曲面。经粗铣的平面,尺寸精度一般可达 IT12~IT14 级,表面粗糙度可达 Ra 12.5~25;经粗、精铣的平面,尺寸精度一般可达 IT7~IT9 级,表面粗糙度可达 Ra 0.8~3.2。

1. 数控铣削加工工序安排的原则

在数控机床上特别是在加工中心上加工零件,工序十分集中,许多零件只需在一次装卡中就能完成全部工序。但是零件的粗加工,特别是铸、锻毛坯零件的基准平面、定位面等的加工应在普通机床上完成之后,再装卡到数控机床上进行加工。这样可以发挥数控机床的特点,保持数控机床的精度,延长数控机床的使用寿命,降低数控机床的使用成本。下面介绍切削加工工序安排的原则。

(1)先粗后精原则

当加工零件精度要求较高时,都要经过粗加工、半精加工、精加工阶段,如果精度要求更高,还包括光整加工等几个阶段。

(2)基准面先行原则

用作精基准的表面应先加工。任何零件的加工过程总是先对定位基准进行粗加工和精加工,例如轴类零件总是先加工中心孔,再以中心孔为精基准加工外圆和端面;箱体类零件总是先加工定位用的平面及两个定位孔,再以平面和定位孔为精基准加工孔系和其他平面。

(3)先面后孔原则

对于箱体、支架等零件,平面尺寸轮廓较大,用平面定位比较稳定,而且空的深度尺寸又是以平面为基准的,故应先加工平面,然后加工孔。

(4)先主后次原则

即先加工主要表面,然后加工次要表面。

(5)刀具集中分序法原则

即按所用刀具划分工序,用同一把刀加工完零件上所有可以完成的部位,再用第二把刀、第三把刀完成它们可以完成的其他部位。这种分序法可以减少换刀次数,缩短空程时间,减少不必要的定位误差。

总之,在数控机床上加工零件,其加工工序的划分要视加工零件的具体情况具体分析。许多工序的安排综合了上述各分序方法。

2. 数控铣削加工走刀路线的确定

走刀路线是数控加工过程中刀具相对于被加工件的运动轨迹和方向。走刀路线的确定非常重要,因为它与零件的加工精度和表面质量密切相关。确定走刀路线的一般原则如下:

① 保证零件的加工精度和表面粗糙度;

② 方便数值计算,减少编程工作量;

③ 缩短走刀路线,缩短进退刀时间和其他辅助时间;

④ 尽量减少程序段数。

在确定走刀路线时,针对数控铣削加工的特点,应重点考虑以下几个方面。

(1) 保证零件的加工精度和表面粗糙度

铣削零件轮廓时,为保证零件的加工精度与表面粗糙度要求,避免在切入切出处产生刀具的刻痕,设计刀具切入切出路线时应避免沿零件轮廓的法向切入切出。切入工件时沿切削起始点延伸线或切线方向逐渐切入工件,保证零件曲线的平滑过渡。同样,在切离工件时,也应避免在切削终点处直接抬刀,要沿着切削终点延伸线或切线方向逐渐切离工件。对于二维轮廓加工,一般要求从侧向进刀或沿切线方向进刀,尽量避免垂直进刀;退刀方式也应从侧向或切向退刀。

1) 正确选择刀具切入与切出路线

① 铣削外轮廓的进给路线

a. 铣削平面零件外轮廓时,一般采用立铣刀侧刃切削。刀具切入工件时,应避免沿零件外轮廓的法向切入,而应沿切削起始点的延伸线逐渐切入工件,保证零件曲线的平滑过渡。同理,在切离工件时,也应避免在切削终点处直接抬刀,要沿着切削终点延伸线逐渐切离工件,如图 3.1-8 所示。

b. 当用圆弧插补方式铣削外整圆时(见图 3.1-9),要安排刀具从切向进入圆周铣削加工,当整圆加工完毕后,不要在切点处直接退刀,而应让刀具沿切线方向多运动一段距离,以免取消刀补时,刀具与工件表面相碰,造成工件报废。

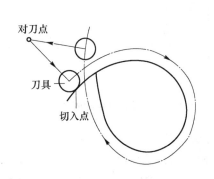

图 3.1-8 外轮廓加工刀具的切入与切出

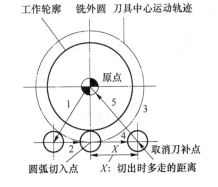

图 3.1-9 外圆铣削刀具的切入与切出

② 铣削内轮廓的进给路线

a. 铣削封闭的内轮廓表面,若内轮廓曲线不允许外延(如图 3.1-10 所示),刀具只能沿内轮廓曲线的法向切入、切出,此时刀具的切入、切出点应尽量选在内轮廓曲线两几何元素的交点处。当内部几何元素相切无交点时(如图 3.1-11 所示),为防止刀补取消时在轮廓拐角处留下凹口(如图 3.1-11(a)),刀具切入、切出点应远离拐角(如图 3.1-11(b))。

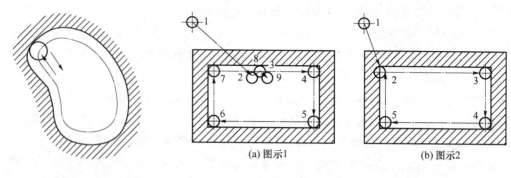

图 3.1-10 沿曲线法向进刀和退刀

图 3.1-11 矩形内轮廓加工刀具的切入和切出

(a) 图示1　　　　　(b) 图示2

b. 当用圆弧插补铣削内圆弧时也要遵循从切向切入、切出的原则,最好安排从圆弧过渡到圆弧的加工路线(如图 3.1-12 所示)提高内孔表面的加工精度和质量。

③ 铣削内槽的进给路线

对于型腔的粗铣加工,一般应先钻一个工艺孔至型腔底面(留一定的精加工余量),并扩孔,以便所使用的立铣刀能从工艺孔进刀,进行型腔粗加工,如图 3.1-13 所示。

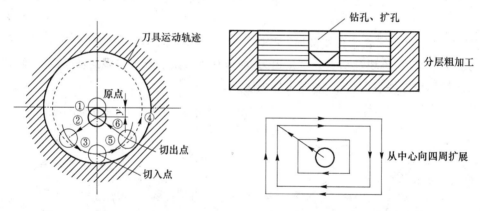

图 3.1-12 外圆铣削刀具的切入与切出

图 3.1-13 型腔的粗铣加工

型腔粗加工常用的方法有行切法、环切法和行切与环切组合形式三种,如图 3.1-14 所示。其中,图 3.1-14(a)和图 3.1-14(b)两种进给路线的共同点是都能切净内腔中的全部面积,不留死角,不伤轮廓,同时尽量减少重复进给的搭接量。不同点是行切法的进给路线比环切法短,但行切法将在每两次进给的起点与终点间留下残留面积,而达不到所要求的表面粗糙度;用环切法获得的表面粗糙度要好于行切法,但环切法需要逐次向外扩展轮廓线,刀位点计算稍微复杂一些。采用如图 3.1-14(c)所示的进给路线,即先用行切法切去中间部分余量,最后用环切法环切一刀光整轮廓表面,既能使总的进给路线较短,又能获得较好的表面粗糙度。

2) 最终轮廓一次走刀完成

数控铣削加工过程中,无论采用怎样的方法去除粗加工余量,为保证工件轮廓的表面加工后表面粗糙度要求,最终轮廓应安排在一次走刀中连续完成,以避免因刀具在切削过程中在零件轮廓表面驻刀或切削力方向的改变而留下接刀痕迹。

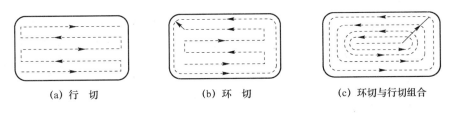

|(a) 行　切|(b) 环　切|(c) 环切与行切组合|

图 3.1 - 14　铣削内腔的三种走刀路线

3）避免引入反向间隙误差

数控机床长期使用或由于本身传动系统结构上的原因，有可能存在反向间隙误差，反向间隙误差会影响坐标轴定位精度。在孔群加工时，不但影响孔距，还会由于定位精度不高，造成加工余量不均匀，引起几何形状误差。故对于孔定位精度要求较高的零件，在安排进给路线时，应避免机械进给系统的反向间隙对加工精度的影响。如图 3.1 - 15(a)所示的孔系加工，在加工孔 5 时，X 方向的反向间隙将影响孔 5 的位置精度，因孔 5 的定位方向与孔 4 不一致，使孔 4、5 的加工间距小于孔 2、3 的间距，产生位置误差。如果改用如图 3.1 - 15(b)所示的加工路线，可以使孔的定位方向一致，从而避免了因反向间隙而造成的位置误差。

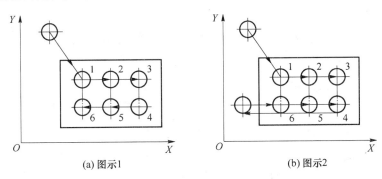

(a) 图示1　　　　　　　　　(b) 图示2

图 3.1 - 15　孔系加工路线

4）选择使工件在加工后变形最小的路线

对横截面积小的细长零件或薄板零件，应采用多次走刀加工达到最后尺寸；或采用对称去余量法安排走刀路线。

为提高工件表面的精度和减小粗糙度，可以采用多次走刀的方法，精加工余量一般以 0.2～0.5 mm 为宜。而且精铣时宜采用顺铣，以提高零件被加工表面的质量。

（2）寻求最短加工路线

确定走刀路线：在满足零件加工质量的前提下应使走刀路线最短，缩短刀具空行的时间，提高生产效率，加工如图 3.1 - 16(a)所示零件上的孔系。如图 3.1 - 16(b)所示的走刀路线为先加工完外圈孔后，再加工内圈孔。若改用如图 3.1 - 16(c)所示的走刀路线，缩短空刀时间，则可节省定位时间近一倍，提高了加工效率。

（3）铣削曲面轮廓的进给路线

铣削曲面时，常用球头刀采用"行切法"进行加工。所谓行切法是指刀具与零件轮廓的切点轨迹是一行一行的，而行间的距离是按零件加工精度的要求确定的。

对于边界敞开的曲面加工，可采用两种加工路线，如图 3.1 - 17 所示发动机大叶片，当采

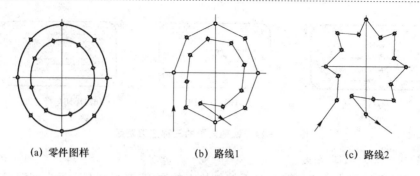

(a) 零件图样   (b) 路线1   (c) 路线2

图 3.1-16 最短走刀路线的设计

用如图 3.1-17(a)所示的加工方案时,每次沿直线加工,刀位点计算简单,程序少,加工过程符合直纹面的形成,可以准确保证母线的直线度。当采用如图 3.1-17(b)所示的加工方案时,符合这类零件数据的给出情况,便于加工后检验,叶形的准确度较高,但程序较多。由于曲面零件的边界是敞开的,没有其他表面限制,所以曲面边界可以延伸,球头刀应由边界外开始加工。

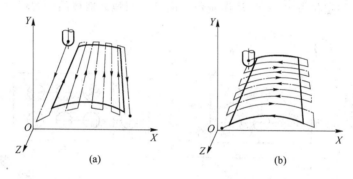

(a)   (b)

图 3.1-17 曲面加工的进给路线

(4) 顺铣和逆铣的选择

铣削有顺铣和逆铣两种方式(见图 3.1-18)。当工件表面无硬皮,机床进给机构无间隙时,应选用顺铣,按照顺铣安排进给路线。因为采用顺铣加工后,零件已加工表面质量好,刀齿磨损小。精铣时,尤其是零件材料为铝镁合金、钛合金或耐热合金时,应尽量采用顺铣。当工件表面有硬皮,机床的进给机构有间隙时,应选用逆铣,按照逆铣安排进给路线。因为逆铣时,刀齿是从已加工表面切入,不会崩刀;机床进给机构的间隙不会引起振动和爬行。

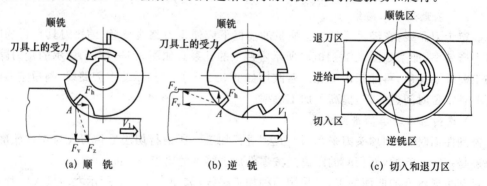

(a) 顺 铣   (b) 逆 铣   (c) 切入和退刀区

图 3.1-18 顺铣和逆铣

（五）工件装夹定位及夹具的选择

1. 数控铣削加工定位与夹紧方案的选择原则

在数控机床上加工零件时,定位安装的基本原则与普通机床相似,也要合理选择定位基准和夹紧方案,为提高数控加工效率,在确定数控铣削加工装夹方案时,主要考虑以下几个方面的问题。

① 尽量选择零件上的设计基准、工艺基准与编程计算基准统一,以减小基准不重合误差和数控编程中的计算工作量。

② 作为定位基准,尽可能做到一次装夹后能加工出全部或大部分的待加工表面,减少装夹次数,以提高加工效率和保证加工精度。

③ 避免采用占机人工调整时间长的装夹方案。

④ 夹紧力的作用点应落在工件刚性较好的部位,以保持最小的夹紧变形。

工件在加工时,切削力大,需要的夹紧力也大,必须慎重选择夹具的支撑点,使夹紧力的方向和作用点落在定位元件的支撑范围内,靠近支撑元件的几何中心或工件加工表面,并应施加于工件刚性较好的方向和部位,不能把工件加压变形。如果采取了相应措施,仍不能控制零件变形,只能将粗、精加工分开,或粗、精加工采用不同的夹紧力。

夹紧力作用点应落在零件刚性较好的部分。装夹如图 3.1-19(a)所示的薄壁套类零件,避开零件的薄弱环节,将径向夹紧改为轴向夹紧;装夹如图 3.1-19(b)所示的薄壁箱体类零件,用顶面上 3 个分布在刚性较好凸缘上的着力点,取代原集中于薄壁箱体顶面中心的一个夹紧力,将夹紧力分散;这些措施都有利于减小零件的夹紧变形。

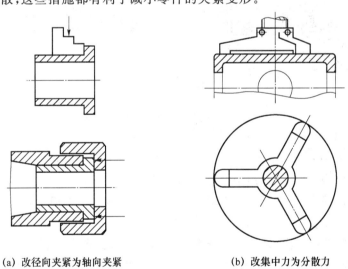

(a) 改径向夹紧为轴向夹紧　　　　　　(b) 改集中力为分散力

图 3.1-19　夹紧力作用点与夹紧变形的关系

⑤ 当必须多次安装时,应遵从基准重合原则。

2. 夹具的选择

（1）对夹具的基本要求

数控加工的特点对夹具提出了两个基本要求:一是保证夹具的坐标方向与机床的坐标方向相对固定;二是能协调零件和机床坐标系的尺寸关系。在此基础上,还应考虑以下几点:

① 为保持工件在本工序中所有需要完成的待加工面充分暴露在外,夹具要做得尽可能开敞,因此夹紧机构元件与加工面之间应保持一定的安全距离,同时要求夹紧机构元件能低则低,以防止夹具与铣床主轴套筒或刀套、刃具在加工过程中发生碰撞。

② 夹具的刚性与稳定性要好。尽量不采用在加工过程中更换夹紧点的设计,当非要在加工过程中更换夹紧点不可时,要特别注意不能因更换夹紧点而破坏夹具或工件定位精度。

③ 尽量采用组合夹具和通用夹具,避免采用专用夹具,夹具结构应力求简单。数控铣床和加工中心在加工零件时,大都采用工序集中的原则,加工的部位较多,同时批量较小,零件更换周期短,故夹具的标准化、通用化和自动化对提高加工效率及降低加工成本都有很大的作用。

④ 零件的装卸要快速、方便、可靠,以缩短机床的停顿时间,减少辅助时间。

(2)常用夹具种类

1)万能组合夹具

适合于小批量生产或研制时的中、小型工件在数控铣床上进行铣削加工。如图 3.1-20 所示的槽系组合夹具。

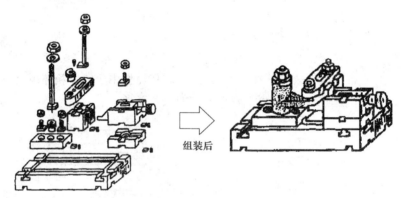

组装后

图 3.1-20   槽系组合夹具组装过程示意图

2)专用铣削夹具

这是特别为某一项或类似的几项工件设计制造的夹具,一般在年产量较大或研制时非要不可时采用。其结构固定,仅适用于一个具体零件的具体工序,这类夹具设计时应力求简化,使制造时间尽可能缩短,如图 3.1-21 所示,连杆加工的多工位专用夹具。

3)多工位夹具

如图 3.1-22 所示的多工位夹具,一次可以同时装夹多个工件,可以一面加工,一面装卸工件,有利于缩短辅助时间,提高生产率,较适宜于中批量生产。

4)气动或液压夹具

适用于生产批量较大,采用其他夹具又特别费工、费力的工件,能减轻工人劳动强度和提高生产率,但此类夹具结构较复杂,造价往往较高,而且制造周期较长。

图 3.1 - 21　连杆加工用专用夹具　　　图 3.1 - 22　多工位夹具

5）通用铣削夹具

如图 3.1 - 23 所示为通用铣削夹具。其中图 3.1 - 23(c)为分度盘，可绕水平轴和垂直轴实现按设计角度的分度工作；图 3.1 - 23(d)为两轴数控回转工作台，可用于加工在表面上成不同角度布置的孔，完成除安装平面外其余 5 面的加工。

(a) 液压三爪联动卡盘　　　(b) 平口虎钳　　　(c) 两轴分度盘　　　(d) 两轴数控回转台

图 3.1 - 23　通用铣削夹具

（3）数控铣削夹具的选择原则

在选用夹具时，通常需要考虑产品的生产批量、生产效率、质量保证及经济性，选用时可参照下列原则：

① 在单件、小批生产或新产品研制时，应广泛采用万能组合夹具，只有在组合夹具无法解决工件装夹时才考虑采用其他夹具。

② 在成批生产或加工精度要求较高时，可考虑采用专用夹具，但力求结构尽量简单。

③ 在生产批量较大时，可考虑采用多工位夹具和气动、液压夹具。

(六) 数控铣削加工刀具的选择

1. 数控铣削刀具的基本要求

（1）数控刀具的刚性要好

一是为满足提高生产率而采用大切削用量的需要；二是为适应数控铣床加工过程中难以调整切削用量的特点。

（2）数控刀具的耐用度要高

数控加工经常会出现一把铣刀需完成从粗加工到精加工的全部加工内容情况，如刀具磨损很快，就会影响工件的表面质量与加工精度，不仅会增加换刀引起的调刀与对刀次数，也会使工件表面留下因对刀误差而形成的接刀台阶，降低了工件的表面质量。

除上述两点之外，铣刀切削刃的几何角度参数的选择及排屑性能等也非常重要，切屑粘刀形成积屑瘤在数控铣削中是十分忌讳的。

总之，根据被加工工件材料的热处理状态、切削性能及加工余量选择刚性好、耐用度高的铣刀，是充分发挥数控铣床的生产效率和获得满意的加工质量的前提。

2. 常用铣刀的种类

（1）面铣刀

面铣刀主要用于面积较大的平面铣削和较平坦的立体轮廓的多坐标加工，面铣刀的圆周表面和端面上都有切削刃，圆周上的切削刃为主切削刃，端部切削刃为副切削刃。

面铣刀刀齿材料为高速钢或硬质合金。与高速钢相比，硬质合金面铣刀的铣削速度较高，可获得较高的加工效率和加工表面质量。目前应用较为广泛的是可转位硬质合金面铣刀。合金面铣刀按刀片和刀齿的安装方式不同，可分为整体焊接式、机夹焊接式和可转位式三种（见图 3.1-24）。

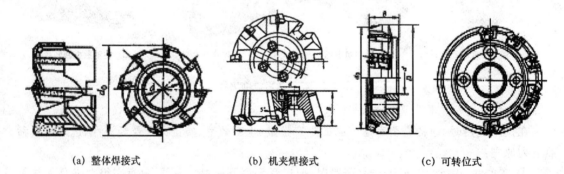

| (a) 整体焊接式 | (b) 机夹焊接式 | (c) 可转位式 |

图 3.1-24　硬质合金面铣刀

标准可转位式面铣刀的直径为 16～630 mm，选择面铣刀直径时需考虑刀具所需功率应在机床功率范围内。

1）按机床主轴选择面铣刀直径

$$面铣刀直径 D=1.5d（d 为机床主轴直径）$$

2）按工件切削宽度选择面铣刀直径

$$面铣刀直径 D=1.6B（B 为被铣削工件的切削宽度）$$

　　粗铣时,铣刀直径要选得小些,因为粗铣切削力大,选择小直径铣刀可减小切削扭矩;精铣时,铣刀直径要选大些,尽量包容工件整个加工宽度,以提高加工精度和效率,并减小相邻两次进给之间的接刀痕迹。

　　(2) 立铣刀

　　立铣刀也可称为圆柱铣刀,主要用于加工有台阶的小平面或凹槽轮廓。立铣刀圆柱表面和端面上都有切削刃,它们既可同时进行切削,也可单独进行切削。立铣刀圆柱表面的切削刃为主切削刃,端面上的切削刃为副切削刃。主切削刃一般为螺旋齿(见图3.1-25),这样可以增加切削平稳性,提高加工精度。

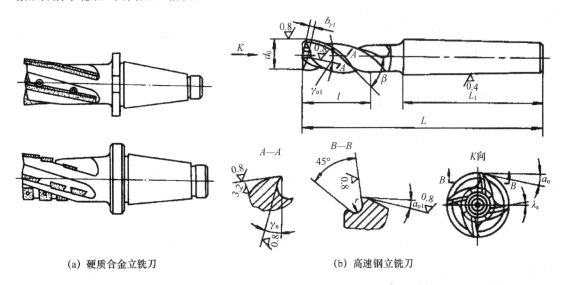

(a) 硬质合金立铣刀　　　　　　　　　　(b) 高速钢立铣刀

图 3.1-25　立铣刀

　　立铣刀按端部切削刃的不同可分为过中心刃和不过中心刃两种。过中心刃立铣刀可直接轴向进刀,由于不过中心刃立铣刀端面中心处无切削刃,所以它不能作轴向进给;按齿数可分为粗齿、中齿和细齿三种;按螺旋角大小可分为30°、40°和60°等几种形式。

　　一种先进的结构为切削刃是波形的(见图3.1-26),其特点如下:

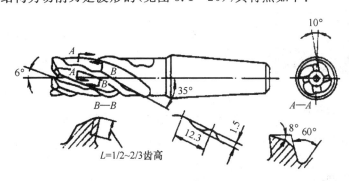

图 3.1-26　波形立铣刀

　　① 能将狭长的薄切屑变成厚而短的碎切屑,使排屑变得流畅。

　　② 比普通立铣刀容易切进工件,在相同进给量的条件下,它的切削厚度比普通立铣刀要大些,并且减小了切削刃在工件表面的滑动现象,从而延长了刀具的寿命。

③ 与工件接触的切削刃长度较短,刀具不易产生震动。

④ 由于切削刃是波形的,因而使刀刃的长度增长,所以有利于散热。

立铣刀直径的选择主要考虑工件加工尺寸的要求,并保证刀具所需功能在机床额定功率范围内,如小直径立铣刀,则主要考虑机床的最高转速能否达到刀具的最低切削速度的要求。

(3) 模具铣刀

模具铣刀由立铣刀发展而成,它是加工金属模具型面的铣刀的通称。可分为圆锥形立铣刀、圆柱形球头立铣刀和圆锥形球头立铣刀三种,其柄部有直柄、削平型直柄和莫氏锥柄。它的结构特点是球头或端面上布满了切削刃,圆周刃与球头刃圆弧连接,可以作径向和轴向进给。铣刀工作部分用高速钢或硬质合金制造。国家标准规定直径 $d = 4 \sim 63$ mm。小规格的硬质合金模具铣刀多制成整体结构(见图 3.1 - 27),$\phi 16$ mm 以上直径的,制成焊接或机夹可转位刀片结构(见图 3.1 - 28)。

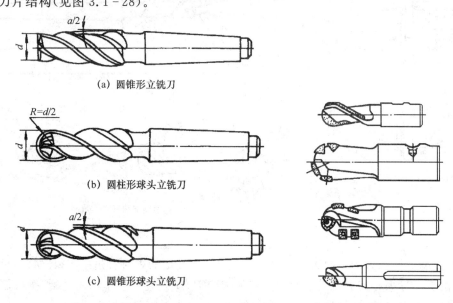

(a) 圆锥形立铣刀

(b) 圆柱形球头立铣刀

(c) 圆锥形球头立铣刀

图 3.1 - 27　高速钢模具铣刀　　　　图 3.1 - 28　硬质合金模具铣刀

(4) 键槽铣刀

图 3.1 - 29　键槽铣刀

如图 3.1 - 29 所示,它有两个刀齿,圆柱面和端面都有切削刃,端面刃延至中心,既像立铣刀,又像钻头。用键槽铣刀铣削键槽时,先轴向进给达到槽深,然后沿键槽方向铣出键槽全长。由于切削力引起刀具和工件的变形,一次走刀铣出的键槽形状误差较大,槽底一般不是直角。为此,通常采用两步法铣削键槽,即先用小号铣刀粗加工出键槽,然后以逆铣方式精加工四周,可得到真正的直角(见图 3.1 - 30)。

直柄键槽铣刀直径 $d = 2 \sim 22$ mm,锥柄键槽铣刀直径 $d = 14 \sim 50$ mm。键槽铣刀直径的偏差有 e8 和 d8 两种。键槽铣刀的圆周切削刃仅在靠近端面的一小段长度内发生磨损,重磨时,只需刃磨端面切削刃,因此重磨后铣刀直径不变。

图 3.1－30　两步法铣削键槽

（5）鼓形铣刀

如图 3.1－31 所示是一种典型的鼓形铣刀,它的切削刃分布在半径为 R 的圆弧面上,端面无切削刃。加工时控制刀具上下位置,相应改变刀刃的切削部位,可以在工件上切出从负到正的不同斜角。R 越小,鼓形刀所能加工的斜角范围越广,但所获得的表面质量也越差。这种刀具的缺点是刃磨困难,切削条件差,而且不适于加工有底的轮廓表面,主要用于对变斜角面的近似加工,如图 3.1－32 所示。

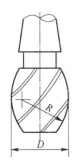

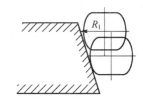

图 3.1－31　鼓形铣刀　　　　　　　　图 3.1－32　三坐标鼓形铣刀加工

（6）成形铣刀

成形铣刀一般都是为特定的工件或加工内容专门设计制造的,适用于加工平面类零件的特定形状（如角度面、凹槽面等）,也适用于特形孔或台,如图 3.1－33 所示是几种常用的成形铣刀。

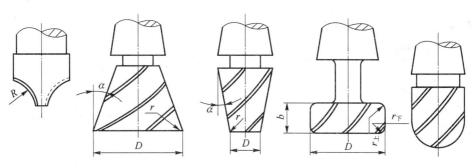

图 3.1－33　几种常用的成形铣刀

（7）锯片铣刀

锯片铣刀可分为中小型规格的锯片铣刀和大规格锯片铣刀（GB 6160—85），数控铣和加工中心主要用中小型规格的锯片铣刀。目前国外有可转位锯片铣刀生产，如图 3.1－34 所示。锯片铣刀主要用于大多数材料的切槽、切断、内外槽铣削、组合铣削、缺口实验的槽加工和齿轮毛坯粗齿加工等。

3. 常用孔加工刀具的种类

（1）数控钻头

数控钻头主要有整体式钻头和机夹式钻头两种。

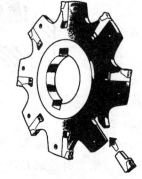

整体式钻尖切削刃由对称直线形改进为对称圆弧形，以增长切削刃、延长钻尖寿命；钻芯加厚，提高钻体刚度，用"S"形横刃替代传统横刃，减小轴向钻削阻力，延长横刃寿命；采用不同顶角阶梯钻尖及负倒角，提高分屑、断屑、钻孔性能和孔的加工精度；镶嵌模块式硬质材料齿冠；油孔内冷却及大螺旋升角（≤40°）机构等。

图 3.1－34　可转位锯片铣刀

机夹式钻头采用长方异形专用对称切削刃，钻削力径向自成平衡的可转位刀片替代其他几何形状，以减小钻削振动，提高钻尖自定心性能和孔的加工精度并延长钻尖寿命。

（2）数控铰刀

大螺旋升角（≤45°）切削刃、无刃挤压铰削及油孔内冷却的结构是数控铰刀的总体发展方向，最大铰削孔径已达 ϕ400 mm。

（3）镗　刀

镗刀适用于各种类孔的镗削加工能力，最小镗孔直径为 3 mm，最大镗孔直径可达 975 mm。国际已研究出采用工具系统内部推拉杆轴向运动或高速离心力带平衡滑块移动，一次走刀完成镗削球面（曲面）、斜面及反向走刀切削加工零件背面的数控智能精密镗刀，代表了镗刀的发展方向。

（4）丝　锥

目前已研发出大螺旋升角（≤45°）丝锥，其切削锥根据被加工零件材料软、硬状况来设计专用刃倾角、前角等。

（5）扩（锪）孔刀

多刃、配置各种数控工具柄及模块式可调微型刀夹的结构形式是目前扩（锪）孔刀具发展的方向。

（6）复合（组合）孔加工数控刀具

该类数控刀具集合了钻头、铰刀、扩（锪）孔刀及挤压刀具的新结构、新技术。目前，整体式、机夹式和专用复合（组合）孔加工数控刀具研发速度很快。总体而言，采用镶嵌模块式硬质（超硬）材料切削刃（含齿冠）及油孔内冷却、大螺纹槽等结构是其目前发展趋势，如图 3.1－35 所示。

4. 铣削刀具的选择

（1）铣刀类型的选择

选择铣刀时首先要注意根据加工工件材料的热处理状态、切削性能及加工余量，选择刚性好、耐用度高的铣刀，同时铣刀类型应与工件表面形状和尺寸相适应。加工较大的平面应选择面铣刀;加工凹槽、较小的台阶面及平面轮廓应选择立铣刀;加工空间曲面、模具型腔或凸模成形表面等多选用模具铣刀;加工封闭的键槽选择键槽铣刀;加工变斜角零件的变斜角面应选用鼓形铣刀;加工各种直的或圆弧形的凹槽、斜角面和特殊孔等应选用成形铣刀。根据不同的加工材料和加工精度要求,应选择不同参数的铣刀进行加工。如图 3.1-36 所示是铣削加工时工件形状和刀具形状的关系。

图 3.1-35　复合孔加工刀具

图 3.1-36　加工形状与铣刀种类的关系

（2）刀片断屑槽的选择

随着切削加工技术的快速发展,用于铣削的切削刃槽形和性能得到很大的提高,很多最新刀片都有轻型、中型和重型加工能力的基本槽形,如图 3.1-37 所示。

（3）刀具齿数的选择

铣刀齿数多,可提高生产效率,但受容屑空间、刀齿强度、机床功率及刚性的限制,不同直径的可转位铣刀齿数均有相应的规定,同一直径的可转位铣刀一般有粗齿、中齿和密齿三种类型。

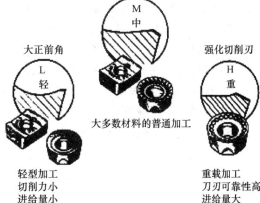

图 3.1-37　刀片的三种基本槽形

1）粗齿铣刀

粗齿铣刀容屑空间较大,适用于大余量粗加工和软材料或切削宽度较大的铣削加工。当机床功率较小时,为使切削稳定,也常选用粗齿铣刀。

2）中齿铣刀

中齿铣刀是通用型铣刀,使用范围广,具有较高的金属切除率和切削稳定性,粗铣带断续表面的铸件和在平稳条件下铣削钢件时,可选用中齿铣刀。

3）密齿铣刀

密齿铣刀的每齿进给量较小,主要用于加工铸铁、铝合金和有色金属的大进给速度切削加工。

（4）主偏角的选择

铣刀的各种角度中最主要的是主偏角和前角（制造厂的产品样本中对刀具的主偏角和前角一般都有明确说明）,主偏角对径向切削力和切削深度影响很大。径向切削力的大小直接影响切削功率和刀具的抗振性能。铣刀的主偏角越小,其径向切削力越小,抗振性也越好,但切削深度也随之减小。可转位铣刀的主偏角有 90°、88°、75°、70°、60° 和 45° 等几种。

主偏角对切削力的影响如图 3.1－38 所示。90° 主偏角刀具适用于薄壁零件、装夹较差的零件或要求准确 90° 角成形场合,由于该类刀具的径向切削力等于切削力,进给抗力大,易震动,因而要求机床具有较大功率和足够的刚性;45° 主偏角刀具为一般加工首选,此类铣刀的径向切削力大幅度减小,约等于轴向切削力,切削载荷分布在较长的切削刃上,具有很好的抗震性,适用于镗铣床主轴悬伸较长的加工场合,用该类刀具加工平面时,刀片破损率低,耐用度高,在加工铸铁件时,工件边缘不易产生崩刃;圆刀片刀具可多次转位,切削刃强度高,随切深的变化,其主偏角和切屑负载均会变化,切屑很薄,最适合加工耐热合金。

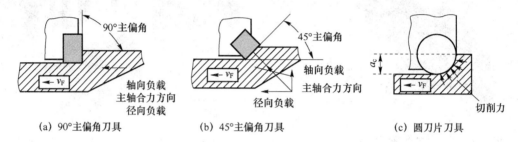

(a) 90°主偏角刀具　　　(b) 45°主偏角刀具　　　(c) 圆刀片刀具

图 3.1－38　主偏角对切削力的影响

(5) 立铣刀主要参数的选择

选取立铣刀可按下述推荐的经验数据进行(参见图 3.1－39)。

① 刀具半径 r:应小于零件内腔轮廓面的最小曲率半径 ρ_{min},一般取 $r=(0.8\sim 0.9)\rho_{min}$;

② 零件加工高度:$H \leqslant (1/4\sim 1/6)r$,保证刀具有足够的刚度;

③ 盲孔(深槽):选取 $l=H+(5\sim 10)$ mm(l 为刀具切削部分长度,H 为零件高度);

④ 加工外形及通孔(槽):取 $l=H+r_\varepsilon+(5\sim 10)$ mm(r_ε 刀尖半径);

⑤ 加工肋:刀具直径 $D=(5\sim 10)b$ (b 为肋的厚度);

⑥ 粗加工内腔轮廓面时铣刀最大直径 D_{max} 按下式计算:

$$D_{max}=\frac{2[\delta\sin(\varphi/2)-\delta_1]}{1-\sin(\varphi/2)}+D$$

式中,D—轮廓的最小凹圆角直径;

δ—圆角邻边夹角等分线上的精加工余量;

δ_1—精加工余量;

φ—圆角两邻边的最小夹角。(参见图 3.1－40)

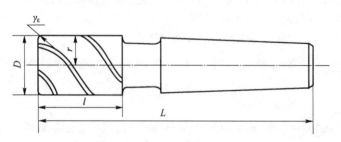

图 3.1－39　立铣刀尺寸选择

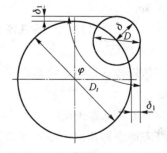

图 3.1－40　粗加工立铣刀直径估算

（七）数控铣削加工的切削用量选择

1. 背吃刀量（端铣）或侧吃刀量（圆周铣）

背吃刀量 a_p 为平行于铣刀轴线测量的切削层尺寸，单位为 mm。端铣时，a_p 为切削层深度；而圆周铣削时，a_p 为被加工表面的宽度，如图 3.1－41 所示。

侧吃刀量 a_e 为垂直于铣刀轴线测量的切削层尺寸，单位为 mm。端铣时，a_e 为被加工表面宽度；而圆周铣削时，a_e 为切削层深度，如图 3.1－41 所示。

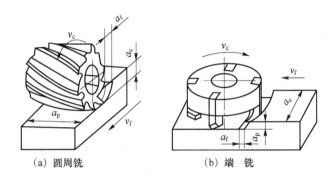

（a）圆周铣　　　　　　　　　（b）端　铣

图 3.1－41　铣削切削用量

背吃刀量或侧吃刀量的选取主要由加工余量和对表面质量的要求决定：

① 当工件表面粗糙度值要求为 Ra 12.5～25 μm 时，如果圆周铣削的加工余量小于 5 mm，端铣的加工余量小于 6 mm，则粗铣一次进给就可以达到要求。但在余量较大，工艺系统刚性较差或机床动力不足时，可分两次进给完成。

② 当工件表面粗糙度值要求为 Ra 6.2～12.5 μm 时，可分粗铣和半精铣两步进行。粗铣时背吃刀量或侧吃刀量选取同前。粗铣后留 0.5～1.0 mm 余量，在半精铣时切除。

③ 当工件表面粗糙度值要求为 Ra 0.8～6.2 μm 时，可分粗铣、半精铣、精铣三步进行。半精铣时背吃刀量或侧吃刀量取 1.5～2 mm；精铣时圆周铣侧吃刀量取 0.6～0.5 mm，面铣刀背吃刀量取 0.5～1 mm。

2. 进给速度

进给速度 v_f 是单位时间内工件与铣刀沿进给方向的相对位移，单位为 mm/min。它与铣刀转速 n、铣刀齿数 Z 及每齿进给量 f_z（单位为 mm/z）的关系如下：

$$v_f = f_z \times Z \times n$$

进给速度是影响刀具耐用度的主要因素，在确定进给速度时，要综合考虑零件的加工精度、表面粗糙度、刀具及工件的材料等因素，参考切削用量手册选取。

粗加工时，主要考虑机床进给机构和刀具的强度、刚度等限制因素，根据被加工零件的材料、刀具尺寸和已确定的背吃刀量，选择进给速度。

半精加工和精加工时，主要考虑被加工零件的精度、表面粗糙度、工件和刀具的材料性能等因素的影响。工件表面粗糙度值越小，进给速度也越小；工件材料的硬度越高，进给速度越低；工件、刀具的刚度和强度越低时，进给速度应选较小值。工件表面的加工余量大时，切削进给速度应低一些；反之，工件的加工余量小时，切削进给速度应高一些。常用铣刀的每齿进给量如表 3.1－1 所列。

表 3.1-1　铣刀每齿进给量 f_z 参考值

工件材料	铣刀每齿进给量 $f_z/(\mathrm{mm} \cdot \mathrm{z}^{-1})$			
	粗　铣		精　铣	
	高速钢铣刀	硬质合金铣刀	高速钢铣刀	硬质合金铣刀
钢	0.10～0.15	0.10～0.25	0.02～0.05	0.10～0.15
铸　铁	0.12～0.20	0.15～0.30		

3. 切削速度

铣削的切削速度计算公式为

$$v_c = \frac{C_V d^q}{T^m f_z{}^{y_v} a_P{}^{x_v} a_e{}^{p_v} Z^{x_v} 60^{1-m}} K_V$$

由式可知铣削的切削速度与刀具耐用度 T、每齿进给量 f_z、背吃刀量 a_P、侧吃刀量 a_e 以及铣刀齿数 Z 成反比,而与铣刀直径 d 成正比。其原因为 f_z、a_P、a_e 和 Z 增大时,刀刃负荷增加,而且同时工作齿数也增多,使切削热增加,刀具磨损加快,从而限制了切削速度的提高。刀具耐用度的提高使允许使用的切削速度降低。但是加大铣刀直径 d 则可改善散热条件,因而可提高切削速度。

式中的系数及指数是经过试验求出的,可参考有关切削用量手册选用。常用工件材料的铣削速度参考值如表 3.1-2 所列。

4. 主轴转速的确定

主轴转速 n 可根据切削速度和刀具直径按下式计算:

$$n = \frac{1\,000 v_c}{\pi D}$$

式中,n 为主轴转速,单位为 r/min;v_c 为切削速度,单位为 m/min;D 为刀具直径,单位为 mm。

表 3.-2　各种常用工件材料的铣削速度参考值

工件材料	硬度(HB)	铣削速度/$(\mathrm{m} \cdot \mathrm{min}^{-1})$		工件材料	硬度(HB)	铣削速度/$(\mathrm{m} \cdot \mathrm{min}^{-1})$	
		高速钢铣刀	硬质合金铣刀			高速钢铣刀	硬质合金铣刀
低、中碳钢	＜220	21～40	80～150	工具钢	200～250	12～24	36～84
	225～290	15～36	40～75	灰铸铁	100～140	24～36	110～115
	300～425	9～20	60～132		150～225	15～21	60～110
高碳钢		18～36	60～132		230～290	9～18	45～90
	225～325	14～24	53～105		300～320	5～10	21～30
	325～375	9～12	36～48	可锻铸铁	110～160	42～50	100～200
	375～425	6～10	36～45		160～200	24～36	83～120
合金钢	＜220	15～36	55～120		200～240	15～24	72～110
	225～325	10～24	40～80		240～280	9～21	40～60
	325～425	6～9	30～60	铝镁合金	95～100	180～600	360～600

(八) 数控铣削编程原点的选择与几何尺寸的处理方法

从理论上讲编程原点选在零件上的任何一点都可以,但实际上,为了换算尺寸尽可能简便,减少计算误差,应选择一个合理的编程原点。

1. 数控铣削编程原点的选择

铣削零件的编程原点,X、Y 向零点一般可选在设计基准或工艺基准的端面或孔的中心线上,对于有对称部分的工件,可以选在对称面上,以便用镜像等指令来简化编程。Z 向的编程原点,习惯选在工件上表面,这样当刀具切入工件后 Z 向尺寸字均为负值,以便于检查程序。

编程原点选定后,就应把各点的尺寸换算成以编程原点为基准的坐标值。为了在加工过程中有效地控制尺寸公差,按尺寸公差的中值来计算坐标值。

2. 零件几何尺寸的处理方法

数控加工程序是以准确的坐标点来编制的,零件图中各几何元素间的相互关系应明确。如图 3.1－42 所示,由于零件轮廓各处尺寸公差带不同,那么,用同一把铣刀、同一个刀具半径补偿值编程加工时,就很难同时保证各处尺寸在尺寸公差范围内,需对其尺寸公差带进行调整,一般采取的方法是:在保证零件极限尺寸不变的前提下,在编程计算时,改变轮廓尺寸并移动公差带,如图 3.1－42 所示的括号内的尺寸,编程时按调整后的基本尺寸进行,这样,在精加工时用同一把刀具,采用相同的刀补值,既保证了加工质量,又简化了程序。

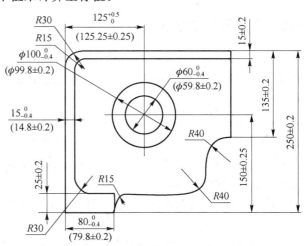

图 3.1－42　零件尺寸公差带的调整

三、项目实施

下面以如图 3.1－1 所示泵盖为例,分析泵盖的数控铣削加工工艺(小批量生产)。

(一) 零件图工艺分析

该零件主要由平面、外轮廓以及孔系组成。其中 ϕ32H7 和 2－ϕ6H8 三个内孔的表面粗糙度要求较高,为 Ra 1.6;而 ϕ12H7 内孔的表面粗糙度要求更高,为 Ra 0.8;ϕ32H7 内孔表面对 A 面有垂直度要求,上表面对 A 面有平行度要求。该零件材料为铸铁,切削加工性能较好。

根据上述分析,ϕ32H7 孔、2－ϕ6H8 孔与 ϕ12H7 孔的粗、精加工应分开进行,以保证表面粗糙度要求。同时以底面 A 定位,提高装夹刚度以满足 ϕ32H7 内孔表面的垂直度要求。

(二) 选择加工方法

① 上、下表面及台阶面的粗糙度要求为 Ra 3.2,可选择"粗铣—精铣"方案。

② 孔加工方法的选择:

a. 孔 $\phi 32H7$,表面粗糙度为 $Ra\,1.6$,选择"钻—粗镗—半精镗—精镗"方案。

b. 孔 $\phi 12H7$,表面粗糙度为 $Ra\,0.8$,选择"钻—粗铰—精铰"方案。

c. 孔 $6-\phi 7$,表面粗糙度为 $Ra\,6.2$,无尺寸公差要求,选择"钻—铰"方案。

d. 孔 $2-\phi 6H8$,表面粗糙度为 $Ra\,1.6$,选择"钻—铰"方案。

e. 孔 $\phi 18$ 和 $6-\phi 10$,表面粗糙度为 $Ra\,12.5$,无尺寸公差要求,选择"钻孔—锪孔"方案。

f. 螺纹孔 $2-M16-H7$,采用先钻底孔,后攻螺纹的加工方法。

(三)确定装夹方案

该零件毛坯的外形比较规则,因此在加工上下表面、台阶面及孔系时,选用平口虎钳夹紧;在铣削外轮廓时,采用"一面两孔"定位方式,即以底面 A、$\phi 32H7$ 孔和 $\phi 12H7$ 孔定位。

(四)确定加工顺序及走刀路线

按照基面先行、先面后孔、先粗后精的原则确定加工顺序,详见表 3.1-4 泵盖零件数控加工工序卡。外轮廓加工采用顺铣方式,刀具沿切线方向切入与切出。

(五)刀具选择

① 零件上、下表面采用端铣刀加工,根据侧吃刀量选择端铣刀直径,使铣刀工作时有合理的切入/切出角;且铣刀直径应尽量包容工件整个加工宽度,以提高加工精度和效率,并减小相邻两次进给之间的接刀痕迹。

② 台阶面及其轮廓采用立铣刀加工,铣刀半径只受轮廓最小曲率半径限制,取 $R=6$ mm。

③ 孔加工各工步的刀具直径根据加工余量和孔径确定。

该零件加工所选刀具详见表 3.1-3 泵盖数控加工刀具卡片。

表 3.1-3 泵盖数控加工刀具卡片

产品名称		零件名称	泵 盖	零件图号		01
序 号	刀具编号	刀具规格名称	数 量	加工表面		备 注
1	T01	$\phi 125$ 硬质合金端面铣刀	1	铣削上、下表面		
2	T02	$\phi 12$ 硬质合金立铣刀	1	铣削台阶面及其轮廓		
3	T03	$\phi 6$ 中心钻	1	钻中心孔		
4	T04	$\phi 27$ 钻头	1	钻 $\phi 62H7$ 底孔		
5	T05	内孔镗刀	1	粗镗半精镗和精镗 $\phi 62H7$		
6	T06	$\phi 11.8$ 钻头	1	钻 $\phi 12H7$ 底孔		
7	T07	$\phi 18\times 11$ 锪钻	1	锪 $\phi 18$ 孔		
8	T08	$\phi 12$ 铰刀	1	铰 $\phi 12H7$ 孔		
9	T09	$\phi 14$ 钻头	1	钻 $2-M16$ 螺纹底孔		
10	T10	90°倒角铣刀	1	$2-M16$ 螺孔倒角		

产品名称			零件名称	泵 盖	零件图号		01
序 号	刀具编号	刀具规格名称		数 量	加工表面		备 注
11	T11	M16 机用丝锥		1	攻 2-M16 螺纹孔		
12	T12	$\phi6.8$ 钻头		1	钻 6-$\phi7$ 底孔		
13	T13	$\phi10\times5.5$ 锪钻		1	锪 6-$\phi10$ 孔		
14	T14	$\phi7$ 铰刀		1	铰 6-$\phi7$ 孔		
15	T15	$\phi5.8$ 钻头		1	钻 2-$\phi6$H8 底孔		
16	T16	$\phi6$ 铰刀		1	铰 2-$\phi6$H8 孔		
17	T17	$\phi65$ 硬质合金立铣刀		1	铣削外轮廓		
编 制		审 核		批 准	年 月 日	共 张	第 张

（六）切削用量的选择

该零件材料切削性能较好，铣削平面、台阶面及轮廓时，留 0.5 mm 精加工余量；孔加工精镗余量留 0.2 mm、精铰余量留 0.1 mm。

选择主轴转速与进给速度时，先查切削用量手册，确定切削速度与每齿进给量，然后由式 $v_c=\pi d_n/1\,000$，$v_f=n_z f_z$ 计算主轴转速与进给速度（计算过程略）。

（七）拟定数控铣削加工工序卡

为更好地指导编程和加工操作，把该零件的加工顺序、所用刀具和切削用量等参数编入如表 3.1 - 4 所列的泵盖数控加工工序卡片中。

表 3.1 - 4 泵盖数控加工工序卡

单位名称		产品名称或代号			零件名称		零件图号
					泵盖		
工序号	程序编号	夹具名称			使用设备	车 间	
		平口虎钳和一面两销自制夹具					
工步号	工步内容	刀具号	刀具规格/mm	主轴转速/ （r·min^{-1}）	进给速度/ （mm·min^{-1}）	背吃刀量/ mm	备 注
1	粗铣定位基准面 A	T01	$\phi125$	180	40	2	自动
2	精铣定位基准面 A	T01	$\phi125$	180	25	0.5	自动
3	粗铣上表面	T01	$\phi125$	180	40	2	自动
4	精铣上表面	T01	$\phi125$	180	25	0.5	自动
5	粗铣台阶面及其轮廓	T02	$\phi12$	900	40	4	自动
6	精铣台阶面及其轮廓	T02	$\phi12$	900	25	0.5	自动
7	钻所有孔的中心孔	T06	$\phi6$	1 000			自动

工步号	工步内容	刀具号	刀具规格/mm	主轴转速/ (r·min⁻¹)	进给速度/ (mm·min⁻¹)	背吃刀量/ mm	备注
8	钻 φ32H7 底孔至 φ27	T04	φ27	200	40		自动
9	粗镗 φ32H7 孔至 φ60	T05		500	80	1.5	自动
10	半精镗 φ32H7 孔至 φ61.6	T05		700	70	0.8	自动
11	精镗 φ32H7 孔	T05		800	60	0.2	自动
12	钻 φ12H7 底孔至 φ11.8	T06	φ11.8	600	60		自动
13	锪 φ18 孔	T07	φ18×11	150	60		自动
14	粗铰 φ12H7	T08	φ12	100	40	0.1	自动
15	精铰 φ12H7	T08	φ12	100	40		自动
16	钻 2－M16 底孔至 φ14	T09	φ14	450	60		自动
17	2－M16 底孔倒角	T10	90°倒角铣刀	600	40		手动
18	攻 2－M16 螺纹孔	T11	M16	100	200		自动
19	钻 6－φ7 底孔至 φ6.8	T12	φ6.8	700	70		自动
20	锪 6－φ10 孔	T16	φ10×5.5	150	60		自动
21	铰 6－φ7 孔	T14	φ7	100	25	0.1	自动
22	钻 2－φ6H8 底孔至 5.8	T15	φ5.8	900	80		自动
23	铰 2－φ6H8 孔	T16	φ6	100	25	0.1	自动
24	一面两孔定位粗铣外轮廓	T17	φ65	600	40	2	自动
25	精铣外轮廓	T17	φ65	600	25	0.5	自动
编 制		审 核		批 准		年 月 日	共 页	第 页

小 结

本章主要介绍了数控铣床的工艺装备、数控铣床加工工艺的制定等,并介绍了典型零件的数控铣削加工工艺。重点应掌握数控铣床加工工艺的制定等内容。数控铣削的工艺问题是数控加工中最复杂的,也是应用最广泛的加工方法。工艺设计应从普通加工出发,结合数控加工的特点进行学习。

思考与习题

一、判断题(请将判断结果填入括号中,正确的填"√",错误的填"×")

1.( )数控机床的进给路线不但是作为编程轨迹计算的依据,而且还会影响工件的加工精度和表面粗糙度。

2.( )铣床主轴的转速越高,则铣削速度越大。

3.( )选择合理的刀具几何角度以及适当的切削用量都能大大提高刀具的使用寿命。

4.( )数控机床对刀具材料的基本要求是高的硬度、高的耐磨性、高的红硬性和足够的强度和韧性。

5.( )端铣刀的端面与柱面均有刃口。

二、选择题(将正确答案的序号填写在括号中)

1. 铣刀直径为 50 mm,铣削铸铁时其切削速度为 20 m/min,则其主轴转速为每分钟(　　)。

A. 60 转　　　　　　B. 120 转　　　　　　C. 240 转　　　　　　D. 480 转

2. 在铣削工件时,若铣刀的旋转方向与工件的进给方向相反称为(　　)。

A. 顺铣　　　　　　B. 逆铣　　　　　　C. 横铣　　　　　　D. 纵铣

3. 进行轮廓铣削时,应避免(　　)和(　　)工件轮廓。

A. 切向切入　　　　B. 法向切入　　　　C. 法向退出　　　　D. 切向退出

4. 铣削凹模型腔封闭内轮廓时,刀具只能沿轮廓曲线的法向切入或切出,刀具的切入切出点应选在(　　)。

A. 圆弧位置　　　　　　　　　　　B. 直线位置

C. 两几何元素交点位置　　　　　　D. 圆心位置

5. 一般铣削较大平面时,宜选用(　　)。

A. 侧铣刀　　　　　　B. 面铣刀　　　　　　C. 端铣刀　　　　　　D. 角铣刀

三、问答题

1. 数控铣削适合加工什么样的零件? 如何选择数控铣削加工的内容?

2. 数控铣削加工工艺性分析包括哪些内容?

3. 零件侧面与底面之间的转接圆弧半径值大小对加工有什么影响?

4. 反向间隙误差是怎样产生的? 如何避免引入反向间隙误差?

5. 顺铣和逆铣的概念是什么? 顺铣和逆铣对加工质量有什么影响? 如何在加工中实现顺铣或逆铣?

四、项目训练题

1. 如图 3.1－43 所示为盖板零件,零件材料为 HT200,毛坯尺寸为 165 mm×165 mm×18 mm,小批量生产,试分析其数控铣床加工工艺过程。

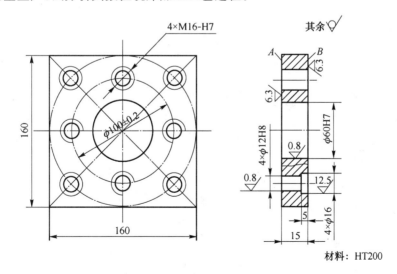

图 3.1－43　项目训练题 1

2. 如图 3.1-44 所示零件,毛坯尺寸为 165 mm×125 mm×30 mm,数量 10 件,试分析其数控铣床加工工艺过程。

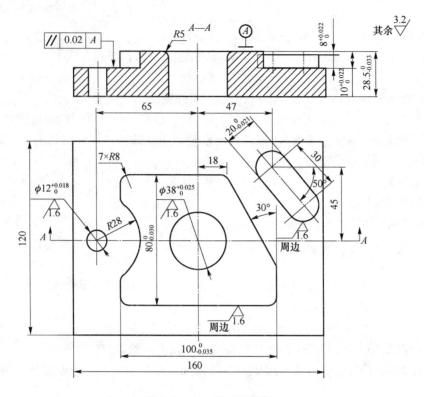

图 3.1-44   项目训练题 2

项目二 平面凸轮廓类零件的加工工艺及编程

【知识目标】

① 掌握数控平面铣削加工方法、面铣刀的选用、切削路线的制定和切削用量的原则；

② 掌握数控平面铣削加工中常用的加工指令 G00/G01/G02/G03/G41/G42/G40/G54/G90/G17/G18/G19 等的编程格式及应用；

③ 掌握仿真加工的基本操作。

【能力目标】

① 能分析零件图样，正确拟定合理的加工工艺；正确选择设备、刀具、夹具及切削用量，能编制数控加工工艺卡；

② 能综合应用数控铣削相关知识，通过对工艺的制定，完成平面轮廓类零件的编程，并能实现仿真加工。

轮廓加工主要是指用圆柱形铣刀的周刃切削工件，成形一定尺寸和形状的轮廓。轮廓加工一般根据轮廓的基点坐标编程，用刀具半径补偿的方式使刀具刀心向工件一侧偏移，以切削成形准确的轮廓轨迹。可以用同一程序段，通过改变刀具半径补偿值来粗、精铣切削，实现粗加工和精加工。

一、项目导入

数控机床加工零件，一般需经过 4 个工作环节：确定工艺方案、编写加工程序、零件实际加工和产品测量检验。本项目主要学习平面轮廓零件的数控加工工艺制定和程序编制。

如图 3.2-1 所示为平面外轮廓铣削零件图，零件材料为硬铝 LY12，切削性能较好，加工部分凸台和轮廓出两段 $R22$ mm 的凹圆弧、两段 $R15$ mm 的凸圆弧、6 段直线构成，厚度 6 mm。图中主要尺寸注明公差要考虑精度问题。零件毛坯 90 mm×90 mm×30 mm 的方料，已完成上下平面及周边侧面的加工（在普通机床）。要求分析加工工艺，完成加工程序的编制并进行数控仿真。

二、相关知识

平面凸轮廓类零件包括平面铣削和与底面垂直的侧壁外表面铣削加工。分析铣削加工质量应考虑：加工的表面粗糙度、加工面相对基准面的尺寸精度和形位公差等要求。

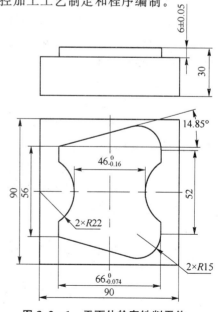

图 3.2-1 平面外轮廓铣削零件

(一) 平面铣削工艺设计

1. 平面铣削方法

在铣削上获得平面的方法有两种:周铣和端铣。用分布于铣刀圆柱面上的刀齿进行的铣削称为周铣;用分布于铣刀端面上的刀齿进行的铣削称为端铣,如图 3.2－2 所示。

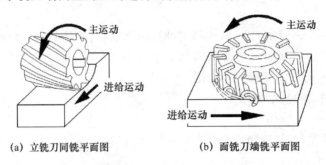

(a) 立铣刀同铣平面图   (b) 面铣刀端铣平面图

图 3.2－2 平面铣削方法

铣平面时,端铣的生产效率和铣削质量都比周铣高,所以平面铣削应尽量选择端铣方法。一般大面积的平面铣削使用面铣刀,在小面积平面铣削也可使用立铣刀端铣。

2. 刀具的选择

平面轮廓类零件加工常用刀具为面铣刀和立铣刀。较大平面的铣削选用面铣刀;铣削带凸台的小平面可凹槽时选择立铣刀。

(1) 面铣刀的选择

面铣刀的圆周表面和端面上都有切削刃,标准面铣的直径为 16～630 mm。选择面铣刀直径时,主要考虑刀具所需功率应在机床功率范围之内。若以机床主轴直径作为选择的依据,则面铣的直径可按 1.5 倍机床主轴的直径选取;批量生产时,也可按工件切削宽度的 1.6 倍选择刀具直径。

粗铣时,铣刀直径要选得小些,因为粗铣切削力大,选择小直径铣刀可减小切削扭矩;精铣时,铣刀直径要选大些,尽量包容工件整个加工宽度,以提高加工精度和效率,并减小相邻两次进给之间的接刀痕迹。

(2) 立铣刀的选择

立铣刀直径的选择主要考虑工件加工尺寸的要求,并保证刀具所需功能在机床额定功率范围内,小直径立铣刀,则主要考虑机床的最高转速能否达到刀具的最低切削速度的要求。另外刀具直径选择时还需考虑:刀具半径 R 应小于内凹轮廓的最小曲率半径 ρ_{min},一般可取 $R = (0.8～0.9)\rho_{min}$;如果 ρ_{min} 过小,为提高加工效率,则可先采用较大直径的刀具进行粗加工,然后按上述条件选择刀具,对轮廓进行连续的精加工。

3. 走刀路线的设计

(1) 平面铣削的路线

铣削无边界平面时,常选用面铣刀行切法(z 字形)走刀加工;铣削有边界的平面时,常用的走刀路线有行切、切环和环行组合形式。无论采用哪种方法,刀具在径向上要有一定的重合度,以消除刀具圆角或倒角处的残留余量。

平面铣削中,刀具相对于工件的位置选择是否适当将影响切削加工的状态和加工质量,现分析如图3.2-3所示面铣刀进入工件材料时的位置对加工的影响。

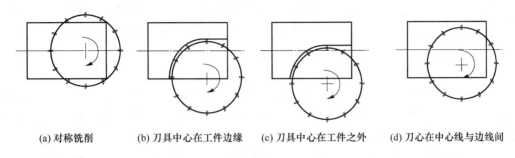

(a) 对称铣削　　　(b) 刀具中心在工件边缘　　(c) 刀具中心在工件之外　　(d) 刀心在中心线与边线间

图 3.2-3　铣削中刀具相对于工件的位置

1) 刀心轨迹与工件中心线重合

如图3.2-3(a)所示,刀具中心轨迹与工件中心线重合。单次平面铣削时,当刀具中心处于工件中间位置时,容易引起颤振,从而影响表面加工质量,因此,应该避免刀具中心处于工件中间位置。

2) 刀心轨迹与工件边缘重合

如图3.2-3(b)所示,当刀心轨迹与工件边缘线重合时,切削向刀片进入工件材料时的冲击力最大,是最不利刀具寿命和加工质量的情况。因此应该避免刀具中心线与工件边缘线重合。

3) 刀心轨迹在工件边缘外

如图3.2-3(c)所示,刀心轨迹在工件边缘外时,刀具刚刚切入工件时,刀片相对工件材料冲击速度大,引起碰撞力也较大。容易使刀具破损或产生缺口,基于此,拟定刀心轨迹时,应避免刀心在工件之外。

4) 刀心轨迹在工件边缘与中心线间

如图3.2-3(d)所示,当刀心处于工件内时,已切入工件材料向刀片承受最大切削力,而刚切入工件的刀片将受力较小,引起碰撞力也较小,从而可延长刀片寿命,且引起的震动也小一些。

由上分析可见:拟定面铣刀路时,应尽量避免刀心轨迹与工件中心线重合、刀心轨迹与工件边缘重合、刀心轨迹在工件边缘外的三种情况,设计刀心轨迹在工件边缘与中心线间是理想的选择。

(2) 轮廓铣削的路线

铣削平面零件外轮廓时,一般采用立铣刀侧刃切削。刀具切入工件时,应尽量沿外轮廓曲线延长线切入或沿切入点的切线方向切入,并避免在轮廓加工过程中突然停刀,防止因切削力的变化,改变系统的平衡状态,使刀具在进给停顿处留下驻刀痕,影响零件的表面质量。

4. 平面铣削用量

铣削用量选择是否合理,将直接影响铣削加工的质量。平面铣削分粗铣、半精铣和精铣三种情况。粗铣时,铣削用量选择侧重考虑刀具性能、工艺系统刚性、机床功率和加工效率等因素;精铣时,侧重考虑表面加工精度的要求。

(1) 平面粗铣用量

粗铣加工时,余量大,要求低,铣削用量的选择时主要考虑工艺系统刚性、刀具使用寿命、机床功率和工件余量大小等因素。

首先决定较大的 Z 向切深和切削宽度。铣削无硬皮的钢料,Z 向切深一般选择 3~5 mm,铣削铸钢或铸铁时,Z 向切深一般选择 5~7 mm。切削宽度可根据工件加工面的宽度尽量一次铣出,当切削宽度较小时,Z 向切深可相应增大。

(2) 平面精铣用量

当表面粗糙度要求为 Ra 1.6~3.2 μm 时,平面一般采用粗、精铣两次加工。经过粗铣加工,精铣加工的余量为 0.5~2 mm,考虑表面质量要求,选择较小的每齿进给量。此时加工余量比较小,因此可尽量选较高铣削速度。

表面质量要求较高(Ra 0.4~0.8 μm),表面精铣时的深度选择为 0.5 mm 左右。每齿进给量一般选较小值,高速钢铣刀为 0.02~0.05 mm/r,硬质合金铣刀为 0.10~0.15 mm/r。铣削速度在推荐范围内选最大值。

(二) 数控系统的相关功能指令

1. G 功能

准备功能是使机床或数控系统建立起某种加工方式的指令。不同的系统各指令功能会有所区别,所以在操作一台新的数控机床前一定要首先阅读机床操作说明书。本书介绍的 G 指令是 FANUC 0i MC 系统常用的 G 指令。准备功能 G 代码表见表 3.2-1。

关于 G 代码,有以下几点需说明:

① G 代码按其功能的不同分为若干组。G 代码有两类:模态式 G 代码和非模态式 G 代码。其中,非模态式 G 代码只限于在被指定的程序段中有效,模态式 G 代码具有续效性,在后续程序段中,只要同组其他 G 代码未出现之前一直有效。00 组的 G 代码为非模态,其他均为模态 G 代码。

② 不同组的 G 代码在同一个程序段中可以指令多个,但如果在同一个程序段中指令了两个或两个以上属于同一组的 G 代码时,只有最后那个 G 代码有效。

③ 表中带有"★"的 G 代码是数控机床的默认状态,即数控机床的开机状态。

④ 在固定循环中,如果指令了 01 组的 G 代码,则固定循环被取消,即为 G80 的状态;但 01 组的 G 代码不受固定循环 G 代码的影响。

2. 进给功能 F、主轴功能 S 和刀具功能 T

(1) F 指令

F 指令用于控制刀具移动的进给速度,F 后面所接数值代表每分钟刀具的进给量,单位是 mm/min,它是模态指令。

(2) S 指令

S 指令用于指令主轴转速,单位是 r/min,它是模态指令。

(3) T 指令

数控铣床没有刀库和自动换刀装置,必须人工换刀。T 功能只适用于加工中心,刀具功能以地址符 T 后接两位数字组成,例:T05。

3. 工件坐标系的设置与偏置

数控机床一般在开机后需"回零"(即回机床参考点)才能建立机床坐标系,通常在正确建立机床坐标系后即可设置工件坐标系。

表 3.2 - 1　准备功能 G 代码表

组　别	G 代码	G 功能	备　注	组　别	G 代码	G 功能	备　注
01	★G00	快速定位		14	G57	选择工件坐标系 4	
	G01	直线插补			G58	选择工件坐标系 5	
	G02	顺时针圆弧插补			G59	选择工件坐标系 6	
	G03	逆时针圆弧插补		00	G65	宏程序调用	
00	G04	暂停		12	G66	宏程序模态调用	
17	G15	极坐标指令取消			★G67	宏程序模态调用取消	
	G16	极坐标指令		16	G68	坐标旋转有效	
02	★G17	XY 平面选择			★G69	坐标旋转取消	
	G18	ZX 平面选择		09	G73	高速深孔钻循环	
	G19	YZ 平面选择			G74	左旋攻丝循环	
06	G20	英制(in)输入			G76	精镗孔循环	
	★G21	公制(mm)输入			★G80	取消固定循环	
00	G27	机床返回参考点检查			G81	钻孔循环	
	G28	机床返回参考点			G82	钻孔循环或锪孔循环	
	G29	从参考点返回			G83	深孔钻削循环	
	G30	返回第 2、3、4 参考点			G84	攻丝循环	
	G31	跳转功能			G85	镗孔循环	
01	G33	螺纹切削			G86	镗孔循环	
07	★G40	刀具半径补偿取消			G87	背镗孔循环	
	G41	刀具半径左补偿			G88	镗孔循环	
	G42	刀具半径右补偿			G89	镗孔循环	
	G43	刀具长度正补偿		03	★G90	绝对坐标编程	
	G44	刀具长度负补偿			G91	增量坐标编程	
	★G49	刀具长度取消		00	G92	设置工件坐标系	
11	★G50	比例缩放取消		05	★G94	每分钟进给	
	G51	比例缩放有效			G95	每转进给	
00	G52	局部坐标系设定		13	★G96	恒周速控制方式	
	G53	选择机床坐标系			G97	恒周速控制取消	
14	G54	选择工件坐标系 1		10	G98	固定循环返回起始点方式	
	G55	选择工件坐标系 2			★G99	固定循环返回 R 点方式	
	G56	选择工件坐标系 3					

（1）加工坐标系的原点设置选择指令（G54、G55、G56、G57、G58 和 G59）

用 G54～G59 指令，在一个程序中，最多可设定 6 个工件坐标系，如图 3.2 - 4 所示。

一般在程序中用 G54 选定一个工件坐标系，如图 3.2 - 5 所示；选定两个坐标系如图 3.2 - 6 所示。

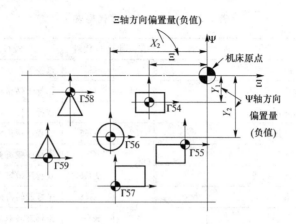

图 3.2-4　G54～G59 选择工件坐标系

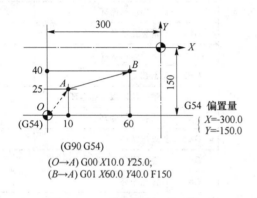

(G90 G54)

$(O \rightarrow A)$ G00 X10.0 Y25.0;

$(B \rightarrow A)$ G01 X60.0 Y40.0 F150

图 3.2-5　设定一个工件坐标系

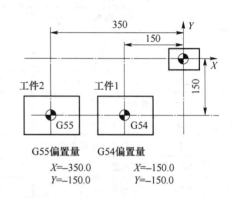

图 3.2-6　设定两个工件坐标系

一旦设定了工件坐标系,后续程序段中的工件绝对坐标(G90)均为相对此原点的标值。

当工件在机床上装夹后,工件原点与机床参考点的偏移量可通过测量或对刀来确定,该偏移量可事先输入到数控机床工件坐标系设定对应的偏置界面中。

(2) 建立工件坐标系的指令(G92)

G92 指令是将加工原点设定在相对于刀具当前位置点的某一空间点上,G92 后面所跟的坐标值是刀具起刀点在工件坐标系中的坐标值。

编程格式:

G92　X__ Y__ Z__;

其中,X、Y、Z 指刀具起点相对于工件原点的坐标。如图 3.2-7 所示,可用如下指令建立工件坐标系:

G92　X30.　Y30.　Z20.;

注意事项:

G92 需要单独的一个程序段指定,其后的位置指令值与刀具的起始位置有关,在使用 G92 之前必须保证刀具处于加工起始点,执行该程序段只建立工件坐标系,并不产生坐标轴移动;G92 建立的工件坐标系在机床重开机时消失;使用 G51～G59 建立工件坐标系时,该指令可单独指定,也可与其他指令同段指定,如果该程序段中有位置移动指令(G00、G01),就会在设定的坐标系中运动;G54~G59建立工件坐标在机床重新开机后并不消失,并与刀具的起始位置无关。

4. 平面选择指令 G17、G18、G19

编程格式:

　G17/G18/G19

坐标平面选择指令 G17、G18、G19 是用来选择圆弧插补的平面和刀具补偿平面的。其中,G17 指定刀具在 XY 平面上运动;G18 指定刀具在 ZX 平面上运动;G19 指定刀具在 YZ 平面上运动,数控铣床默认状态为 G17 平面。平面选择指令示意如图 3.2-8 所示。

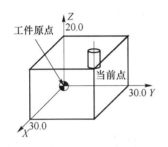

图 3.2-7　G92 建立加工坐标系

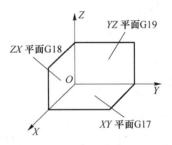

图 3.2-8　加工平面选择

5. 基本移动指令

(1) 快速点定位指令 G00

编程格式:

　G00　X_　Y_　Z_;

其中,X、Y、Z 为目标点坐标。

该指令控制刀具从当前位置快速移动到命令指定的目标点位置,只能用于快速定位,不能用于切削加工。刀具移动速度不受指令参数控制,由生产厂家设定。

(2) 直线插补指令 G01

编程格式:

　G01　X_　Y_　Z_　F_;

其中,X、Y、Z 为目标点的坐标值;F 为进给速度,单位为 mm/min。

该指令控制刀具以直线形式按 F 代码指定的速率从它的当前位置移动到命令要求的位置。对于省略的坐标轴,不执行移动操作;而只有指定轴执行直线移动。位移速率是由命令中指定各轴的速率的复合速率。

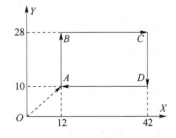

图 3.2-9　G00、G01 指令的使用

下面举例说明 G92,G00,G01 指令的应用,按如图 3.2-9 所示坐标原点 O 是程序起点,刀具由 O 点快速移动到 A 点,然后沿 A—B—C—D—A—O 实现直线切削并返回程序起始点,试用 G90、G91 两种方法编程。

绝对方式编程:

```
G90  G00  X12.  Y10.;
S600  M03;
G01  Y28.  F100.;
X42.;
Y10.;
X12.;
G00  X0  Y0;
```

增量方式编程:

```
G91  G00  X12.  Y10.;
S600  M03;
G01  Y18.  F100.;
X30.;
Y－18.;
X－30.;
G00  X－12  Y－10;
```

(3) 圆弧切削指令 G02、G03

工件上有圆弧轮廓皆以 G02 或 G03 切削,因铣床工件是立体的,故在不同平面上其圆弧切削方向(G02 或 G03)如图 3.2－10 所示。其定义方式:依右手笛卡尔坐标系统,视线从平面垂直轴的正方向往负方向看,顺时针为 G02,逆时针为 G03。

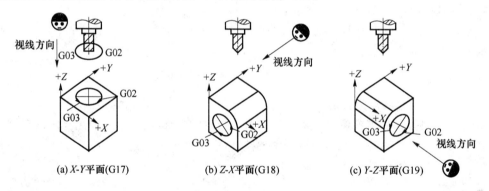

(a) X-Y平面(G17)   (b) Z-X平面(G18)   (c) Y-Z平面(G19)

图 3.2－10 圆弧切削方向与平面的关系

指令格式:

$X-Y$ 平面上的圆弧   G17 $\begin{Bmatrix} G02 \\ G03 \end{Bmatrix}$ X_ Y_ $\begin{Bmatrix} R\_ \\ I\_ J\_ \end{Bmatrix}$ F_ ;

$X-Z$ 平面上的圆弧   G18 $\begin{Bmatrix} G02 \\ G03 \end{Bmatrix}$ X_ Z_ $\begin{Bmatrix} R\_ \\ I\_ K\_ \end{Bmatrix}$ F_ ;

$Y-Z$ 平面上的圆弧   G19 $\begin{Bmatrix} G02 \\ G03 \end{Bmatrix}$ Y_ Z_ $\begin{Bmatrix} R\_ \\ J\_ K\_ \end{Bmatrix}$ F_ ;

其中,

X、Y、Z 表示圆弧终点坐标,相对编程时是圆弧终点相对起点的坐标增量;

R 为圆弧半径;

I、J、K 为圆心 X、Y、Z 轴相对于圆弧起点的增量坐标。

注意:

① 以 R 编程时,圆弧圆心角≤180°,R 为正值;圆弧圆心角＞180°,R 为负值;

② 铣削整圆时,只能 I、J、K 编程,不能用 R 编程;

③ 当同一程序段中同时出现 I、J 和 R 时,以 R 为优先,I、J 无效。

④ I0 或 J0 或 K0 时,可省略,但 I、J、K 不能同时为零。

如图 3.2－11 所示,圆弧以不同方式编程。

① 绝对坐标、圆弧半径编程:

```
G90  G17  G00  X0.  Y35.;
G02  X35. Y0.  R35.  F120;
G03  X115.Y0.  R40;
G02  X145.Y30. R－30.;
```

② 增量坐标、圆弧半径编程:

```
G17  G00  X0.  Y35.;
G91  G02  X35. Y－35.  R35.  F120;
G03  X80.Y0.  R40;
G02  X30.Y30. R－30.;
```

③ 绝对坐标、圆心坐标编程:

```
G90  G17  G00  X0.  Y35.;
G02  X35. Y0.  I0  J－35.  F120;
G03  X115.Y0.  I40  J0;
G02  X145.Y30. I0.  J30.;
```

④ 增量坐标、圆心坐标编程:

```
G17  G00  X0.  Y35.;
G91  G02  X35. Y－35. I0  J－35.  F120;
G03  X80.Y0.  I40  J0;
G02  X30.Y30. I0.  J30.;
```

如图 3.2－12 所示,整圆编程。

① 绝对坐标编程:

```
G90  G00  X0 Y25.;
G02  X0 Y25.  I0  J－25.  F100;
```

② 增量坐标编程:

```
G00  X0 Y25.;
G91  G02  X0 Y0 I0  J－25.  F100;
```

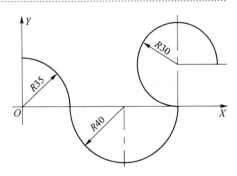

图 3.2－11　圆弧编程

6. 刀具补偿功能

数控机床控制的是刀具中心的轨迹。在零件轮廓铣削加工时,由于刀具半径尺寸影响,刀具的中心轨迹与零件轮廓往往不一致。为了避免计算刀具中心轨迹,直接按零件图样上的轮廓尺寸编程,数控系统提供了刀具半径补偿功能。

（1）刀具半径补偿(G41、G42、G40)

刀具半径补偿用 G17、G18、G19 指令在被选择的工作平面内进行补偿,对不在选择平面内的轴无补偿作用。建立刀具补偿指令用 G41 或 G42,取消刀具补偿指令用 G40。

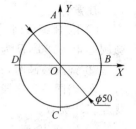

图 3.2-12　整圆编程

编程格式：

建立：G00/G01 G41/G42　X__ Y__ D__;

取消：G00/G01　　　 G40　X__ Y__;

说明：

① G41 、G42、G40 是同组模态指令代码。

② G41/G42 程序段中的 X、Y 值是建立补偿直线段的终点坐标;G40 程序 段中的 X、Y 值是取消补偿直线段的终点坐标;

③ D~ 存放刀补值的寄存器号,寄存器编号为 00~99;其中 D00 为取消半径补偿偏置。

④ 刀补半径补偿须用 G17、G18 和 G19 指定补偿平面。

刀具半径补偿的判别方法：

沿着刀具前进的方向看(假设工件不动),刀具位于工件轮廓的左侧,称为刀具半径左补偿,反之则为右补偿,如图 3.2-13 所示。

注意事项：

① 机床通电后,为取消半径补偿状态;

② G41、G42、G40 不能和 G02、G03 一起使用,只能与 G01 或 G00 一起使用,且刀具必须在插补平面内有不为零的直线移动;

③ 在程序中用 G42 指令建立右刀补;铣削时对于工件将产生逆铣效果,故常用于粗铣;用 G41 指令建立左刀补,铣削时对于工件将产生顺铣效果,故常用于精铣;

④ G41(或 G42)与 G40 之间的程序段不得出现任何转移加工,如镜像、子程序加工等;

⑤ 在建立刀具半径补偿以后,不能出现连续两个程序段无选择补偿坐标平面的移动指令,否则数控系统因无法正确计算程序中刀具轨迹交点坐标可能产生过切现象,如图 3.2-14 所示。

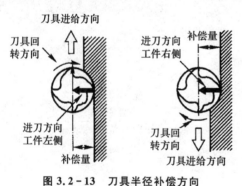

图 3.2-13　刀具半径补偿方向

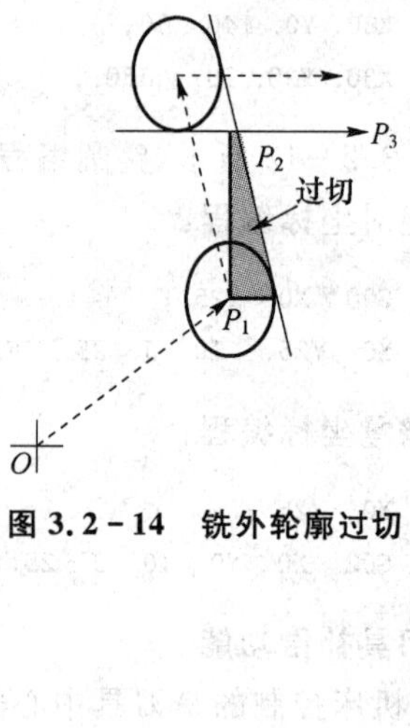

图 3.2-14　铣外轮廓过切

```
G17   G90   G54
    ⋮
G41   G00   X   Y   D   ;
            Z0  ;
            S260;        非选择平面移动指令
            M03;
G00   X   Y   F   ;(P₁—P₂)
      X   Y   ;    (P₂—P₃)
```

⑥ 空运行到达刀具补偿位置时应注意进刀位置。从加工直线边切入工件，刀具补偿指令中终点坐标应和被加工段位于同一直线上，以避免过切现象而报警。所谓过切是指刀具空行程运行中，系统认为切削内轮廓产生刀具干涉现象，如图 3.2-15 所示。

⑦ 在补偿状态下，铣刀的直线移动量及铣削内侧圆弧的半径值要大于或等于刀具半径，否则补偿时会产生干涉，系统在执行相应程序段时将会产生报警，停止执行。如图 3.2-16 所示，表示直线移动量小于铣刀半径发生过切的情况；如图 3.2-17 所示，表示刀具半径大于沟槽宽度；如图 3.2-18 所示，为刀具半径值大于加工内圆弧半径的情况。

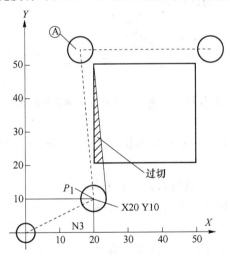

图 3.2-15　补偿过程中出现的过切现象图

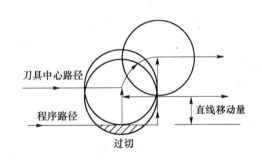

图 3.2-16　直线移动量小于铣刀半径产生过切

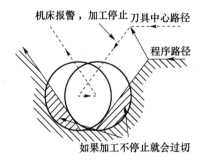

图 3.2-17　沟槽底部移动量小于铣刀
半径产生过切

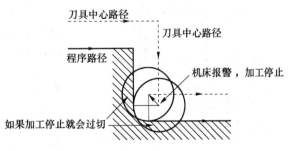

图 3.2-18　内侧圆弧半径小于铣刀
半径产生过切

⑧ 若程序中建立了半径补偿，则在加工完成后必须用 G40 指令将补偿状态取消，使铣刀

的中心点回复到实际的坐标点上。

刀具半径补偿的功用:

① 一般情况下,刀具半径补偿量为正值,如果补偿量为负值,则 G41 和 G42 正好相互替换。通常模具加工中利用这一特点,可用同一程序加工同一公称尺寸的内外两个型面,如图 3.2-19 所示为用同一加工程序加工阳模和阴模的情况。

② 刀具半径补偿值不一定等于刀具半径值,同一加工程序,采用同一刀具可通过修改刀补的办法实现对工件轮廓的粗、精加工;同时也可通过修改半径值获得所需要的尺寸精度。

$$粗加工刀具半径补偿 = 刀具半径 + 精加工余量$$

$$精加工刀具半径补偿 = 刀具半径 + 尺寸修正量$$

刀具半径补偿如图 3.2-20 所示。

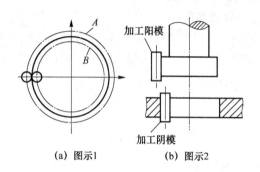

(a) 图示1　　　(b) 图示2

图 3.2-19　刀补功能在模具加工中的应用　　　**图 3.2-20　刀补功能在零件加工中的应用**

刀补应用的三个步骤(如图 3.2-21 所示):

① 刀补的建立　在刀具从起点接近工件时,刀心轨迹从与编程轨迹重合过渡到与编程轨迹偏离一个偏置量的过程。

② 刀补进行　刀具中心始终与编程轨迹相距一个偏置量直到刀补取消。

③ 刀补取消　刀具离开工件,刀心轨迹要过渡到与编程轨迹重合的过程。

应用实例:

试应用刀具半径补偿功能编写如图 3.2-21 所示零件轮廓的加工程序。

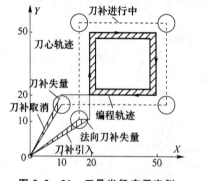

图 3.2-21　刀具半径应用实例

```
O2001;
G90  G17  G54 ;
S800  M03;
G00  G41 X20. Y10. D01 ;
G01  Y50. F100.;
X50.;
Y20;
X10;
G00  G40  X0  Y0;
M30;
```

(2) 刀具长度补偿(G43、G44、G49)

数控机床或加工中心所用的刀具,每把刀具的长度都不相同,同时,由于刀具的磨损或其他原因引起刀具长度发行变化,使用刀具长度补偿指令,可使每一刀具加工出来的深度尺寸保持一致。

编程格式:

建立:　　　　G43/G44　G00/G01　Z～　H～;

　　或　　　G43/G44　G00/G01　H～;

取消:　　　　G49(Z～);

说明:

① 机床通电后,为取消长度补偿状态;

② G43 为刀具长度正补偿,G44 为刀具长度负补偿。

③ 使用 G43、G44 时指令刀长补偿时,只能有 Z 轴的移动量,若有其他轴向的移动,则会出现报警。

④ G43、G44 、G49 为续效代码,如欲取消长度补偿,除用 G49 外,也可用 H00。H 为刀补号地址,用 H00～H99 来指定,它用来调用内存中刀具长度补偿的数值,如图 3.2－22 所示。

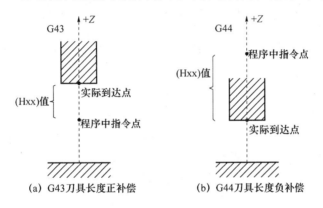

图 3.2－22　刀具长度补偿

执行 G43(刀具长时,离开工件补偿)时:Z 实际值 ＝ Z 指令值 ＋(Hxx)

执行 G44(刀具短时,趋近工件补偿)时:Z 实际值 ＝ Z 指令值 －(Hxx)

其中,(Hxx)是指 xx 寄存器中的补偿量,其值可以是正值或者是负值。当刀长补偿量取负值时,G43 和 G44 的功效将互换。

三、项目实施

下面以如图 3.2－1 所示零件为例,分析外轮廓铣削加工工艺,编写加工程序及完成数控仿真。

(一) 加工工艺分析

1. 零件图的工艺分析

该零件主要由平面及外轮廓组成,加工部位凸台轮廓由两段 $R22$ mm 的凹圆弧、两段 $R15$ mm 的凸圆弧和 6 段直线构成,厚度为 6 mm。上表面与台阶面的高度尺寸(6±0.05) mm 及凸台面长度方向的尺寸 $66_{-0.074}^{0}$ mm 精度要求比较高,加工时应注意控制。零件材料为硬铝 LY12,切削性能较好。

2. 加工工序与工步的划分及走刀路线的确定

根据图样分析,凸台加工时材料的切削量不大,而且材料的切削性能较好,选择 $\phi12$ mm

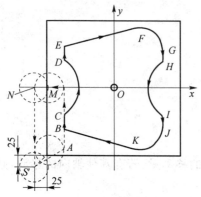

图 3.2 - 23 走刀路线图

的圆柱形直柄立铣刀,材料为高速钢(HSS),沿轮廓铣削两周即可去除余量(用半径补偿实现),考虑机床主轴的刚性问题,深度为 6 mm. 采用分层加工每次切深3 mm。由于一次装夹即可完成所有加工内容,故确定一道工序两个工步,工步一为粗铣凸台轮廓,粗铣留0.25 mm的单边余量;工步二为精铣轮廓。

走刀路线:采用顺铣的方式铣削。如图 3.2 - 23 所示,走刀路线从工件毛坯上方 30 mm 处的 $S'(-70,-70,30)$ 点起刀,垂直进刀到切削深度,在点 $A(-33,-33)$ 建立刀具半径补偿,A 点作为切入点,按照如图3.2 - 25所示的路线进给,坐标$(-33,0)$;N 点撤销刀具半径补偿,坐标$(-70,0)$,轮廓铣削完毕刀具返回起刀点。

3. 工件的装夹方式与夹具

以已加工过的底面和侧面作为定位基准,在平口虎钳上装夹工件,用两等高垫铁将工件托起,在虎钳上夹紧前后两侧面,虎钳用 T 形螺栓固定于铣床工作台。工件安装时应注意工件高出钳口的高度,应保证在轮廓铣削时,刀具不伤钳口。

4. 切削用量选择

铝合金允许切削速度 v 为 $180\sim300$ m/min,精加工取 $v=180$ m/min,粗加工取 $v=180$ m/min$\times70\%=126$ m/min;参考 $\phi20$ mm 立铣刀的每齿切削量粗加工取 0.1 mm/齿,精加工取 0.08 mm/齿(考虑到实习用机床刚性不是很好,可乘以修正系数 $0.3\sim0.6$)。

① 粗加工

$$n=1\,000v/\pi D=1\,000\times126\times0.4/3.14\times20 \text{ r/min}=800 \text{ r/min}$$
$$F=2f_z\times n=2\times0.1\times800 \text{ mm/min}=160 \text{ mm/min}$$

② 精加工

$$n=1\,000\times180\times0.4/3.14\times20 \text{ r/min}=1\,100 \text{ r/min}$$
$$F=2f_z\times n=2\times0.08\times1\,100 \text{ mm/min}=176 \text{ mm/min}$$

式中,f_z 为每齿进给量,2 为立铣刀刃数,D 为立铣刀直径。

5. 数控加工工艺卡的拟订

将前面分析的各项内容综合,编制数控加工工序卡,见表3.2 - 2。

表 3.2 - 2 加工工序卡

工序号		产品名称或代号	零件名称	材　料	零件图号		
				铝合金			
程序编号		夹具名称及编号		车　间			
				使用设备	立式数控铣床		
工步号	工步内容	刀具号	刀具规格/mm	主轴转速/(r·min⁻¹)	进给速度/(mm·min⁻¹)	切深/mm	备　注
1	粗铣凸台	T02	$\phi20$ mm 立铣刀	800	160	3	
2	精铣凸台	T02	$\phi20$ mm 立铣刀	1 100	176	0.5	

（二）加工程序编制

1. 工件坐标系的确定

为计算方便，工件坐标系零点设在毛坯上表面中心处。采用试切对刀的方法，确定工件坐标系原点 O，将对刀数据，即工件坐标系原点在机床坐标系中的 x、y、z 值，以手动方式输入到 G54 中存储起来。

2. 数学处理

由于该凸台加工的轮廓均由圆弧和直线组成，因而只要计算出基点坐标即可编制程序。

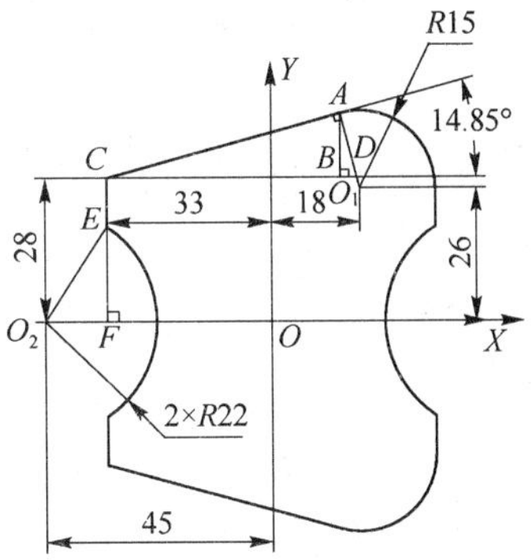

（1）图 3.2-24 中基点 A 的坐标计算如下：

在 Rt$\triangle O_1CD$ 中，$O_1C=\sqrt{CD^2+O_1D^2}=\sqrt{2^2+51^2}$

Rt$\triangle O_1AC$ 中，$AC=\sqrt{O_1C^2-O_1A^2}=\sqrt{2^2+51^2-15^2}$

Rt$\triangle ABC$ 中，$BC=AC\times\cos 14.845°=\sqrt{2^2+51^2-15^2}\times\cos 14.845°$

$AB=AC\times\sin 14.845°=\sqrt{2^2+51^2-15^2}\times\sin 14.845°$

通过计算得到基点 A 的坐标：

$$X=CB-33=14.157,\qquad Y=AB+28=40.499$$

（2）图 3.2-24 中的基点 E 的坐标计算如下：

Rt$\triangle O_2FE$ 中，$\qquad O_2F=45-33=12,\qquad O_2E=22$

$$EF=\sqrt{O_2E^2-O_2F^2}=\sqrt{22^2-12^2}=18.439$$

基点 E 的坐标为 $(-33,18.439)$。

由于该凸台轮廓对称于 x 轴，可以方便地知道图 3.2-24 中其余各基点坐标：$B(-33,-28)$，$C(-33,-18.439)$，$E(-33,-28)$，$F(14.157,40.499)$，$G(33,26)$，$H(33,18.439)$，$I(33,-18.439)$，$J(33,-26)$，$K(14.157,-40.499)$。

3. 编写加工程序

该零件的加工程序及说明如表 3.2-3 所列。

表 3.2-3 数控加工程序

程序	说明
O0010;	程序名
G17 G40 G49 G80 G90 G21;	安全模式
G54 T02;	设置工件零点于 O 点并确定立铣刀
S800 M03;	启动主轴正转 800 r/min
G43 G00 Z30 H02;	刀具快速移动到安全高度，并建立长度补偿
X−70 Y−70;	刀具于 xy 平面快速移动至 S' 点
G00 Z10;	从 S' 点快速下刀至工件上方 10 mm 处
G01 Z0 F100;	刀具下刀至工件上表面
G91 G01 Z−3 F160;	Z 向切深 3 mm（增量编程）
G90 G41 X−33 Y−33 D02;	xy 平面进刀至切入点 A，并建立刀具半径左补偿（绝对编程）

图 3.2-24 编程中的基点坐标计算

程 序	说 明
Y-18.439;	切削 BC
G03 Y 18.439 R22;	切削圆弧 CD
G01 Y28;	切削 DE
X14.157 Y40.499;	切削 EF
G02 X33 Y26 R15;	切削圆弧 FG
G01 Y18.439;	切削 GH
G03 Y-18.439 R22;	切削圆弧 HI
G01 Y-26;	切削 IJ
G02 X14.157 Y-40.499 R15;	切削圆弧 JK
G01 X-33 Y-28;	切削 KB
Y0;	切出工件至 M 点
G40 G00 X-70;	取消刀具半径补偿，刀心至 N 点
Y-70;	刀具于 xy 平面回起刀点
G91 G01 Z-3 F160;	
G90 G41 X-33 Y-33 D02;	
Y-18.439;	
G03 Y 18.439 R22;	
G01 Y28;	
X14.157 Y40.499;	
G02 X33 Y26 R15;	
G01 Y18.439;	再沿 z 向进给 3 mm，按照进给路线切削一次
G03 Y-18.439 R22;	
G01 Y-26;	
G02 X14.157 Y-40.499 R15;	
G01 X-33 Y-28;	
Y0;	
G40 G00 X-70;	
Y-70;	
G49 G00 Z30;	切削完毕刀具 z 向抬刀，取消长度补偿
M05;	主轴停转
M30;	程序结束

注：以上程序为粗加工程序，精加工也采用此程序进行，只需改变相应的切削用量及刀具补偿量。

（三）仿真加工

① 进入仿真系统斯沃数控仿真系统，界面如图 3.2-25 所示。

② 单击急停按钮，将其松开。

③ 回参考点。单击回原点按钮，选择机床工作模式为回原点模式。在回原点模式下，分别单击 x、y、z 轴的手动进给按钮，使三轴回原点灯变亮。此时机床面板状态如图 3.2-26 所示。

④ 定义/装夹毛坯。选择"工件操作"→"设置毛坯"，打开设置毛坯对话框，如图 3.2-27 所示。本项目选择的毛坯尺寸是长方体 90 mm×90 mm×30 mm；并安装毛坯，选择"工件操作"→"工件装夹"，如图 3.2-28 所示；安装中根据需要移动工件，改变工件的装卡位置。

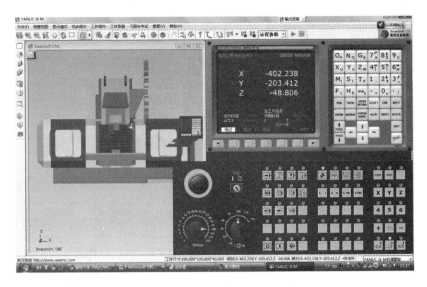

图 3.2 - 25 斯沃数控仿真界面

图 3.2 - 26 回参考点状态

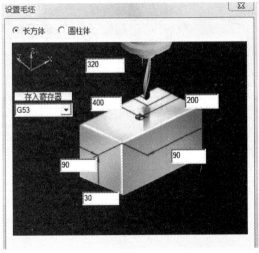

图 3.2 - 27 设置毛坯

⑤ 刀具选择及安装。选择"机床操作"→"刀具管理",打开刀具选择对话框,如图 3.2 - 29 所示,将本项目所需的 φ20 mm 立铣刀,安装在主轴位置上。

⑥ 对刀/设定工件坐标系。根据现有条件和加工精度要求,数控铣床可采用试切法、寻边器对刀、机内对刀仪对刀和自动对刀等。

⑦ 输入程序。进入编辑模式,输入表 3.2 - 3 中的加工程序。

⑧ 自动加工。自动加工流程如下:检查机床是否回零,若未回零,则先将机床回零,再导入数控程序或自行编写一段程序;单击操作面板上的"自动模式"按钮 ,使其指示灯变亮;单击"关闭机床舱门"按钮;单击操作面板上的"循环启动"按钮 ,程序开始执行。

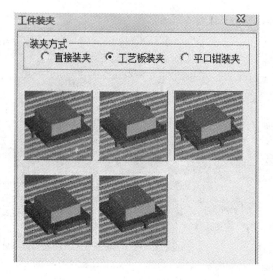

图 3.2－28　工件装夹

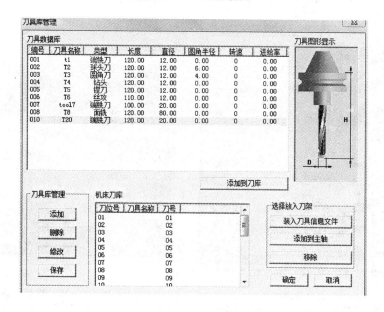

图 3.2－29　刀具管理

小　结

　　本项目以一较复杂的典型外轮廓类零件案例为载体,贯穿了数控铣削平面轮廓类加工工艺制定所需的知识点,以此确定最佳的数控加工路线,选择合理的切削用量、正确的安装工件和灵活的选用夹具,完成零件的加工编程,并最终实现零件的仿真加工。

思考与习题

　　一、选择题(将正确答案的序号填写在括号中)

　　1. 在数控机床上,平面铣削高效率、高质量的方法是(　　　)。

A. 立铣刀周铣　　　B. 面铣刀端铣　　　C. 面铣刀周铣　　　D. 立铣刀端铣

2. 程序中指定了( )时,刀具半径补偿被撤消。

A. G40　　　　　　B. G41　　　　　　C. G42　　　　　　D. G49

3. 刀尖半径左补偿方向的规定是( )。

A. 沿刀具运动方向看,工件位于刀具左侧

B. 沿工件运动方向看,工件位于刀具左侧

C. 沿工件运动方向看,刀具位于工件左侧

D. 沿刀具运动方向看,刀具位于工件左侧

4. 设 H01＝6 mm,则"G91 G43 Z－15.0 H01;"执行后的实际移动量为( )。

A. 9 mm　　　　　B. 21 mm　　　　　C. 15 mm　　　　　D. 36 mm

5. 用 ϕ12 mm 的刀具进行轮廓的粗、精加工,若要求精加工余量为 0.4 mm,则粗加工偏移量为( )mm。

A. 12.4　　　　　　B. 11.6　　　　　　C. 6.4　　　　　　D. 12.8

6. 在数控铣床上用 ϕ20 mm 铣刀执行下列程序后,其加工圆弧的直径尺寸是( )mm。

N1 G90 G17 G41 X18.0 Y24.0 D06

N2 G02 X74.0 Y32.0 R40.0 F180(刀具半径补偿偏置值是 φ20.2 mm)

A. ϕ80.2 mm　　　B. ϕ80.4 mm　　　C. ϕ79.8 mm　　　D. ϕ79.6 mm

7. 圆弧切削用 I、J 表示圆心位置时,是以( )表示。

A. 增量值　　　　　B. 绝对值　　　　　C. G80 或 G81　　　D. G98 或 G99

8. "G91 G03 I－20.0 F100." 其圆弧中心夹角为( )。

A．等于180°　　　B. 大于360°　　　C. 等于360°　　　D. 等于270°

二、判断题(请将判断结果填入括号中,正确的填"√",错误的填"×")

1. ( )圆弧插补中,对于整圆,其起点和终点相重合,用 R 编程无法定义,故只能用圆心坐标编程。

2. ( )圆弧插补用半径编程时,当圆弧所对应的圆心角大于180°时,半径取负值。

3. ( )X 坐标的圆心坐标符号一般用 K 表示。

4. ( )刀具补偿功能包括刀补的建立、刀补的执行和刀补的取消三个阶段。

5. ( )顺时针圆弧插补(G02)和逆时针圆弧插补(G03)的判别方向是:沿着不在圆弧平面内的坐标轴正方向向负方向看去,顺时针方向为 G02,逆时针方向为 G03。

三、简答题

1. 数控铣床的加工编程中为何要用到平面选择? 如何利用零点偏置和坐标轴旋转编程?

2. 刀具补偿有何作用? 有哪些补偿指令?

3. 简述 G00 与 G01 程序段的主要区别。

四、项目训练题:

1. 分析如图 3.2－30 所示零件,毛坯尺寸为 55 mm×55 mm,材料为 45 号钢,试完成工艺分析,编写加工程序并完成仿真加工。

2. 分析如图 3.2－31 所示太极零件的数控铣削加工工艺,填写工序卡,编制加工程序。毛坯为 100 mm×100 mm,材料为 45♯钢。

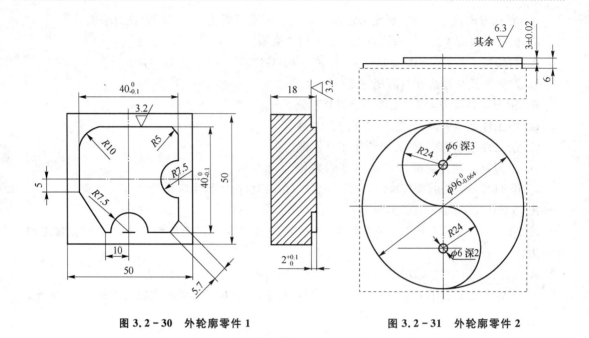

图 3.2-30 外轮廓零件 1

图 3.2-31 外轮廓零件 2

项目三　型腔类零件的加工工艺及编程

【知识目标】

① 针对加工零件,能分析型腔类零件的结构特点和特殊加工要求,理解加工技术要求;

② 会分析型腔类零件的工艺性能,能正确选择设备、刀具、夹具与切削用量,能编制数控加工工艺卡;

③ 能使用数控系统的基本指令正确编制型腔类零件的数控加工程序。

【能力目标】

① 掌握数控系统的 M98/M99、G68/G69、G51/G50 等指令的编程格式及应用;

② 掌握型腔类零件的结构特点和加工工艺特点,正确分析腔体零件的加工工艺;

③ 掌握型腔类零件的工艺拟定和手工编制方法。

一、项目导入

如图 3.3 - 1 所示零件,毛坯尺寸为 80 mm×80 mm×20 mm,材料为硬铝,分析该零件的工艺,并编制数控程序。

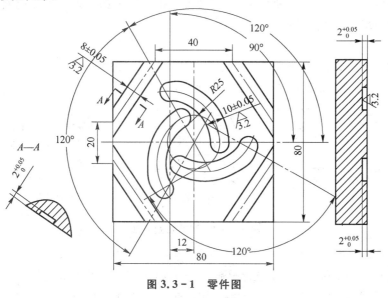

图 3.3 - 1　零件图

二、相关知识

(一) 型腔铣削工艺设计

二维型腔是指以平面封闭轮廓为边界的平底直壁凹坑,如图 3.3 - 2 所示。内部全部加工的为简单型腔、内部有不许加工的区域(岛)或只加工到一定深度(比型腔外面高)的为带岛型腔。

型腔的加工包括型腔区域的加工与轮廓(包括边界与岛屿轮廓)的加工,一般采用立铣刀或成形铣刀进行加工。

二维型腔具体加工的过程

型腔的铣削分两步:第一步切内腔,第二步切轮廓。先用平底端铣刀用环切法或行切法走刀,铣去型腔的多余材料并留出轮廓(岛)和型腔底的精加工余量,最后根据型腔轮廓(岛)圆角半径和轮廓(及岛)与型腔底的过渡圆角选环铣刀沿型腔底面和轮廓(及岛)走刀,精铣型腔底面和边界外形(如图3.3-3所示)。

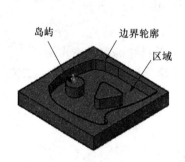

图3.3-2 型腔类零件示意图

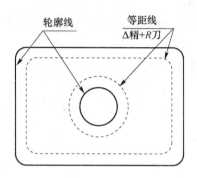

图3.3-3 型腔轮廓边界的处理

当型腔较深时,要分层进行粗加工,需定义每层粗加工的深度以及型腔的实际深度,以便计算需要分多少层进行粗加工。

(1) 型腔槽切削

型腔槽切削方法有三种,如图3.3-4所示,即行切法、环切法和先行切后环切法。三种方案中,行切法方案最差;综合法方案最好。

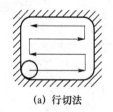

(a) 行切法

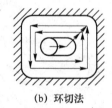

(b) 环切法

(c) 综合法

图3.3-4 凹槽切削方法

(2) 型腔轮廓切削

可采用如图3.3-5所示的方法进行圆弧切向切入与切出。当实在无法实现切线方向切入与切出时,才采用法线方向切入和切出,但须将其切入点、切出点选在零件轮廓两几何元素的交点处。

(3) Z 向进刀方式

型腔加工过程中的主要问题是如何进行 Z 向切深进刀。通常,选择的刀具种类不同,其进刀方式也各不相同。常用的 Z 向进刀方式主要有以下几种:

1) 垂直切深进刀

如图3.3-6所示,采用垂直切深进刀时,须选择切削刃过中心的键槽铣刀或钻铣刀进行

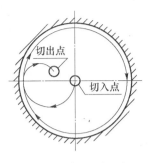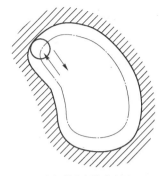

（a）切向切入与切出　　　　　（b）法向切入与切出

图 3.3-5　刀具切入与切出点的确定

加工,而不能采用立铣刀进行加工(因中心处无切削刃)。另外,由于采用这种进刀方式切削时,刀具中心的切削速度为零。因此,即使选用键槽铣刀进行加工,也应选择较低的切削进给速度。

2) 钻工艺孔进刀

在内表面加工过程中,有时需要立铣刀来加工内型腔,以保证刀具的强度。由于立铣刀无法进行 Z 向垂直进刀,此时可选用直径稍小的钻头先加工出工艺孔,如图 3.3-7 所示,再以立铣刀进行 Z 向垂直切深进给。

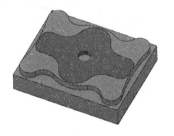

图 3.3-6　垂直切深进刀　　　　　图 3.3-7　钻工艺孔进刀

3) 三轴联动斜线进刀

采用立铣刀加工型腔时,也可直接用立铣刀采用三轴联动斜线进刀,如图 3.3-8 所示,从而避免刀具中心部分参加切削。但这种进刀方式无法实现 Z 向进给与加工轮廓的平滑过渡,容易产生加工痕迹。

4) 三轴联动螺旋线进刀

采用三轴联动的另一种进刀方式就是螺旋线进刀方式,如图 3.3-9 所示。这种进刀方式容

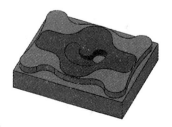

图 3.3-8　三轴联动斜线进刀　　　　　图 3.3-9　三轴联动螺旋线进刀

易实现 Z 向进刀与轮廓加工的自然平滑过渡,不会产生加工过程中的刀具接痕。在手工编程和自动编程的内轮廓铣削中广泛使用这种进刀方式。

(二)铣削加工的系统相关指令 M98/M99、G68/G69、G51/G50

1. 子程序调用

在编制加工程序中,有时会遇到一组程序段在一个程序中多次出现,或者在几个程序中都要使用的情况。这个典型的加工程序可以做成固定程序,并单独加以命名,这组程序段就称为子程序。调用子程序的程序叫做主程序。

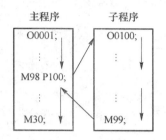

图 3.3-10 主程序与子程序的关系

主程序与子程序之间的执行顺序如图 3.3-10 所示。

为了进一步简化程序,可以让子程序调用另一个子程序,这一功能称为子程序的嵌套,如图 3.3-11 所示。

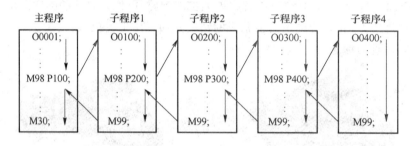

图 3.3-11 子程序的嵌套

调用格式:

M98 P~ L~;

其中,P—子程序号;

L—连续调用次数,调用一次时,省略不写。

子程序调用结束指令:M99

注意:调用指令 M98 是写在主程序中,而结束指令 M99 则写在子程序中。

例:加工如图 3.3-12 所示两个相同外形轮廓,试采用子程序编程方式编写其数控铣床加工程序。

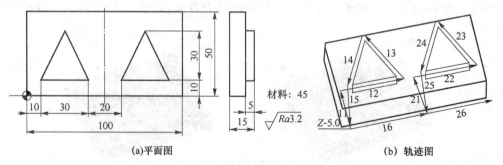

图 3.3-12 同平面多轮廓子程序加工实例

```
O3001;                                      轮廓加工程序
    G90 G94 G21 G40 G17 G54;                程序初始化
    G91 G28 Z0;                             刀具退回 Z 向参考点
    M03 S600 M03;                           主轴正转,600 r/min
    G90 G00 X0 Y-10.0;                      刀具定位
        Z20.0 M08;
    G01 Z-5.0 F100;                         刀具 Z 向下刀
    M98 P100 L2;                            子程序调用两次
    G90 G00 Z50.0 M09;
    M30;                                    程序结束
O100;                                       子程序
    G91 G42 G01 Y20.0 D01 F100;             轨迹 11 或 21
        X40.0;                              轨迹 12 或 22
        X-15.0 Y30.0;                       轨迹 13 或 23
        X-15.0 Y-30.0;                      轨迹 14 或 24
    G40 X-10.0 Y-20.0;                      取消刀补,轨迹 15 或 25
        X50.0;                              轨迹 16 或轨迹 26
    M99;                                    子程序结束,返回主程序
```

2. 坐标系旋转功能 G68,G69

该指令可使编程图形按照指定旋转中心及旋转方向旋转一定的角度,G68 表示开始坐标系旋转,G69 用于撤销旋转功能。

编程格式:

```
G68 X~Y~R~;
    ⋮
G69
```

其中,X、Y—中心的坐标值(可以是 X、Y、Z 中的任意两个,它们由当前平面选择指令 G17、G18、G19 中的一个确定),当 X、Y 省略时,G68 指令认为当前的位置即为旋转中心;

R—旋转角度,逆时针旋转定义为正方向,顺时针旋转定义为负方向。

当程序在绝对方式下时,G68 程序段后的第一个程序段必须使用绝对方式移动指令,才能确定旋转中心。如果这一程序段为增量方式移动指令,那么系统将以当前位置为旋转中心,按 G68 给定的角度旋转坐标。现以如图 3.3-13 所示旋转功能加工为例,应用旋转指令的程序如下:

```
O2002(主程序)
    G54 G90 G00 X100. Y100. Z100.;
    M03 S600;
    G43 Z-5. H01;
    M98 P200;                               加工图形①
    G68 X0 Y0 R45;                          旋转 45°
    M98 P200;                               加工图形②
    G68 X0 Y0 R90;                          旋转 90°
    M98 P200;                               加工图形③
    G49 Z50.;
```

```
    G69 M05;                              取消旋转
    M30;

O200;(子程序)                            (①的加工程序)
    C41  G01  X20.Y-5.D01  F100;
    Y0;
    G02  X40. R10.;
    X30. I-5.;
    G03  X20. R5.;
    G00  Y-6.;
    C40  X0  Y0;
    M99;
```

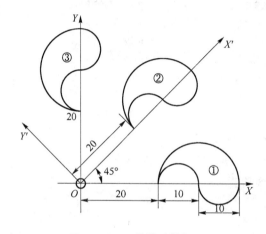

图 3.3-13　旋转功能加工

3. 比例及镜像功能 G51,G50

比例及镜像功能可使原编程尺寸按指定比例缩小或放大;也可让图形按指定规律产生镜像变换。

使用缩放指令可实现用同一程序加工出形状相同,但尺寸不同的工件;当工件具有相对于某一轴对称的形状时,利用镜像功能和子程序相结合的方法,只对工件的一部分进行编程,即可加工出工件的整体,简化了程序。

G51 为比例编程指令,G50 为撤销比例编程指令。G50、G51 均为模式 G 代码。

(1) 各轴按相同比例编程

编程格式:

```
G51 X～ Y～ Z～ P～
  ⋮
G50
```

其中,X、Y、Z—比例中心坐标(绝对方式);

P—比例系数,最小输入量为 0.001,比例系数的范围为 0.001～999.999;该指令以后的移动指令,从比例中心点开始,实际移动量为原数值的 P 倍。P 值对偏移量无影响。

例如,在图 3.3-14 中,P_1～P_4 为原编程图形,P_1'～P_4' 为比例编程后的图形,P_0 为比例中心。

例　如图 3.3 – 15 所示零件,采用缩放功能,缩放前图形深度为 3 mm,缩放后图形深度为 6 mm。

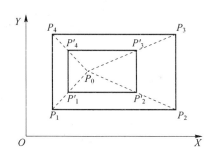

图 3.3 – 14　各轴按相同比例编程

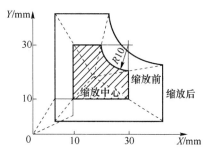

图 3.3 – 15　各轴按相同比例缩放应用实例

编制程序如下:

```
O3003;
    G54  G90  G00  X0  Y0;
    M03  S800;
    G00  Z5.;
    G01  Z – 3.  F100;
    M98  P1000;
    G01  Z – 6.;
    G51  X15.  Y15.  P2;
    M98  P1000;
    G50;
    G00  Z50.;
    M05;
    M30;

    O300;
    G41  G01  X10.  Y4.  D01;
    Y30.;
    X20.;
    G03  X30.  Y20.  I10.  J0;
    G01  Y10.;
    X5.;
    G40  X0  Y0;
    M99;
```

主程序:

调子程序铣削缩放前的图形

缩放中心(15,15),放大 2 倍
调子程序铣削缩放后的图形
取消缩放

子程序:

(2) 各轴以不同比例编程

各个轴可以按不同比例来缩小或放大,当给定的比例系数为 – 1 时,可获得镜像加工功能。

编程格式:

```
G51  X~ Y~ Z~ I~ J~ K~
  ⋮
G50
```

其中,X、Y、Z—比例中心坐标坐标值的绝对值指令;

I、J、K—对应 X、Y、Z 轴的比例系数,其范围为±0.001～±9.999。本系统设定 I、J、K 不能带小数点,比例为 1 时,应输入 1000,并且 I、J、K 都要输入,不能省略。

各轴以不同比例编程如图 3.3-16 所示。比例系数与图形的关系见图 3.3-17,图中,d/a 为 X 轴系数;d/c 为 Y 轴系数;O 为比例中心。

(3)镜像功能

再举一例来说明镜像功能的应用。如图 3.3-17 所示,其中槽深为 2 mm,比例系数取为 +1 000 或-1 000。设刀具起始点在零点,程序如下:

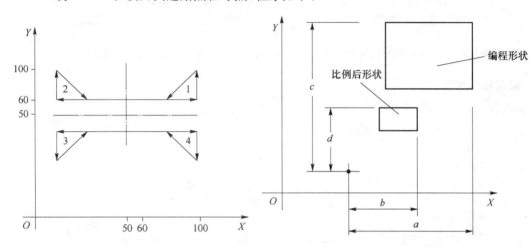

图 3.3-16　各轴以不同比例编程　　　　图 3.3-17　各轴以不同比例编程实例

```
O3004                             主程序
    G54 G90 G00 X0 Y0;
    M03 S600;
    Z10.;
    M98 P1000;                    调用 1000 号子程序切削三角形 1
    G51 X50. Y50. I-1000 J1000;   以 X50 Y50 为比例中心,以 X 比例为-1、J 比例为+1 开始镜向
    M98  P1000;                   调用 1000 号子程序切削三角形 2
    G51 X50. Y50. I-1000 J-1000;  以 X50 Y50 为比例中心,以 X 比例为-1、J 比例为-1 开始镜向
    M98  P1000;                   调用 1000 号子程序切削三角形 3
    G51 X50. Y50. I1000 J-1000;   以 X50 Y50 为比例中心,以 X 比例为+1、J 比例为-1 开始镜向
    M98  P1000;                   调用 1000 号子程序切削三角形 4
    G50;                          取消镜向
    M30;                          程序结束

O400;                             子程序
    G00   X60. Y60.;              到三角形左顶点
    G01   Z-2. F100;              切入工件
    G01   X100. Y60.;             切削三角形第一边
    G01   X100. Y100.;            切削三角形第二边
    G01   X60. Y60.;              切削三角形第三边
    G00   Z4.;                    向上抬刀
```

M99;　　　　　　　　　　　　　子程序结束

三、项目实施

如图 3.3-1 所示零件,毛坯尺寸为 80 mm×80 mm×20 mm,材料为硬铝,分析该零件的工艺,并编制数控程序。

(一)加工工艺分析

1. 零件图工艺分析

该零件外形为矩形 80 mm×80 mm×20 mm,外形已加工,为规则零件,便于装夹。材料为硬铝,铣刀材料用普通高速钢铣刀即可。四角上各有一个斜槽,中间有三个互成 120°的圆弧槽,深度都为 2 mm。刀具直径选择主要应考虑槽拐角圆弧半径值的大小和槽宽等因素,零件最小圆弧轮廓半径 R5 mm,槽宽最小为 8 mm,所选铣刀直径应小于等于 ϕ8 mm,此处选 ϕ6 mm;粗加工用键槽铣刀铣削,精加工用能垂直下刀的立铣刀或用键槽铣刀替代。

2. 装夹方案

工件采用平口钳装夹,下面用等高垫铁将工件垫起,防止铣槽时伤及虎钳钳口,另用百分表校正平口钳及工件上表面。

3. 加工路线的确定

如图 3.3-1 所示为凹槽类零件,根据零件形状及加工精度要求,一次装夹完成所有的加工内容,按基面先行、先粗后精的原则确定加工顺序,具体方案如下:

① 粗加工 4 个斜槽。
② 粗加工 3 个圆弧槽。
③ 精加工 4 个斜槽。
④ 精加工 3 个圆弧槽。

4 个直槽编写一个子程序,然后用镜像功能加工其余 3 个,粗、精加工分别由不同子程序完成零件加工。加工中采用刀具半径补偿指令,并从轮廓延长线进刀。

中间 3 个圆弧槽编写一个子程序(粗、精加工也各编写一个子程序进行加工);其余 2 个圆弧槽用坐标轴偏转指令调用子程序加工,槽宽度尺寸较小只能沿法向切入、切出进行加工。

4. 刀具及切削用量选择

刀具直径选择主要考虑槽拐角圆弧半径值的大小和槽宽等因素,本项目最小圆弧半径 R5 mm,槽宽最小为 8 mm,所以铣刀直径应小于等于 ϕ6 mm;粗加工用键槽铣刀铣削,精加工用能垂直下刀的立铣刀或用键槽铣刀替代。

加工材料为硬铝,粗铣铣削深度除留精铣余量,其余一刀切完。切削速度可较高,但铣刀直径较小,进给量选择较小。具体如表 3.3-1 所列。

表 3.3-1　粗、精铣削用量

刀具号	刀具名称	加工内容	切削速度 v_f/ (mm·min^{-1})	主轴转速 n/ (r·min^{-1})
T01	高速钢键槽铣刀(粗铣)	垂直进给深度方向留 0.3 mm 精加工余量	40	1 000
		表面直线进给轮廓留 0.3 mm 精加工余量	60	1 000
		表面圆弧进给轮廓留 0.3 mm 精加工余量	60	1 000
T02	高速钢立铣刀(精铣)	垂直进给	40	1 200
		表面直线进给	50	1 200
		表面圆弧进给	50	1 200

(二) 加工程序编制

1. 工件坐标系建立

工件坐标系建立在工件几何中心上与设计基准重合。斜槽、圆弧槽子程序坐标系仍然建立在工件坐标系上,如图 3.3-18 所示。

2. 基点坐标

具体参数如表 3.3-2 所列。

表 3.3-2　基点坐标

基　点	坐　标
A	(15.193,40)
B	(40,2.79)
C	(40,17.212)
D	(24.807,40)
E	(18,0)
F	(−12,30)
G	(−12,20)
H	(8,0)

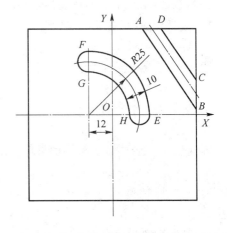

图 3.3-18　局部坐标系与工件坐标系一致

3. 参考程序

O3005(主程序)

```
G54 G90 G40 G17;
M06 T01;                      换 1 号粗加工刀具
M03 S1000;
M98 P0010;                    调用斜槽粗加工子程序
G51 X0 Y0 I−1000 J1000;        沿 Y 轴方向镜像
M98 P0010 ;                   调用斜槽粗加工子程序
G51 X0 Y0 I−1000 J−1000 ;      沿原点方向镜像
```

M98 P0010 ;	调用斜槽粗加工子程序
G51 X0 Y0 I1000 J－1000 ;	沿 X 轴方向镜像
M98 P0010 ;	调用斜槽粗加工子程序
G50 ;	取消镜像功能
M98 P0020 ;	调用圆弧槽粗加工子程序
G68 X0 Y0 R120 ;	坐标轴偏转 120°
M98 P0020 ;	调用圆弧槽粗加工子程序
G68 X0 Y0 R240 ;	坐标轴偏转 240°
M98 P0020 ;	调用圆弧槽粗加工子程序
G69 ;	取消旋转功能
M05 ;	
M00 ;	程序暂停
M06 T02 ;	换 2 号精加工刀具
M03 S1200 ;	
M98 P0030 ;	调用斜槽精加工子程序
G51 X0 Y0 I－1000 J1000 ;	沿 Y 轴方向镜像
M98 P0030 ;	调用斜槽精加工子程序
G51 X0 Y0 I－1000 J－1000 ;	沿原点方向镜像
M98 P0030 ;	调用斜槽精加工子程序
G51 X0 Y0 I1000 J－1000 ;	沿 X 轴方向镜像
M98 P0030 ;	调用斜槽精加工子程序
G50 ;	取消镜像功能
M98 P0040 ;	调用圆弧槽精加工子程序
G68 X0 Y0 R120 ;	坐标轴偏转 120°
M98 P0040 ;	调用圆弧槽精加工子程序
G68 X0 Y0 R240 ;	坐标轴偏转 240°
M98 P0040 ;	调用圆弧槽精加工子程序
G69 ;	取消旋转功能
G00 Z100. ;	抬刀
M30 ;	程序结束

O0010（斜槽粗加工子程序）

G00 G43 Z5. H01 ;	建立刀具长度补偿
X30. Y45. ;	刀具移动到 X30 Y45 处
G01 Z－1.7 F40 ;	下刀
G41 X15.193 Y40. D01 F60 ;	建立刀具半径补偿到 A 点
X40. Y2.79 ;	加工直槽一侧到 B 点
G40 X45. Y6.91 ;	取消刀补
G41 X40. Y17.212 D01 ;	建立刀具半径补偿到 C
X24.807 Y40. ;	加工直槽另一侧到 D 点
G40 X30. Y45. ;	取消刀补
G00 Z5. ;	抬刀
M99 ;	子程序结束

O0020（圆弧槽粗加工子程序）

G00 G43 Z5. H01 ;	建立刀具长度补偿
X13. Y3. ;	刀具移动到 X13 Y3

G01 Z－1.7 F40；	下刀
G41 X8. Y0 D01 F60；	建立半径左补偿至 H 点
G03 X18. Y0 R5.；	圆弧加工至 E 点
G03 X－12. Y30. R30.；	圆弧加工至 F 点
G03 X－12. Y20. R5.；	圆弧加工至 G 点
G02 X8. Y0. R20.；	圆弧加工至 H 点
G01 G40 X13. Y3.；	取消刀具半径补偿
G00 Z5.；	抬刀
M99；	子程序结束

O0030（斜槽精加工子程序）

G00 G43 Z5. H02；	建立刀具长度补偿
X30. Y45.；	刀具移动到 X30 Y45 处
G01 Z－2. F40；	下刀
G41 X15.193 Y40. D02 F50；	建立刀具半径补偿到 A 点
X40 Y2.79；	加工直槽一侧到 B 点
G40 X45. Y6.91；	取消刀补
G41 X40. Y17.212 D02；	建立刀具半径补偿到 C 点
X24.807 Y40.；	加工直槽另一侧到 D 点
G40 X30. Y45.；	取消刀补
G00 Z5.；	抬刀
M99；	子程序结束

O0040（圆弧槽精加工子程序）

G00 G43 Z5. H02；	建立刀具长度补偿
X13. Y3.；	刀具移动到 X13 Y3 处
G01 Z－2. F40；	下刀
C41 X8. Y0 D02 F50；	建立半径左补偿至 H 点
G03 X18. Y0 R5.；	圆弧加工至 E 点
G02 X－12. Y30. R30.；	圆弧加工至 F 点
G03 X－12. Y20. R5.；	圆弧加工至 G 点
G02 X8. Y0 R20.；	圆弧加工至 H 点
G01 G40 X13. Y3.；	取消刀具半径补偿
G00 Z5.；	抬刀
M99；	子程序结束

（三）仿真加工

采用斯沃数控仿真完成操作，步骤如下：

① 打开仿真软件，开机，回机床参考点；

② 把数控程序通过键盘或操作面板输入仿真软件；

③ 设置毛坯尺寸并装夹工件；

④ 从刀具管理库中选好相应的刀具，装入刀库并添加到主轴；

⑤ 对刀操作，完成工件坐标系的设置以及刀补的设置；

⑥ 打开加工程序，选择自动加工模式，按数控启动键进行仿真并观察加工情况。

小　结

本项目介绍了型腔零件加工时的相关工艺知识,包括型腔的切入切出点的确定,以及在 Z 方向下刀的 4 种方法。在下刀的选择方法上,应根据零件具体的要求合理选择。

本项目所介绍的子程序、旋转指令和镜像指令,是本项目的重点。子程序与旋转指令,以及与镜像指令的结合,是加工中心常用的综合使用方法,这样可大大简化程序。本节要求重点掌握子程序、旋转指令和镜像指令的运用。

思考与习题

一、判断题(请将判断结果填入括号中,正确的填"√",错误的填"×")

1. (　　)在立式铣床上加工封闭键槽时,通常采用立铣刀铣削,而且不必钻引刀孔。

2. (　　)G68 指令只能在平面中旋转坐标系。

3. (　　)在子程序中,不可以再调用另外的子程序,即不可调用二重子程序。

4. (　　)在镜像功能有效后,刀具在任何位置都可以实现镜像指令。

5. (　　)编程中的镜像就是对几何图形的镜像。

6. (　　)在坐标系旋转功能中,旋转平面一定要包含在刀具半径补偿平面内。

二、选择题(将正确答案的序号填写在括号中)

1. 铣削凹模型腔平面封闭内轮廓时,刀具只能沿轮廓曲线的法向切入或切出,但刀具的切入切出点应选在(　　)。

　　A. 圆弧位置　　　　　　　　　　B. 直线位置

　　C. 两几何元素交点位置　　　　　D. 任意选择

2. 零件需要在不同的位置上重复加工同样的轮廓形状,应采用(　　)。

　　A. 比例加工功能　　　　　　　　B. 镜像加工功能

　　C. 旋转功能　　　　　　　　　　D. 子程序调用功能

3. 在比例编程中,当给定的比例系数为-1时,可获得(　　)加工功能。

　　A. 旋转　　　　　B. 镜像　　　　　C. 放大　　　　　D. 缩小

4. 在 FANUC 系统中,程序段"G51 X0 Y0 P1000"中,P 指令是指(　　)。

　　A. 子程序号　　　B. 缩放比例　　　C. 暂停时间　　　D. 循环参数

5. 下列程序段可实现镜像功能的是(　　)。

　　A. G50 X0 Y0　　　　　　　　　B. G16 X0 Y0

C. G51 X0 Y0 I1000 J-1000　　　　D. G68 X0 Y0 R90.0

三、项目训练题

1. 如图 3.3-19 所示为某凹盘件零件图,毛坯为 100 mm×100 mm×15 mm,工件上下表面及外圆均已加工,其尺寸和粗糙度等要求已符合图纸要求,材料为铝合金,试制定加工工序并编写加工程序。

2. 试制定如图 3.3-20 所示的数控加工工序并编写加工程序,毛坯为 80 mm×80 100 mm×20 mm,材料为铝合金,工件上下表面及四侧面均已加工,其尺寸和粗糙度等要求已符合图纸要求。

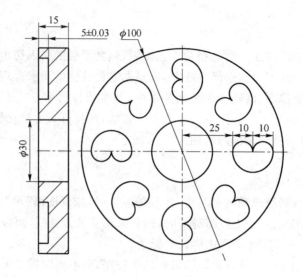

图 3.3 - 19　项目训练题 1

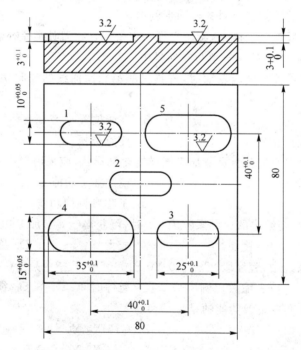

图 3.3 - 20　项目训练题 2

项目四　孔系零件的加工工艺及编程

【知识目标】

① 熟悉孔类零件的特点,掌握孔的各种加工方法以及能够达到的经济精度和经济表面粗糙度;

② 根据孔类零件的技术要求,了解孔的加工方案、加工顺序、切削用量以及加工路线的拟定等;

③ 熟悉孔加工固定循环指令的各种动作,以及分清楚各指令的区别,以便能够正确合理地选用各个指令。

【能力目标】

① 掌握数控系统的孔加工固定循环 G81、G73/ G83、G74/G84、G80 等指令的编程格式及应用;

② 掌握板类孔系零件的结构特点和加工工艺特点,正确分析孔系零件的结构特点和工艺特点;

③ 掌握板类孔系零件的工艺拟定和手工编程方法。

一、项目导入

如图 3.4-1 所示的工件,是由平面外形轮廓与孔系组成的平面类零件,试编写该零件中各内孔的加工工艺、所用刀具以及加工程序。

二、相关知识

(一) 孔加工的工艺设计

在平面类零件加工中,除了轮廓加工内容外,主要是孔系的加工,包含了从零件的毛坯选择到通过机械加工的手段使零件达到图纸设计要求的加工设备、工装、加工顺序和加工方法等多方面的选择。

1. 孔加工零件的结构工艺性分析

孔加工零件的结构工艺性分析主要从以下几方面考虑:

① 零件的切削加工量要小,以便缩短切削加工时间,降低零件的加工成本;

② 零件上光孔和螺纹的尺寸规格尽可能少,减少加工时钻头、铰刀及丝锥等刀具的数量,以防刀库容量不够;

③ 零件尺寸规格尽量标准化,以便采用标准刀具;

④ 零件加工表面应具有加工的可能性和方便性;

⑤ 零件结构应具有足够的刚性,以减少夹紧变形和切削变形。

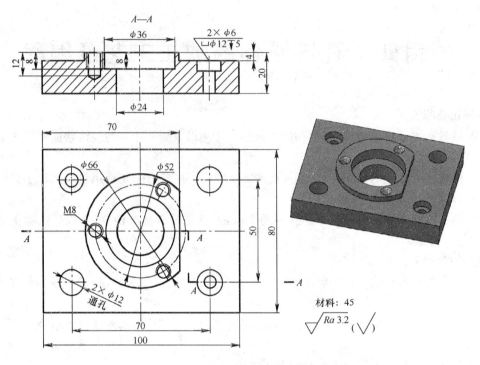

图 3.4-1 平面孔类零件

2. 孔加工方法的确定

孔加工的方法较多,有钻、扩、铰、镗等。大直径孔还可采用圆弧插补方式进行铣削加工。孔的具体加工方案可按下述方法制定:

① 所有孔系都先完成全部孔的粗加工,再进行精加工。

② 对于直径大于 φ30 mm 的已铸出或锻出毛坯孔的孔加工,可在普通机床上先完成毛坯荒加工,留给加工中心的余量为 4～6 mm(直径),然后再上加工中心按"粗镗—半精镗—孔端倒角—精镗"4 个工步完成;孔径较大的可采用立铣刀"粗铣—精铣"加工方案。

③ 直径小于 φ30 mm 的孔可以不铸出毛坯孔,全部加工都在加工中心上完成,可分为"锪平端面—打中心孔—钻—扩—孔端倒角—铰"等工步;对有同轴度要求的小孔,需采用"锪平端面—打中心孔—钻孔—半精镗孔—孔口倒角—精镗(或铰)"的加工方案。孔端倒角安排在半精加工之后,精加工之前,以防孔内产生毛刺。

④ 在孔系加工中,先加工大孔,再加工小孔,特别是在大小孔相距很近的情况下,更要采取这一措施。

⑤ 对螺纹加工,要根据孔径大小采取不同的处理方式。一般情况下,直径为 M6～M20 mm 的螺纹,通常采用攻螺纹方法加工;M6 mm 以下,M20 mm 以上的螺纹只在加工中心上完成底孔加工,攻丝可通过其他手段进行。因加工中心的自动加工方式,在攻小螺纹时,不能随机控制加工状态,小丝锥容易折断,从而产生废品;由于刀具、辅具等因素影响,在加工中心上攻 M20 mm 以上大螺纹有一定困难。当然这也不是绝对的,视具体情况而定。

3. 孔加工路线的确定

孔加工时,一般是首先将刀具在 XY 平面向快速定位运动到孔中心线的位置上,然后刀具

再沿 Z 向(轴向)运动进行加工,所以孔加工进给路线的确定包括:

(1)确定 XY 平面内的进给路线

孔加工时,刀具在 XY 平面内的运动属点位运动,确定进给路线时,主要考虑:

1)定位要迅速

在刀具不与工件、夹具和机床碰撞的前提下空行程尽可能短。例如,加工如图 3.4-2(a)所示零件。按如图 3.4-2(b)所示进给路线进给比按如图 3.4-2(c)所示进给路线进给节省定位时间近一半。这是因为在点位运动情况下,刀具由一点运动到另一点时,通常是沿 X、Y 坐标轴方向同时快速移动,当 X、Y 轴各自移距不同时,短移距方向的运动先停,待长移距方向的运动停止后刀具才达到目标位置。如图 3.4-2(b)所示方案使沿两轴方向的移距接近,所以定位过程迅速。

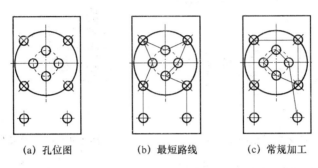

(a)孔位图　　　(b)最短路线　　　(c)常规加工

图 3.4-2　最短进给路线示例

2)定位要准确

安排进给路线时,要避免机械进给系统反向间隙对孔位精度的影响。例如,镗削如图 3.4-3(a)所示零件上的 4 个孔。按如图 3.4-3(b)所示进给路线加工,由于 4 孔与 1、2、3 孔定位方

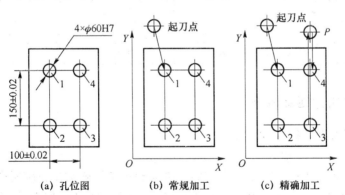

(a)孔位图　　　(b)常规加工　　　(c)精确加工

图 3.4-3　准确定位进给路线示例

向相反,Y 向反向间隙会使定位误差增加,从而影响 4 孔与其他孔的位置精度。按如图 3.4-3(c)所示进给路线,加工完 3 孔后往上多移动一段距离至 P 点,然后再折回来在 4 孔处进行定位加工,这样方向一致,就可避免反向间隙的引入,提高了 4 孔的定位精度。

有时定位迅速和定位准确两者难以同时满足,在上述两例中,如图 3.4-2(b)所示是按最短路线进给,但不是从同一方向趋近目标位置,影响了刀具定位精度,如图 3.4-3(c)所示是从同一方向趋近目标位置,但不是最短路线,增加了刀具的空行程。这时应抓主要矛盾,若按

最短路线进给能保证定位精度,则取最短路线,反之,应取能保证定位准确的路线。

(2)确定 Z 向(轴向)的进给路线

刀具在 Z 向的进给路线分为快速移动路线和工作进给路线。刀具先从起始平面快速运动到距工件加工表面一定距离的 R 平面(距工件加工表面一切入距离的平面)上,然后按工作进给速度进行加工。如图 3.4-4(a)所示为加工单个孔时刀具的进给路线。

对多孔加工,为缩短刀具空行程进给时间,加工同一平面上的孔时,刀具不必退回到初始平面,只要退到 R 平面上即可,其进给路线如图 3.4-4(b)所示。

在工作进给路线中,工作进给距离 Z_F 包括被加工孔的深度 H、刀具的切入距离 Z_a 和切出距离 Z_0(加工通孔),如图 3.4-5 所示。

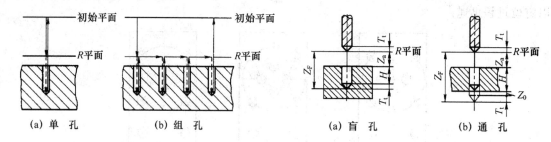

图 3.4-4　刀具 Z 向进给路线示例　　　　图 3.4-5　工作进给距离计算图

图中刀具切入、切出距离的经验数据见表 3.4-1。

表 3.4-1　刀具切入切出距离参考值　　　　　　　　　　mm

加工方法 ＼ 表面状态	已加工表面	毛坯表面	加工方法 ＼ 表面状态	已加工表面	毛坯表面
钻　孔	2～3	5～8	铰　孔	3～5	5～8
扩　孔	3～5	5～8	铣　孔	3～5	5～10
镗　孔	3～5	5～8	攻螺纹	5～10	5～10

(二)孔加工的固定循环指令

1. 孔加工固定循环指令、动作分析

(1)孔加工固定循环指令

孔加工最常用的加工工序是要用于钻孔、镗孔和攻螺纹等加工。应用孔加工固定循环功能,一个程序段就可完成一个孔加工的全部动作,且进行一下个孔加工时,不变的参数无需重新书写,因此大大简化了程序。固定循环功能指令见表 3.4-2。

(2)孔加工固定循环的动作分解

孔加工固定循环动作如图 3.4-6所示,通常由以下 6 个动作组成:

动作1:刀具在初始平面快速定位至孔位中心;

动作2:快进至 R 平面;

表 3.4 - 2　固定循环指令

G 指令	Z 向加工动作	孔底动作	Z 向回退动作	用　途
G73	间歇进给		快速进给	高速钻深孔
G74	切削进给	暂停、主轴正转	切削进给	反转攻螺纹，主轴反转
G76	切削进给	主轴定向停止	快速进给	精镗循环
G80				取消固定循环
G81	切削进给		快速进给	定点钻循环
G82	切削进给	孔底暂停	快速进给	钻盲孔、阶梯孔、锪孔
G83	间歇进给		快速进给	钻深孔
G84	切削进给	暂停、主轴反转	切削进给	攻右旋螺纹，主轴正转
G85	切削进给		切削进给	镗循环
G86	切削进给	主轴停止	切削进给	镗循环
G87	切削进给	主轴停止	手动或快速	反向镗循环
G88	切削进给	暂停、主轴停止	手动或快速	镗循环
G89	间歇进给	暂停	切削进给	镗循环

动作 3：刀具以切削进给的方式执行孔加工动作；

动作 4：孔底动作（如进给暂停、刀具移位、主轴准停和主轴换向等）；

动作 5：刀具快速返回 R 平面；

动作 6：刀具快速返回起始平面。

（3）孔加工固定循环的基本格式

指令格式：

　　G90/G91　G98/G99　GXX　X＿＿＿　Y＿＿＿　Z＿＿＿　R＿＿＿　Q＿＿＿　P＿＿＿　F＿＿　K＿＿＿；

其中：

　　X、Y：指定孔中心在 XY 平面内定位；

　　Z：孔底平面的 Z 坐标位置；

　　R：R 点所在平面的 Z 坐标位置；

　　Q：当钻孔循环间歇进给时，为刀具每次加工深度；当精镗循环时，为刀具孔底的让刀距离；

　　P：指定刀具在孔底的暂停时间，以 ms 为时间单位；

　　F：孔加工切削进给时的进给速度；

　　K：指定孔加工循环的次数。

对于以上加工固定循环的通用格式，并不是每一种孔加工固定循环的编程都要用到以上格式的所有代码。

取消孔加工固定循环采用代码 G80。另外，若在孔加工固定循环中出现 01 组的 G 代码，则孔加工固定循环方式也会自动取消。

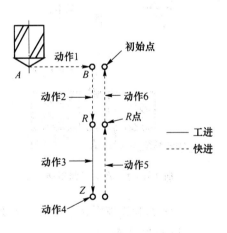

图 3.4 - 6　孔加工固定循环动作

（4）孔加工固定循环的平面

1）初始平面

初始平面是为安全进刀而规定的一个平面。初始平面可以设定在任意一个安全高度上。当使用同一把刀具加工多个孔时,刀具在初始平面内的任意移动将不会与夹具、工件凸台等发生干涉。

2）R点平面

R点平面又称R参考平面。这个平面是刀具进刀时,从快进转为工进的高度平面,距工件表面的距离主要考虑工件表面的尺寸变化,一般情况下取2～5 mm(见图3.4-7)。

3）孔底平面

加工不通孔时,孔底平面就是孔底的Z向高度;而加工通孔时,除要考虑孔底平面的位置外,还要考虑刀具超越量(见图3.4-7中的Z点),以保证所有孔深都加工到尺寸。

（5）刀具从孔底返回的方式

当刀具加工到孔底平面后,刀具从孔底平面以两种方式返回,即返回到R点平面和返回到初始平面,分别用指令G98与G99来指定。

1）G98方式

G98表示返回到初始平面,如图3.4-8(a)所示。一般采用固定循环加工孔系时不用返回到初始平面,只有在全部孔加工完成后或孔之间存在凸台或夹具等干涉件时,才回到初始平面。

2）G99方式

G99表示返回到R点平面,如图3.4-8(b)所示。在没有凸台等干涉件的情况下,加工孔系时,为了节省孔系的加工时间,刀具一般返回到R点平面。

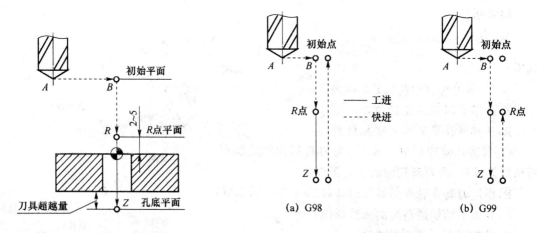

图3.4-7 孔加工的平面

图3.4-8 孔加工的返回方式

（6）孔加工固定循环中的绝对坐标与增量坐标

1）G90方式

在G90方式中,R与Z的指定是相对于工件坐标系的Z向坐标值,如图3.4-9(a)所示,此时,R一般为正值,而Z一般为负值。

例:G90　G99　G××　X__　Y__　Z-20.0　R5.0　Q5.0　F__ K__;

2）G91 方式

在 G91 方式中，R 值是指从初始点到 R 点的矢量值，而 Z 值是指从 R 点到孔底平面的矢量值。如图 3.4-9(b)所示，R 与 Z 均为负值。

例：G91 G99 G×× X__ Y__ Z−20.0 R−30.0 Q5.0 F__ K__;

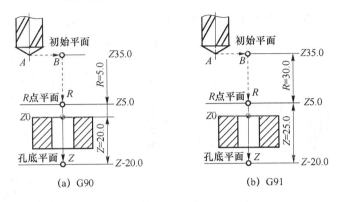

(a) G90   (b) G91

图 3.4-9 孔加工固定循环中的绝对坐标和增量坐标

2. 孔加工固定循环指令

（1）钻孔循环（G81、G82）

编程格式：

G81 X__Y__Z__R__F__K__;（钻孔循环）

G82 X__Y__Z__R__P__F__K__;（锪孔循环）

要点说明：

① G81 指令用于正常钻孔，切削进给执行到孔底，然后刀具从孔底快速退回，动作分解如图 3.4-10 所示，参数意义同前；

② G82 指令用于正常钻孔，切削进给执行到孔底暂停，然后刀具从孔底快速退回，动作分解如图 3.4-11 所示，参数意义同前。

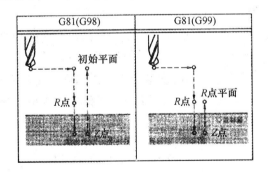

图 3.4-10 钻孔循环 G81 指令动作分解

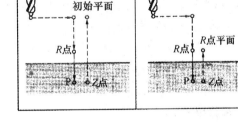

图 3.4-11 钻孔循环 G82 指令动作分解

两者区别：G82 动作类似于 G81，只是在孔底增加了进给后的暂停动作。因此，在不通孔中提高了孔底表面质量。该指令常用于锪孔或台阶孔加工。

（2）深孔啄钻循环（G73、G83）

孔的深度与直径的比值大于 3 倍者，即可定义为深孔。

编程格式：

G73 X__Y__Z__R__Q__F__K__ ;
G83 X__Y__Z__R__Q__F__K__ ;

要点说明：

① G73 指令用于高速深孔钻削,它执行间歇切削进给直至孔底。间歇进给有利于断屑和排屑,Q 值是指每一次的加工深度(均为正值),d 值由机床系统指定。动作分解如图 3.4-12 所示,参数意义同前。

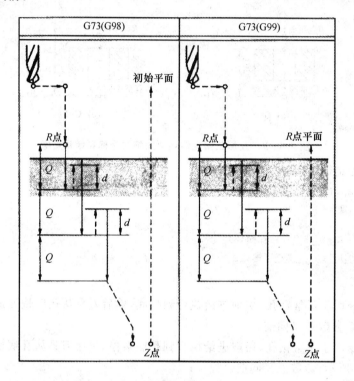

图 3.4-12 高速深孔啄钻循环动作分解

② G83 指令用于深孔啄式钻削,它执行间歇切削进给直至孔底。Q 值是指每一次的加工深度(均为正值),d 值由机床系统指定。动作分解如图 3.4-13 所示,参数意义同前。

两者区别:G83 与 G73 指令的不同之处,在于每次刀具间歇进给后回退的高度位置不同,G73 只在孔内做一个小距离的回退,而 G83 则每次都退到 R 平面,故更利于排屑。常用于排屑不畅的难加工材料的钻孔加工。

(3) 攻螺纹循环指令(G74、G84)

编程格式：

G84 X__Y__Z__R__P__F__K__ ; (攻右旋螺纹)
G74 X__Y__Z__R__P__F__K__ ; (攻左旋螺纹)

要点说明：

① G74 为攻左旋螺纹循环。执行该循环指令前,需指令主轴反转,在起始平面快速定位后快速移动到 R 点,执行攻丝任务。动作分解如图 3.4-14 所示,参数意义同前。

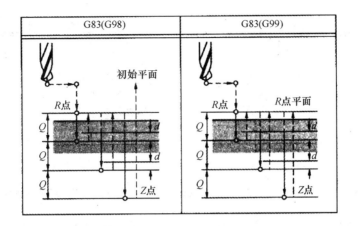

图 3.4 - 13　深孔啄钻循环动作分解

② G84 为右旋螺纹加工指令。执行该指令循环前,需指令主轴正转,在起始平面快速定位后快速移动到 R 点,执行攻丝任务。动作分解如图 3.4 - 15 所示,参数意义同前。

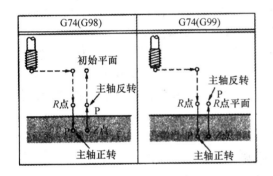

图 3.4 - 14　攻左螺纹循环动作分解

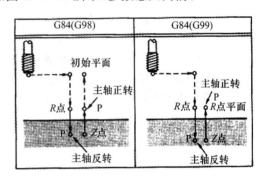

图 3.4 - 15　攻右螺纹循环动作分解

注意事项:

① 攻螺纹时进给量根据不同的进给模式指定。当采用每分钟进给量(G94)模式时,进给量＝导程×转速。当采用每转进给量(G95)模式时,进给量＝导程。

② 螺纹加工时,进给倍率旋钮无效且暂停功能失效。

(4) 镗孔循环指令(G76、G86)

编程格式:

```
G76  X__Y__Z__R__Q__P__F__K__;    (精镗孔循环)
G86  X__Y__Z__R__P__F__K__;       (粗镗孔循环)
```

要点说明:

① G76 指令用于精镗内孔,当刀具镗至孔底时,主轴定向停止切削,刀具离开工件已加工表面一个 Q 值,并返回。动作分解如图 3.4 - 16 所示,参数意义同前。

② G86 指令用于镗孔的粗加工,当刀具镗至孔底位置后,主轴停止,并快速退出,动作分解如图 3.4 - 17 所示,参数意义同前。

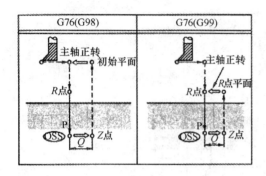

图 3.4-16　精镗循环(G76)动作分解

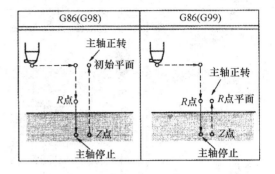

图 3.4-17　粗镗循环(G86)动作分解

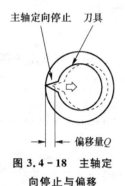

图 3.4-18　主轴定向停止与偏移

③ 主轴定向停止是为了刀尖指向一个固定的方向，镗刀中心偏移使刀尖离开工件已加工孔面（如图 3.4-18 所示），这样镗刀快速退出孔外时，才不至于刮伤孔面。

特别需要注意的是，镗刀装到主轴上后，一定要在 CRT/MDI 方式下执行 M19 指令使主轴准停后，检查刀尖位置所处的方向，如不符合要求，须重新装刀直至满足要求为止。

两者区别：G76 与 G86 的不同之处，在于刀具镗至孔底刀尖有无让刀动作。G76 指令刀具在孔底主轴准停、让刀后回退，而 G86 指令刀具在孔底主轴停止，刀尖划过内孔已加工面快速返回，故 G76 用于镗削精密孔，而 G86 通常用于孔的粗加工。

三、项目实施

如图 3.4-1 所示的工件，外形轮廓已经加工完成，试编写该零件中各内孔的加工程序（注：ϕ24 mm 和 ϕ36 mm 已有底孔，各留余量 1 mm）。

(一) 加工工艺分析

1. 零件图工艺分析

该零件材料为 45♯ 钢，切削性能较好。属于轮廓与孔系相组合的平面类零件，图形对称性好，便于计算编程。该零件上的孔系由中间的阶梯孔、凸台上三个 M8 mm 的螺纹孔、以及两个对角 ϕ12 mm 通孔和两个 ϕ12 mm－ϕ6 mm 的沉孔组成。

2. 装夹方案

由于零件外形为规则的平面板类零件，又都是孔的加工，根据零件结构特点，选用平口虎钳装夹，在立式加工中心上完成。

3. 加工顺序及进给路线的确定

加工顺序的拟定按照基面先行、先粗后精原则确定，因此先加工定位基准，再加工其他的孔。选择 2 轴以上联动的立式数控加工中心，一次安装定位加工全部内容，具体工艺路线安排如下：

① M8 mm 螺纹孔：钻中心孔→钻底孔(ϕ6.7 mm)→攻丝；

② $\phi 12$ mm 通孔:钻中心孔→钻通孔($\phi 6$ mm)→扩孔($\phi 11.8$ mm)→铰孔($\phi 12$ mm);

③ $\phi 6$ mm 沉孔:钻中心孔→钻通孔($\phi 6$ mm)→锪孔($\phi 12$ mm);

④ 中间阶梯孔:精镗到尺寸。

4. 刀具及切削用量的选择

本项目完成的是零件孔加工部分,选用中心钻、麻花钻、镗刀、铰刀和丝锥等;加工铝件,切削速度可以适当提高,具体刀具类型及切削用量参数参见表 3.4-3。

5. 填写数控加工工序卡片

将各工步的加工内容、所用刀具和切削用量填入数控加工工序卡片,具体参见表 3.4-3。

表 3.4-3 平面孔类零件数控加工工序卡片

序号	刀具号	刀具类型	加工表面	切削用量		
				主轴转速 $n/(\text{r} \cdot \text{min}^{-1})$	进给速度 $F/(\text{mm} \cdot \text{r}^{-1})$	背吃刀量 a_{p}/mm
1	T01	A2.5 mm 中心钻	中心钻进行孔定位	2000	50～100	D/2
2	T02	$\phi 6.7$ mm 钻头	钻上平面 3 个螺纹底孔($\phi 6.7$ mm)	1 000	50～100	D/2
3	T03	$\phi 6$ mm 钻头	钻底板上 4 个孔($\phi 6$ mm)	1 000	50～100	D/2
4	T04	$\phi 12$ mm 锪孔钻	锪平底沉孔($\phi 12$ mm)	800	100～200	3
5	T05	$\phi 11.8$ mm 钻头	扩底板上 2 个通孔($\phi 11.8$ mm)	800	100～200	2.9
6	T06	$\phi 12$ mm 铰刀	铰底板上 2 个通孔($\phi 12$ mm)	200	50～100	0.1
7	T07	$\phi 36$ mm 精镗刀	镗 $\phi 36$ mm 的台阶孔	1 000	100～200	0.3
8	T08	$\phi 24$ mm 精镗刀	镗 $\phi 24$ mm 的通孔	1 200	100～200	0.3
9	T09	M8 丝锥	攻螺纹	100	100	0.5
编 制			审 核		批 准	

(二)加工程序编制

平面类零件孔加工程序见表 3.4-4。

表 3.4 - 4 平面零件孔加工程序单

零件号		零件名称		编程原点	
程序号		数控系统		编 制	
O4020;			程序号		
G90 G80 G21 G17 G54;			程序初始部分		
G91 G28 Z0;					
M06 T01;			换 1 号刀		
S2000 M03;					
G90 G00 X0 Y0 M08;					
G43 G00 Z15.0 H01;			进行长度补偿		
G99 G81 X-26.0 Y0 Z-3.0 R3.0 F50;					
X13.0 Y22.52;					
X13.0 Y-22.52;					
X35.0 Y25.0 Z-7.0;			加工中心孔		
Y-25.0;					
X-35.0;					
Y25.0;					
G00 G49 Z20.0 M05;			取消刀具长度补偿		
G91 G28 Z0 M09;			换 2 号刀		
M06 T02;					
S1000 M03;					
G90 G00 X0 Y0 M08;					
G43 Z15.0 H02;					
G99 G81 X-26.0 Y0 Z-12.0 R3.0 F50;					
X13.0 Y22.52;			加工螺纹底孔		
X13.0 Y-22.52;					
G00 G49 Z20.0 M05;					
G91 G28 Z0 M09;					
M06 T03;			换 3 号刀		
S1000 M03;					
G90 G43 Z20.0 H03 M08;					
G99 G81 X-35.0 Y25.0 Z-25.0 R-1 F60;					
G98 Y-25.0;					
G99 X35.0;			加工 ϕ6 mm 通孔		
G98 Y25.0;					

零件号		零件名称		编程原点	
程序号		数控系统		编 制	
G49 G00 Z20.0 M05；					
G91 G28 Z0 M09；				换 4 号刀	
M06 T04；					
S800 M03；					
G90 G43 G00 Z20.0 H04 M08；					
G98 G82 X－35.0 Y25.0 Z－9.0 R－1.0 P1000 F60；					
X35.0 Y－25.0					
G49 G00 Z20.0 M05；					
G91 G28 Z0 M09；				换 5 号刀	
M06 T05；					
S800 M03；					
G90 G43 G00 Z20.0 H05 M08；					
G98 G85 X－35.0 Y－25.0 Z－25.0 R－1.0 F60；					
X35.0 Y25.0；				扩孔 ϕ12 mm	
G49 G00 Z20.0 M05；					
G91 G28 Z0 M09；					
M06 T06；					
……					
M06 T07；					
S1000 M03；					
G90 G43 G00 Z20.0 H07 M08；					
G98 G76 X0.0 Y0.0 Z－8.0 R3.0 Q1 F60；					
G49 G00 Z20.0 M05；					
G91 G28 Z0 M09；					
M06 T08；					
……					
M06 T09；					
S100 M03；					
G90 G43 G00 Z20.0 H09 M08；					
G99 G84 X－26.0 Y0.0 Z－8.0 R8.0 F125；					
X13.0 Y22.52；					
X13.0 Y－22.52；					
G49 G00 Z20.0 M05；					
G91 G28 Z0 M09；					
M30；					

（三）仿真加工

采用斯沃数控仿真完成操作，步骤如下：

① 打开仿真软件，开机，回机床参考点；

② 把数控程序通过键盘或操作面板输入仿真软件；

③ 设置毛坯尺寸并装夹工件；

④ 从刀具管理库中选好相应的刀具，装入刀库并添加到主轴；

⑤ 刀操作，完成工件坐标系的设置以及刀补的设置；

⑥ 打开加工程序，选择自动加工模式，按数控启动键进行仿真并观察加工情况。

小 结

本项目主要介绍的是有关孔系加工的知识内容。孔系加工所用孔加工刀具较多，零件的位置精度上的要求比较高，为保证孔的加工精度要求，一般安排在加工中心上完成。

孔加工采用固定循环程序，可大大减少程序段。固定循环指令中，首先要掌握好 G98 和 G99 平面的定义以及应用，其次要掌握钻孔循环指令 G81 的运用、深孔循环 G73 和 G83 的区别、螺纹循环 G74 和 G84 中的执行动作的不同等，最后在指令上不但要学会绝对值的运用，还要熟练掌握增量值的运用。

思考与习题

一、判断题（请将判断结果填入括号中，正确的填"√"，错误的填"×"）

1. （　　）固定循环功能中的 K 是指重复加工次数，一般在增量方式下使用。

2. （　　）G73 与 G83 的不同点主要是每刀返回点不同。

3. （　　）孔加工固定循环只能用 G80 撤销。

4. （　　）G98 表示刀具定位孔中心 xy 时所在的平面。

二、选择题（将正确答案的序号填写在括号中）

1. 精度较高的孔系加工时，特别要注意孔的加工顺序的安排，主要是考虑到（　　）。

A. 刀具的耐用度 　　　　　　　　　　　B. 坐标轴的反向间隙

C. 加工表面质量 　　　　　　　　　　　D. 最短路线

2. （　　）情况下，孔加工固定的刀具不需要返回起始平面。

A. 单孔加工 　　　　　　　　　　　　　B. 所有孔加工完毕

C. 移动中有凸台 　　　　　　　　　　　D. 同一平面孔连续加工过程中

3. 孔加工固定循环中，R 平面是指（　　）。

A. YZ 平面 　　　　　　　　　　　　　B. 工件的上表面

C. 距离工件上表面由快进转为工进的高度平面 　　D. 起始平面

三、项目训练题

1. 如图 3.4 - 19 所示，零件毛坯尺寸为 125 mm×125 mm×25 mm；材料为 45#钢，单件小批生产，试制定零件加工工艺并编写零件的数控程序。

2. 如图 3.4 - 20 所示，零件毛坯尺寸为 105 mm×105 mm×12 mm；材料为 45#钢，单件

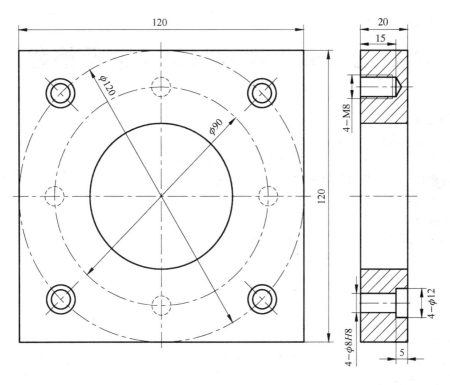

图 3.4 - 19 项目训练题 1

小批生产,试制定零件加工工艺并编写零件的数控程序。

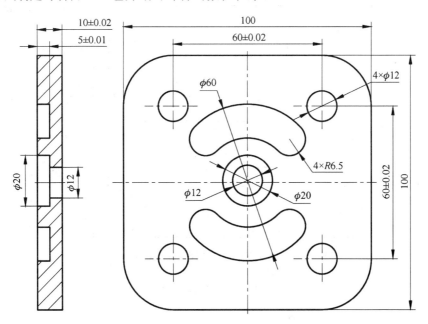

图 3.4 - 20 项目训练题 2

项目五 曲面铣削加工工艺及编程

【知识目标】

① 复习数控宏程序编制方法；

② 掌握使用宏程序编制铣削加工类零件的去除材料方法；

③ 用宏程序解决凸台类规则零件的加工方法。

【能力目标】

① 了解曲面铣削的加工工艺；

② 掌握曲面加工走刀路线的选择方法；

③ 掌握用宏程序实现规则公式曲面的手工编程方法。

一、项目导入

完成如图 3.5-1 所示凸球面零件的铣削，工件毛坯尺寸为 150 mm×150 mm×35 mm，材料为 45♯钢。单件小批生产，底面及四侧面预先加工。本项目分析如何使用宏程序完成从一完整的矩形材料到凸球球面的加工。

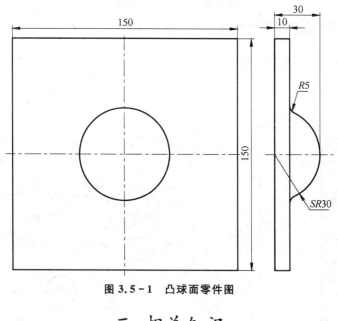

图 3.5-1 凸球面零件图

二、相关知识

规则公式曲面的程序设计与加工方法

在对斜面、球面和椭圆面等规则公式曲面进行程序编程时，一般由曲面的规则公式或参数方程，选择其中的一个变量作为自变量（或参数），另一个变量作为这个自变量的函数，并将公式或方程转化为这个自变量(或函数)的函数表达式;再用数控系统中的变量来表示这个函数表达式;最后根据这个曲面的起始点和移动步距,采用等间距直线逼近法和圆弧逼近法来进行程序设计。而曲面加工时,多在三坐标控制的二轴半或三轴联动的数控机床上用"行切法"进行加工。当曲面为边界封闭的凹槽时,刀具只宜选用球头铣刀。

　　所谓"行切法"是指刀具与零件轮廓的切点轨迹是一行一行的,而行间的距离是按零件加工精度的要求确定。在三坐标数控铣床上进行加工时只有两个坐标联动。另一个坐标按一定的行距周期性进给。这种方法常用于不太复杂的空间曲面加工,其加工示意见图 3.5－2。

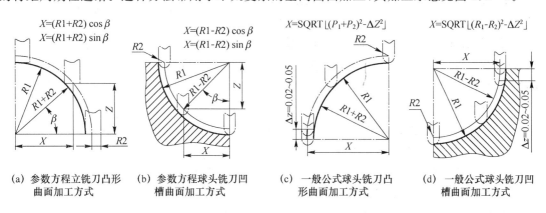

图 3.5－2　规则公式曲面编程与铣削方式示例

　　另外用三坐标数控铣床进行二轴半近似加工时,铣削刀具常选用球头铣刀和鼓形铣刀,以直线或圆弧插补方式分层铣削;由于此方法所留迭刀残痕比较大,因此编程时尽量取较小的行距和层距,或加工完毕后用钳修方法清除所留迭刀残痕。

三、项目实施

(一) 加工工艺分析

1. 零件的工艺分析

　　本项目为典型的铣削零件加工。由于毛坯为已加工方料,导致加工过程中材料去除较多。为了提高加工效率,将加工过程分为粗加工、半精加工和精加工三个步骤。零件的底面和 4 个侧面已按基准需求进行了预先加工,故定位基准已具备,球面的全部加工可以在加工中心上一次装夹完成。

　　(1) 粗加工

　　粗加工的目的是尽快地去除多余材料,为了提高金属的切除率,拟采用切削效率高的面铣刀完成,根据毛坯和零件情况,拟选择直径 $\phi50$ mm 的面铣刀进行粗加工。

　　根据面铣刀的加工特点,只能迅速去除材料,为了保证加工精度,分析零件情况,此工步只能加工成如下形状,如图 3.5－3 所示。为了保证精加工的效率和质量,粗加工的每次背吃刀量为 2 mm,不同深度对应的平面尺寸 R,可通过设置参数自动计算,单边留 1 mm 余量。

　　(2) 半精加工

　　由于粗加工采用面铣刀,为了提高精加工效率和质量,增加半精加工工步,拟采用 $\phi12$ mm

的带端面刃的立铣刀完成,目的是进一步去除多余材料,减小精加工余量的不均匀性。

因粗加工的背吃刀量为 2 mm,显然不能满足精加工效率的要求,故本工步的每次切削深度(定义是否正确)拟为 0.5 mm,使得本工步完成后,精加工余量进一步减小,且形状更接近于要求。具体算法跟粗加工一致。同时,本工步完成对平面的加工。

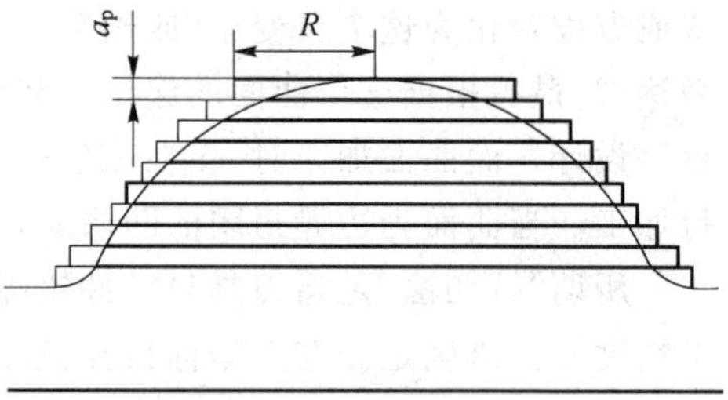

图 3.5 - 3　粗加工思路

(3) 精加工

精加工拟采用球头铣刀,使用 2.5 轴联动的方式,以直线插补方式分层铣削,为提高加工形状精度,降低表面粗糙度,应采用较高的转速,较小的进给量(0.1 mm/r)和较小的层进给量(0.2 mm)。

2. 装夹方案的确定

毛坯为已加工的方料,以底面和侧面定位选用虎钳夹紧(也可采用专用夹具装夹)。

3. 加工顺序和进给路线的确定

① 用面铣刀去除多余材料,具体尺寸可用参数计算得出;

② 用立铣刀进一步去除材料,同时完成平面的精加工;

③ 采用球头铣刀采用 2.5 轴联动,完成球面的精加工,并保证球面与平面的过渡 R5 mm 圆弧。

4. 刀具及切削用量的选择

(1) 选择刀具

T01 —— ϕ50 mm 的面铣刀;

T02 —— ϕ12 mm 的带端面刃的立铣刀;

T03 —— ϕ10 mm 的球头铣刀。

(2) 确定切削用量

主轴转速:粗加工时,由于刀具直径较大,转速 S 为 600 m/min;半精加工时,由于刀具直径减小,采用转速 S 为 1 200 m/min;精加工为了保证加工表面质量,考虑机床刚性,采用转速 S 为 1 500~2 000 m/min;

背吃刀量:粗加工时,a_P 取 2 mm;半精加工时,a_P 取 0.5 mm;精加工时,为保证插补形状精度,a_P 取 0.2 mm。

进给量:粗加工时,f 取 0.2 mm/r;半精加工、精加工时,f 取 0.1 mm/r。

5. 加工思路

(1) 粗加工、半精加工

因为粗加工、半精加工都采用 2.5 轴联动分层铣削的方式完成,在每层的铣削中加工走刀路线均为整圆。因要进行精加工,不用考虑加工后表面质量,为了简化编程,提高加工效率,拟定进退刀路线直接采用直线方式完成。

因为粗加工、半精加工时,每层具体的走刀尺寸均是通过参数计算得到的,并且算法相同,因此,可利用宏程序的方法,将加工过程全部写入宏程序中,粗加工、半精加工时,在选用相应的刀具后,根据上面确定的切削参数调用宏程序即可。宏程序的思路如下:

① 需要的参数及其作用

A—每层的切削深度；

B—切削进给量；

C—加工余量；

T—刀具编号（要求刀具半径补偿，长度补偿存放地址与刀具编号相同）。

② 走刀路线的确定

采用 2.5 轴联动分层铣削的方式完成，在每层的铣削中加工走刀路线均为整圆。因要进行精加工，不用考虑加工后表面质量，为了简化编程，提高加工效率，拟定进退刀路线直接采用直线方式完成。切入工件时，导入刀具半径补偿，切除工件后取消刀具半径补偿。

③ 切削点坐标的确定

如图 3.5-3 所示，不同的切削层，所加工圆的直径是不同的，可以根据式（5-1）得出具体的切削点坐标。

$$R = \sqrt{900 - (30 - a_P)^2} \tag{5-1}$$

式中，a_P 为进刀深度。

（2）精加工

精加工采用球头刀加工，因球头刀的切削点随刀具的位置不同而发生改变，故在手工编程时，不能简单地使用刀具半径补偿，而是考虑刀具中心与具体切削点的关系，直接采用刀具中心编程的方式，如图 3.5-4 所示，随刀具的 Z 向进给，根据刀具球面与工件轮廓的相切关系，可计算出 X 和 Y 方向所需的移动。

6. 工艺文件的编制

① 将所选定的刀具及其参数填入半凸球零件数控加工刀具卡片中，以便于编程和操作管理。数控加工刀具卡见表 3.5-1。

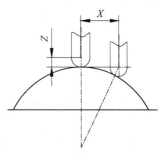

图 3.5-4　刀具中心轨迹的确定

表 3.5-1　半凸球零件数控加工刀具卡

产品名称或代号			零件名称	半凸球	零件图号	05
序　号	刀具号	刀具名称及规格	数　量	加工表面	刀尖半径/mm	备　注
1	T01	ϕ50 mm 面铣刀	1	粗加工去除材料		
2	T02	ϕ12 mm 的带端面刃的立铣刀	1	半精加工球面，精加工平面		
6	T03	ϕ10 mm 球头铣刀	1	精加工球面	5	
编制		审　核		批　准	年　月　日	共 1 页	第 1 页

② 半凸球零件数控加工工序卡见表 3.5-2。

（二）加工程序编制

因加工思路相同，将去除材料的加工统一用参数编写为宏程序（O5001），主程序在换取相应的刀具后，根据相应参数调用 O5001，完成粗加工、半精加工。精加工使用球头刀具，以球头刀中心为到位点，使用参数编程的方式，采取 2.5 轴联动完成轮廓精加工。零件的加工参考程序参见表 3.5-3 和表 3.5-4。

表 3.5 - 2　半凸球零件数控加工工序卡

数控加工工序卡			产品名称		零件名称		零件图号	
					半凸球		05	
工序号	程序编号	夹具名称	夹具编号		使用设备		车　间	
005	O0051,O5001	虎钳			三轴联动加工中心		数控实训中心	
工步号	工步内容	切削用量			刀　具		量　具	
		主轴转速 $n/$ $(r \cdot min^{-1})$	进给速度 $F/$ $(mm \cdot r^{-1})$	背吃刀量 a_p/mm	编号	名　称	编号	名　称
1	粗加工轮廓	600	0.2	2	T01	$\Phi50$ mm 面铣刀	1	游标卡尺
2	半精加工球面，精加工平面	1 200	0.1	0.5	T02	$\Phi12$ mm 的带端面刃立铣刀	1	游标卡尺
3	精加工球面	2 000	0.05	0.2	T03	$\Phi10$ mm 球头铣刀	1	样板
编制		审　核		批　准		年　月　日	共 1 页	第 1 页

表 3.5 - 3　零件程序单 1(宏程序)

零件号	01	零件名称	球面零件	编程原点	工件上平面中心
程序号	O5001	数控系统		编　制	

程序内容	简要说明
O5001;	宏程序;
G00 X－100 Y0;	快速移动到工件外;
G00 G43 Z#3 H#20;	刀具 Z 向下刀，#3 为加工后余量，在此为安全位置，#20 为刀具编号，此处为存放刀具半径和长度位置;
#10=#3;	#10 为设置的可变变量;
#10=#10－#1;	设定每次分层进给后的尺寸，#1 为每层切削量;
WHILE #10 GE (－20＋#1) DO1;	设定循环，－20＋#1 表示底面的位置(留有加工余量);
G00 Z#10;	每层 Z 向切削进刀;
#4＝SQRT(400－(20＋#10)＊(20＋#10))＋#1;	计算每层切削的 X,Y 坐标;
G95 G01 G41 X－#4 D#20 F#2;	沿 x 轴进刀，根据切削性质不同，进给量不同;
G02 I#4;	整圆走刀切削;
G01 G40 X－100;	沿 x 轴负向退刀，并取消刀具半径补偿;
END 1;	循环结束;
G00 G49 Z#3　;	Z 向抬刀到安全位置，取消刀具长度补偿;
M99;	宏程序结束。

表 3.5－4　零件程序单 2(主程序)

零件号	01	零件名称	球面零件	编程原点	工件上平面中心
程序号	O0051	数控系统		编　制	
程序内容			简要说明		

程序内容	简要说明
O0051；	主程序；
T01 M06；	换 1 号刀(面铣刀)；
M03 S600；	主轴正转,按设定转速 S 600 r/min；
G65 P6001 A2 F0.2 T1	调用宏程序,并设置参数:每层切削 2 mm、进给量为 0.2 mm/r；
G28；	刀具回参考点；
M05；	主轴停转；
T02 M06；	换 02 号刀；
M03　S1200　；	半精加工转速 S 为 1 200 r/min；
G65 P6001 A0.5 F0.1 T2	设置半精加工参数:每层切削 0.5 mm,进给量为 0.1 mm/r；
G00 X－120；	底面精加工；
G01 G43 Z－20 H02；	
G01 G41 X－100 D02 F0.1；	
#1＝100；	
WHILE #1 GE 35 DO2；	
G01 X－#1；	
G02 I#1；	
#1＝#－5；	
END 2；	
G00 G40 X－120；	
G49 Z5；	
G28；	
M05；	
T03 M06；	
M03 S2000；	
G40；	取消刀具半径补偿；
G00 G49 X－100 Z3 H03；	
#1＝0；	
WHILE #1 GE －20 DO3；	
G01 Z#1；	
#2＝SQRT(35＊35－(35＋#1)＊(35＋#1))；	圆弧进刀；
G01 X[－#2－10] Y－10；	切削球面；
G03 X[－#2] Y0 R10 F0.1；	圆弧退刀；
G02 I#2；	
G02 X[－#2－10] Y10；	
#1＝#1－0.2；	
END 3；	
G00 G49 Z3；	
G28；	
M05；	
M30；	

小　结

本项目需完成球面底座的加工。铣削加工的一个重要任务就是去除多余材料,而采用数控铣削进行粗加工的目的就是如何尽量提高金属切除率。

本项目的第二项任务为切削空间曲面。对于手工编程而言,本项目采用宏程序编程方式,使用 2.5 轴坐标联动,即在 XOY 平面内进行形状插补,刀具沿 Z 轴进刀实现空间曲面切削。XOY 平面的运动轨迹以及 Z 轴进刀位置的各坐标点位置均采用参数计算得到。为此,本项目讲述了变量编程,以及 B 类宏程序在数控铣床(加工中心)中的应用,本项目再次用到了变量及变量的引用、变量的控制及运算指令、转移和循环语句、用户宏程序功能 B 的编程方法和宏程序的调用,要求读者了解宏程序的应用场合、变量的概念,熟悉转移和循环语句,掌握宏程序的调用。

思考与习题

一、简答题

如何进一步提高本项目中宏程序 O5001 的通用性?(即当遇到其他半径的球面、不同的球面高度等,同样可以通过设置参数调用同一宏程序完成)

二、项目训练题

1. 圆弧分布的孔型的加工。编写如图 3.5 - 5 所示零件加工程序。

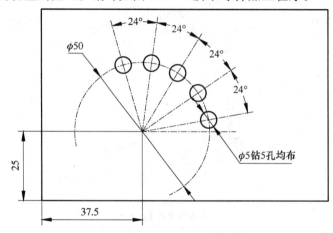

图 3.5 - 5　项目训练题 1

2. 圆柱型腔的加工。编写如图 3.5 - 6 所示零件加工程序。

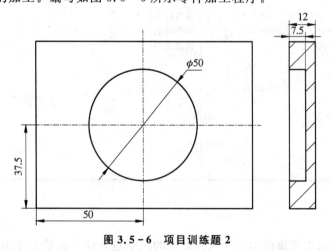

图 3.5 - 6　项目训练题 2

项目六　零件综合加工工艺设计及编程

【知识目标】

① 会识读零件图,能从三视图的对应关系中,正确构建零件的立体几何形状;

② 分析零件图样,综合利用所学知识正确制定工艺方案,合理安排走刀路线及加工工序;

③ 掌握数控系统各项指令的编程格式及正确的应用方法;

④ 掌握综合类零件型腔、沟槽、钻孔、攻丝和镗孔等轮廓加工程序的手工编制方法。

【能力目标】

① 能正确使用寻边器和 Z 轴设定器等进行对刀,建立工件坐标系;

② 能分析加工零件的结构特点和加工的技术要求;

③ 能根据零件的工艺性能,正确选择设备、刀具、夹具与切削用量,编制数控加工工艺卡片;

④ 能使用数控系统的基本指令和编程技巧正确编制零件的数控加工程序;

⑤ 能正确运用数控系统仿真软件,校验编写的零件数控加工程序,并虚拟加工零件。

一、项目导入

数控镗铣加工是机械加工中最常用和最主要的数控加工方法之一,不但能够进行铣削、钻削、镗削及攻螺纹等加工,还能铣削普通镗铣床不能铣削的需 2～5 坐标轴联动进行加工的各种平面轮廓和立体轮廓。由于工序集中安排,缩短了工件的装夹、测量和机床调整时间等,也缩短了工序之间的工件周转、搬运和存放时间,缩短了生产周期,提高了经济效益。

如图 3.6－1 所示为铣削、钻削、镗削和攻丝复合体的镶块工件,毛坯外形尺寸为 160 mm×120 mm×40 mm,材料为 45♯调质钢,除上表面以外的其他表面均已加工符合技术要求,要求正确选择工件的定位夹紧方案、切削刀具及切削用量,制定合理的工艺方案。编写零件的数控加工程序,并通过数控仿真加工调试、优化程序。

二、相关知识

(一) 平面铣削

铣削时因条件限制所选用的圆柱形铣刀的宽度或端铣刀的直径会影响加工效率和产品质量。粗加工因粗铣切削力大,应选较小直径铣刀以减小切削扭矩。精加工时铣刀直径要大些,尽量包容工件整个加工宽度,以提高加工精度和效率,并减小相邻两次进给之间的接刀痕迹。

(二) 内、外轮廓面铣削

在加工零件内外轮廓时,一般采用立铣刀侧刃切削。刀具切入、切出工件时,应沿工件轮

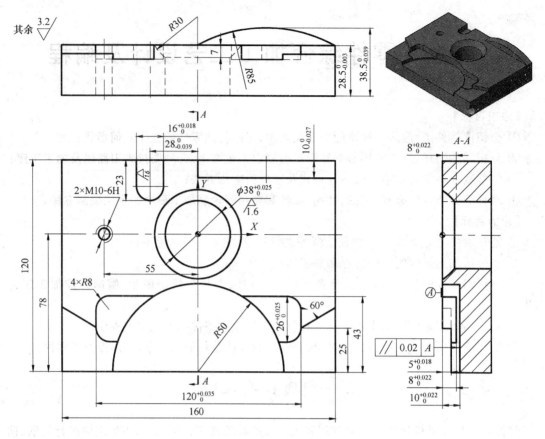

图 3.6-1　镶块零件图样

廓的切线方向切入或切出,以保证加工后外轮廓完整平滑,否则将会在切入和切出处产生痕迹,影响外轮廓的表面质量。如图 3.6-2 所示为内、外圆轮廓铣削的路线。

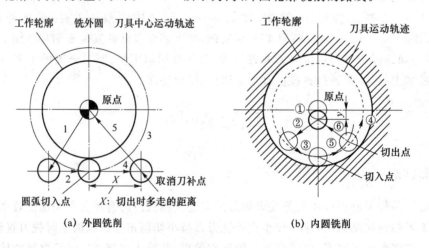

(a) 外圆铣削　　　　　　　　　　　　　　(b) 内圆铣削

图 3.6-2　内、外轮廓铣削走刀路线示意图

① 直线切入或切出:如图 3.6-2(a)所示,是最简单的一种进、退刀方法;

② 圆弧切入或切出:如图 3.6-2(b)所示,加工效果好,适用范围广,但编程比直线进刀方

式稍复杂,需设计辅助的切入和切出圆弧。

注意:

① 整圆铣削加工时必须用 I、J、K 指定圆心位置,不能用 R 编写加工程序段。

② 立铣刀半径 R 的选择与最小内凹曲率半径值 ρ 有关,刀具半径 $R \leqslant (0.8 \sim 0.9)\rho$。

③ 精加工半径补偿量＝刀具半径±微调值。

④ 轮廓最终的精加工路线需一次走刀完成,加工过程中刀具半径补偿宜采用左补偿,有利于零件加工质量的提升。

(三) 二维型腔区域的铣削

1. 二维型腔区域的铣削方式

型腔的切削分两步:第一步切内腔;第二步切轮廓。切削内腔区域时,主要采用行切和环切两种走刀路线,其共同点是都要切净内腔区域的全部面积,不留死角,不伤轮廓,同时尽量减少重复走刀的搭接量(如图 3.6 - 3 所示);另外型腔加工还可采用行切和环切的混合法,先用行切法切去中间部分余量,再用环切法沿轮廓走一刀,这样既能缩短总的进给路线,又能获得较好的表面粗糙度。

(a) 行　切　　　　　　　　(b) 环　切

图 3.6 - 3　二维型腔区域加工走刀路线

型腔切削尽管采用大直径刀具可以获得较高的加工效率,但对于形状复杂的二维型腔,若采用大直径的刀具将会产生大量的欠切削区域,需进行大量的后续加工处理;而若采用小直径的刀具则会降低加工效率。因此,一般提倡大直径与小直径刀具混合使用的方案。轮廓的铣削参见内、外轮廓面铣削。

2. 型腔轮廓加工的进刀方式

对于封闭的型腔零件的加工,下刀方式主要有直接下刀法、螺旋下刀法和斜线下刀法3 种。

(1) 直接下刀法

① 对于小面积切削和零件表面粗糙度要求不高的情况,可使用键槽铣刀直接垂直下刀并铣削。

② 对于大面积切削和零件表面粗糙度要求较高的情况,一般采用立铣刀铣削加工,但常需先用键槽铣刀或钻头离开轮廓边缘部位垂直进刀,预钻引刀孔,再换多刃立铣刀加工型腔。

(2) 螺旋下刀法

螺旋下刀(如图 3.6 - 4 所示)是现代数控加工应用较为广泛的下刀方式,下刀时通过刀片的侧刃和底刃切削,避开了刀具中心无切削刃部分与工件的干涉,轴向力较小。模具制造行业中应用最为常见。

① 优点:避开刀具中心无切削刃部分与工件的干涉。

② 缺点:切削路线较长,不适合加工较狭的型腔。

(3) 斜线下刀法

刀具快速下到加工表面上1个距离后,改为与工件表面成一角度的倾斜方向,以斜线的方式切入工件来达到 Z 向进刀的目的,如图3.6-5所示,通常用于宽度较小的长条型腔加工。

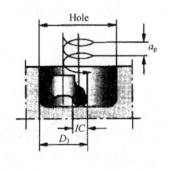

图 3.6-4　螺旋下刀

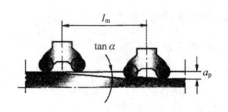

图 3.6-5　斜线下刀

斜线下刀的参数:斜线下刀的起始高度(距加工面上方0.5~1 mm)、切入斜线的长度(视型腔空间的大小及铣削深度来确定)、切入和反向切入的角度(一般选5°~200°)。

注意:加工带有孤岛的挖腔工件编制程序时,需注意以下几个问题。

① 刀具要足够小,尤其用改变刀具半径补偿的方法粗、精加工时,要保证刀具不碰到型腔外轮廓及孤岛轮廓。

② 在加工过程中如果在孤岛和边槽或2个孤岛之间出现残留余量无法自动去除,可采用手动方法除去。

(四) 孔加工

1. 孔加工的主要方法

(1) 点　孔

点孔的加工由中心钻完成,主要用于精度较高孔的位置确定和引导钻头钻孔时轴线与平面保证垂直。由于中心钻的直径较小,加工时主轴的转速不得低于1 000 r/min。

(2) 钻　孔

钻孔是用钻头在工件实体材料上加工孔的方法。钻孔最常用的刀具是麻花钻,可加工孔的直径范围为 $\phi 0.1$ mm~$\phi 100$ mm。广泛用于孔的粗加工,也可作为不重要孔的最终加工。

(3) 扩　孔

扩孔是用扩孔钻对工件上已有孔进行扩大的加工方法,扩孔钻有3~4个主切削刃,没有横刃,导向性和刚性较好,常用于已有预加工底孔的扩大,可作为精度要求不高孔的最终加工或绞孔、磨孔前的预加工。常用于直径为 $\phi 10$ mm~$\phi 100$ mm的孔的加工,扩孔加工余量为0.4~0.5 mm。

(4) 锪　孔

锪孔是利用锪钻或锪刀刮平孔的端面或切出沉孔的方法,通常用于加工螺钉的沉头孔、锥孔和小凸台面等。

（5）铰　孔

铰孔是利用铰刀从工件孔壁上切削微量金属层，适用于中小直径孔的半精加工和精加工，铰孔前，工件应经过钻孔、扩孔等加工。

（6）镗　孔

镗孔是利用镗刀对工件上已有尺寸较大孔的加工，特别适合于加工分布在同一表面或不同表面上的孔距和位置精度要求较高的孔系。

（7）铣　孔

铣孔适合单件产品或出现频率较低的较大尺寸孔的加工，对于高精度机床，铣孔可以代替铰削或镗削。

2. 孔加工常用的方案

① 对于直径小于 $\phi30$ mm 无底孔的孔加工，通常采用锪平端面—打中心孔—钻孔—扩孔—孔口倒角—铰孔的加工方案；对有同轴度要求的小孔，需采用锪平端面—打中心孔—钻孔—半精镗孔—孔口倒角—精镗（或铰）的加工方案。

② 对于直径大于 $\phi30$ mm 的已铸出或锻出毛坯孔的孔加工，一般采用粗镗—半精镗—孔口倒角—精镗的加工方案。

③ 孔径较大的可选用铣刀粗铣—精铣加工方案。

（五）螺纹加工

① 螺纹加工主要方法：攻螺纹、铣螺纹。

② 螺纹加工方法的选择。内螺纹的加工方法根据孔径的大小来选择：一般情况下，M6～M20 之间的螺纹，常在机床上采用丝锥攻螺纹的方法加工；M6 以下的螺纹，因为在加工中心上攻螺纹丝锥容易折断，可在加工中心上完成底孔的加工，再通过其他的手段加工螺纹；M20 以上的内螺纹，可采用铣削（或镗削）加工。外螺纹可进行铣削加工。

三、项目实施

（一）加工工艺分析

1. 零件图工艺分析

如图 3.6－1 所示加工的零件，工件复杂程度一般，但各被加工部分的尺寸精度、形位公差和表面粗糙度等要求较高。包含的加工要素分别有平面、圆弧轮廓表面、内外轮廓、球面、圆柱表面、凹槽和螺纹，且大部分尺寸精度均达到 IT8～IT7 级，重要表面的粗糙度要求不大于 Ra 1.6 μm。

2. 确定装夹方案

工件毛坯形状规则，4 侧面及底平面已经过预加工达到图示要求，直接选用机械或液压平口虎钳。用钳口夹持长度尺寸 160 mm 的两侧面，保证工件上表面高出钳口，为防止铣削工件时伤及虎钳，须在虎钳定位基面加等高垫铁以提升工件装夹高度。

3. 确定加工顺序及走刀路线

工件的基准面 A 非常重要，它的精确关系到诸多要素的加工精度，编程时以工件上表面（基准面 A)为刀具长度补偿后的 Z 向坐标零点,工件上中间 $\phi 38$ mm 孔的中心位置为 XOY 零点。

加工要保证 X、Y 轴零件点找正,平口钳一定要夹紧工件,刀具长度补偿利用 Z 轴定位器设定,利用刀具半径补偿功能来区分粗、精加工,并利用系统的子程序和宏程序功能简化编程。

加工顺序及走刀路线安排如下:

① 铣上平面(保留零件右后方 80 mm×10 mm,高 38.5 mm,R85 mm 的凸圆弧处不加工)。

a. 粗铣上平面;

b. 精铣上平面,保证尺寸 $28.5^{0}_{-0.033}$ mm。

② 加工 R50 mm 凹圆弧槽;

③ 加工深 5 mm 凹槽;

④ 粗加工宽 $26^{+0.025}_{0}$ mm 凹槽;

⑤ 粗加工宽 $16^{+0.018}_{0}$ mm 凹槽;

⑥ 粗加工 R85 mm 圆弧凸台侧面与表面;

⑦ 钻 $\phi 38^{+0.025}_{0}$ mm 孔至 $\phi 16$ mm;

⑧ 扩 $\phi 38^{+0.025}_{0}$ mm 孔至 $\phi 35$ mm;

⑨ 精加工宽 $26^{+0.025}_{0}$ mm 凹槽至图纸要求;

⑩ 精加工宽 $16^{+0.018}_{0}$ mm 凹槽至图纸要求;

⑪ 精加工 R85 mm 圆弧凸台侧面与表面至图纸要求;

⑫ 粗镗 $\phi 38^{+0.025}_{0}$ mm 孔至 $\phi 37.5$ mm;

⑬ 精镗 $\phi 38^{+0.025}_{0}$ mm 孔至图纸要求;

⑭ 钻 M10 mm 螺纹底孔到 $\phi 8.5$ mm;

⑮ 攻螺纹 M10 mm 至图纸要求;

⑯ 铣孔口 R30 mm 圆角至图纸要求。

4. 刀具及切削用量的选择

上表面的加工,选择 $\phi 80$ mm 可转位硬质合金刀片端铣刀粗、精铣;选择 $\phi 25$ mm 三刃立铣刀,粗加工 R50 mm 凹圆弧槽及加工深 5 mm 凹槽;选择 $\phi 11.8$ mm 三刃立铣刀,粗加工宽 $26^{+0.025}_{0}$ mm、$16^{+0.018}_{0}$ mm 凹槽及 R85 mm 圆弧凸台侧面与表面;$\phi 8.5$ mm、$\phi 16$ mm、$\phi 35$ mm 高速钢整体麻花钻;M10 mm 机用铰刀;硬质合金可转位镗刀 $\phi 37.5$ mm 粗镗刀、$\phi 38$ mm 精镗刀。刀具及切削参数的选择详见表 3.6-1。

5. 填写工工艺文件

安排的加工工步、加工内容、刀具规格和切削参数见表 3.6-1,注意,西门子系统规定一把刀具可以匹配 1~9 个不同数值的刀具补偿,刀具补偿指令 D 可同时用于长度和半径补偿。

6. 绘制数控加工走刀路线图

在镗铣削加工中,由于走刀路线较为复杂,为了防止刀具在运动中与夹具、工件等发生意外碰撞,需设法告诉操作者编程中的刀具运动路线,使操作者在加工前就有所了解,计划好夹紧位置及控制好夹紧元件的高度,避免事故的发生;同时走刀路线图有利于编程人员程序的编写和分析。如图 3.6-6 所示为铣削工件顶面走刀图线图。如图 3.6-7 所示为铣 R50 mm 及两侧 60°斜槽走刀路线图。

表 3.6 - 1 加工工艺卡

加工步骤		刀具与切削参数					
		刀具规格	主轴转速 /	进给速度 /	背吃刀量/	刀具补偿	
序号	工步内容	类型	(r·min⁻¹)	(mm·min⁻¹)	mm	长度	半径
1	粗加工表面 A	φ80 mm 端铣刀	450	200	2.8	H1/T1	D1
2	精加工表面 A		800	160	0.3		
3	加工 R50 mm 凹圆弧槽	φ25 mm 粗齿三刃立铣刀	300	75	0.2/5	H2/T2	D2
4	加工深 5 mm 凹槽						
5	粗加工 26 mm 凹槽	φ14 mm 粗齿三刃立铣刀	600	80	0.2/4	H3/T3	D3/7.2 mm
6	粗加工 16 mm 凹槽						
7	粗加工 R85 mm 圆弧凸台侧面						
8	粗加工 R85 mm 圆弧凸台表面						
9	钻中间位置孔	φ16 mm 直柄麻花钻	550	80	8	H4/T4	
10	扩中间位置孔	φ35 mm 锥柄麻花钻	150	20		H5/T6	
11	精加工 26 mm 凹槽	φ12 mm 细齿四刃立铣刀	800	100	0	H6/T6	D6/5.99 mm
12	精加工 16 mm 凹槽						
13	精加工 R85 mm 圆弧凸台侧面						
14	精加工 R85 mm 圆弧凸台表面			1 000			
15	粗镗孔 φ37.5 mm	φ37.5 mm 粗镗刀	850	80	1.25	H7/T7	
16	精镗孔 φ38 mm	φ38 mm 粗镗刀	1 000	40	0.5	H8/T8	
17	钻螺纹底孔	φ8.5 mm 钻头	600	35	4.25	H9/T9	
18	攻螺纹 M10 mm	M10 机用丝锥	100	150		H10/T10	
19	孔口 R5 mm 倒角	φ14 mm 粗齿三刃立铣刀	800	1 000		H3/T3	D3

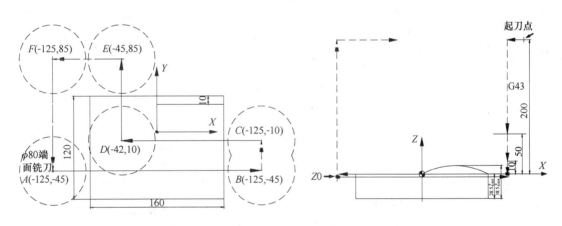

图 3.6 - 6 铣削工件顶面走刀路线图

在图 3.6 - 7 中:刀具在换刀位置快速下降至 Z 零件平面上方 50 mm 处,移动过程中完成刀具长度补偿的建立,快速移动至 A 点,降至 Z 零平面,调用 1 号子程序 2 次完成 R50 mm 轮廓的铣削。铣削路线:A—B—C—D—E—F—G—H,H 点抬刀具至 Z 零平面上方 5 mm 处,完成 R50 mm 圆弧的加工任务。快速移动刀具至右侧面 60°斜槽角的铣削起点 I 点,并下刀至铣削深度 Z 零平面下方 5 mm,具体走刀路线:I—J—K—L,L 处抬至 Z 零平面上方 5 mm 处,让刀具快速移动至左侧面 60°斜槽角的铣削起点 M 点,并下刀至铣削深度 Z 零平面下方 5 mm,具体走刀路线:M—N—P—Q,并在 Q 点抬刀至换刀高度,完成两侧斜槽的粗加工,留 0.2 mm 的精加工余量。铣 26 mm、16 mm 宽,8 mm 深槽及 R85 mm 圆弧走刀路线图,如图3.6 - 8所示。

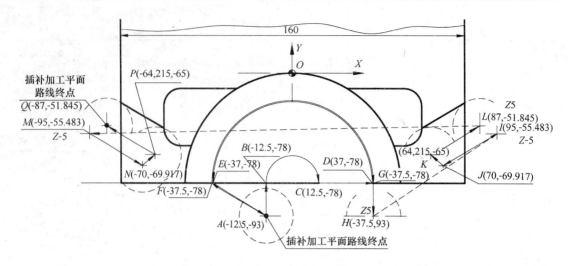

图 3.6 - 7 铣 R50 mm 及两侧 60°斜槽走刀路线图

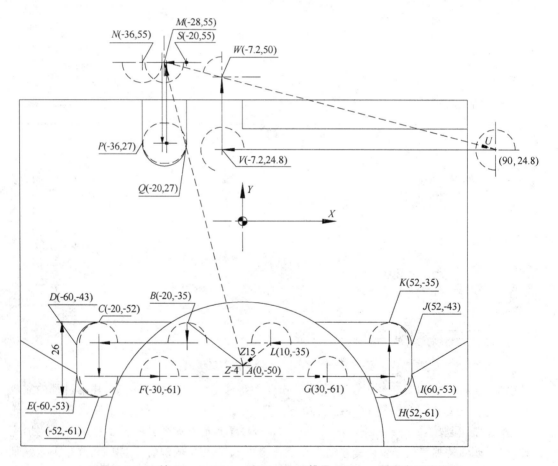

图 3.6 - 8 铣 26 mm、16 mm 宽, 8 mm 深槽及 R85 mm 圆弧走刀路线图

如图 3.6 - 8 所示,刀具在换刀位置快速下降至 Z 零件平面上方 50 mm 处,移动过程中完成刀具长度补偿的建立,快速移动至 A 点,降至 Z 零平面,调用 3 号子程序 2 次,完成宽 26 mm,深 8 mm 槽的粗加工。铣削路线:A—B—C—D—E—F—G—H—I—J—K—L—A,

在 A 点抬刀至 Z 零平面上方 16 mm 处,快速移动刀具至 M 点,并下刀至铣削深度 Z 零平面,调用 4 号子程序 2 次,完成宽 16 mm,深 8 mm 槽的粗加工,具体走刀路线:M—N—P—Q—S—M,M 处抬刀至 Z 零平面上方 15 mm 处;快速移动刀具至 U 点,并在该点下刀至 Z 零平面,完成 $R85$ mm×10 mm 的凸台加工,具体走刀路线:U—V—W,各加工轮廓表面均留 0.2 mm 的精加工余量。

(二) 加工程序编制

请参考表 3.6-2 中的内容和注释。

表 3.6-2　FANUC 0i 系统的加工程序

参考程序内容		注　释
	O1000;	主　程　序
N1	G54 G90 G17 G71 G94 G49 G40;	安全程序段系统默认状态初始化;选择工件坐标系,XY 插补平面绝对编程,进给率单位为 mm/min,取消长度补偿和半径补偿
N2	M03　S450;	采用 ϕ80 mm 端铣刀粗加工表面 A,调用 4 次 1 号子程序
N3	G00 G43 Z50 H1;	
N4	X−125 Y−45;	
N5	Z10;	
N6	M98 P40001 F200;	
N7	G00 Z200;	
N8	M05;	
N9	M01;	
N10	M03　S800;	精加工表面 A,调用 1 号子程序
N11	G00 X−125 Y−45 M08;	
N12	Z5;	
N13	M98　P1　F160;	
N14	G00 Z200 M09;	
N15	M05;	
N16	M01;	程序暂停(更换 ϕ25 mm 立铣刀)
N17	M03　S300;	铣削 $R50$ mm 深 10 mm 圆弧凹槽至图示技术要求,连续调用 2 号子程序 2 次,每次铣削深度为 5 mm
N18	G00　G43 Z50　H2;	
N19	X−12.2　Y−93　M08;	
N20	Z0;	
N21	M98 P20002;	
N22	G01 X−37.5　Y78　F75;	
N23	G02　X37.5　R37.5;	
N24	G01　Y−93;	
N25	G00　Z5;	

参考程序内容		注 释	
N26	X95　Y－55.483；	右侧轮廓加工程序	用 $\phi25$ mm 立铣刀加工两侧 60°、深 5 mm 斜槽，槽形轮廓留 0.2 mm 的精加工余量
N27	Z－5；		
N28	G01 X70　Y－69.917；		
N29	X64.215　Y－65；		
N30	X87 Y－51.845；		
N31	G00 Z5；		
N32	X－95 Y－55.367；	左侧轮廓加工程序	
N33	Z－5；		
N34	G01 X－70 Y－69.917；		
N35	X－64.215　Y－65；		
N36	X－87　Y－51.845；		
N37	G00　Z150 M09；		
N38	M05；		
N39	M00；	程序暂停(更换 $\phi14$ mm 立铣刀)	
N40	M03　S600 ；	调用 3 号子程序 2 次，粗加工宽 26 mm，深 8 mm 凹槽轮廓，留 0.2 mm 精加工余量，$\phi14$ mm 立铣刀半径补偿 D3＝7.2 mm	
N41	G00　G43　Z50　H03；		
N42	X0　Y－50 M08；		
N43	Z0；		
N44	G41　G01　X－20　Y－35　D03　F80；		
N45	M98　P20003；		
N46	G00　Z15；		
N47	G40　X－28　Y55；		
N48	Z0；	调用 4 号子程序 2 次，粗加工宽 16 mm，深 8 mm 凹槽轮廓，留 0.2 mm 精加工余量，$\phi14$ mm 立铣刀半径补偿 D3＝7.2 mm	
N49	G01　G41　X－36　Y55　D3；		
N50	M98　P2004；		
N51	G00　Z15；		
N52	G40　X90　Y24.8；		
N53	Z0；	粗加工 $R85$ mm 圆弧凸台侧面，粗加工 $R85$ mm 圆弧凸台表面轮廓，留 0.2 mm 精加工余量，$\phi14$ mm 立铣刀半径补偿 D3＝7.2 mm	
N54	G01　X－7.2；		
N55	X50；		
N56	G01　X－7.423；		
N57	Y37；		
N58	G18　G03　X33　Z10.2　R85.2；		
N59	G01　X47；		
N60	G03　X87.423　Z0　R85.2；		
N61	G17　G00　Z200　M09；		
N62	M05；		
N63	M00；	程序暂停(更换 $\phi16$ mm 麻花钻)	
N64	M03　S550；	钻 $\phi38$ mm 中间位置孔至 $\phi16$ mm	
N65	G00　G43　Z50　H4；		
N66	X0　Y0 M08；		
N67	G98 G83 X0 Y0 Z－35 Q5 R2 F80；		
N68	G00 Z150 M09；		
N69	M05；		

参考程序内容		注 释
N70	M00；	程序暂停(更换 φ35 mm 麻花钻)
N71	M03 S150；	
N72	G00 G43 Z50 H05；	
N73	X0 Y0 M08；	扩 φ38 mm 中间位置孔至 φ35 mm
N74	G98 G83 X0 Y0 Z−40 Q5 R2 F20；	
N75	G00 Z200 M09；	
N76	M05；	
N77	M00；	程序暂停(更换 φ12 mm 立铣刀)
N78	M03 S800；	
N79	G00 G43 Z150 H06；	
N80	X0 Y−50 M08；	调用 3 号子程序 2 次,精加工宽 26 mm,深 8 mm 凹槽轮廓至
N81	Z0；	尺寸要求,φ12 mm 立铣刀半径补偿 D6=5.99 mm
N82	G41 G01 X−20 Y−35 D06 F100；	
N85	M98 P20003；	
N86	G00 Z15；	
N87	G40 X−28 Y55；	
N88	Z0；	调用 4 号子程序 2 次,精加工宽 16 mm 深 8 mm 凹槽轮廓至尺
N89	G01 G41 X−36 D06；	寸要求,φ12 mm 立铣刀半径补偿 D6=5.99 mm
N90	M98 P20004；	
N91	G00 Z15；	
N92	G40 X100 Y26；	
N93	Z0；	
N94	G01 X−6；	
N95	Y50；	
N96	X−6 Y42；	
N97	#1=42；	
N98	#2=32；	精加工 R85 mm 圆弧凸台侧面,精加工 R85 mm 圆弧凸台表
N99	#3=#1−0.025；	面,精加工 R85 mm 圆弧凸台表面是在 XZ 平面上铣 R85 mm
N100	G01 X−6 Y[#1] F1000；	圆弧表面,刀具半径补偿 D6=5.99 mm
N101	G18 G03 X34 Z10 R85；	#1:Y 轴起始值
N102	G01 X46；	#2:Y 轴终止值
N103	G03 X86 Z0 R85；	#3:Y 轴移动值 #1=#1−0.05 表示 Y 方向步距增量
N104	G01 Y[#3]；	为0.05 mm
N105	G02 X46 Z10 R85；	
N106	G01 X34；	
N107	G02 X−6 Z0 R85；	
N108	#1=#1−0.05；	
N109	IF[#1GE#2]GOTO101；	
N110	G17 G00 Z150 M09；	
N111	M05；	

参考程序内容		注　释
N112	M00;	程序暂停(更换 ϕ37.5 mm 粗镗刀)
N113	M03 S850 ;	粗镗 ϕ38 mm 孔至 ϕ37.5 mm
N114	G00 G43 Z150 H07	
N115	X0 Y0 M08;	
N116	G98 G85 X9 Y0 Z－30 R2　F80;	
N117	G00 Z150 M09;	
N118	M05;	
N119	M00;	程序暂停(更换 ϕ38 mm 精镗刀)
N120	M03 S1000;	精镗孔 ϕ38 mm 至图示尺寸要求
N121	G00 G43 Z150 H08;	
N122	X0 Y0 M08;	
N123	G98 G86 X0 Y0 Z－30 Q0.2 R2 F40;	
N124	G00 Z150 M09;	
N125	M05;	
N126	M00;	程序暂停(更换 ϕ8.5 mm 钻头)
N127	M03 S600;	钻螺纹底孔 ϕ8.5 mm
N128	G43 G00 Z50 H09;	
N129	X0 Y0 M08;	
N130	G98 G83 X－55 Y0 Z－35 Q5 R2 F80;	
N131	G00 Z150 M09;	
N132	M05;	
N133	M00;	程序暂停(更换 M10 机用丝锥)
N134	M03 S300;	攻螺纹 M10
N135	G43 G00 Z50 H10 M08;	
N136	X0 Y0;	
N137	G98　G84 X－55 Y0 Z－35 R5 F150;	
N138	G00 Z200 M09;	
N139	M05;	
N140	M00;	程序暂停(更换 ϕ14 mm 立铣刀)
N141	M03 S800;	孔口 R30 mm 圆角采用宏程序加工,沿 Z 轴方向一圈一圈向下走刀,每圈层降 0.02 mm
N142	G43 G00 Z50 H3;	
N143	X0 Y0 M07;	
N144	Z0;	
N145	G01 X18.239 F100;	
N146	＃1＝0;	＃1: Z 轴起始深度
N147	＃2＝－7;	＃2: Z 轴终止深度
N148	＃3＝16.216－＃1;	＃3: Z 向数值表达式
N149	＃4＝SQRT[30＊30－＃3＊＃3];	＃4: X 向数值表达式
N150	＃5＝＃4－7;	＃5: X 向数值表达式
N151	G01 X[＃5] Y0 Z[＃1] F1200;	
N152	G02 I[－＃5] J0;	
N153	＃1＝＃1－0.02;	
N154	IF[＃1GE＃2]GOTO150;	
N155	G00 G49 Z200;	
N156	M30;	

参考程序内容	注 释
O1	子程序 1
N1 G91 G01 Z-2.4;	
N2 G90 X125;	
N3 G00 Y-10;	
N4 G01 X-42;	基准面 A 的加工程序,等高加工,每次吃刀量 a_p 为 2.4 mm
N5 Y85;	
N6 G00 X-125;	
N7 Y-45;	
N8 M99;	
O2	子程序 2
N1 G91 G01 Z-5 F75;	
N2 G90 Y-78;	
N3 G02 X12.2 R-12.2;	R50 mm 凹圆弧槽的粗加工程序,等高分层切削,每层下降
N4 G01 X37;	5 mm
N5 G03 X-37 R-37;	
N6 G01 X-12.2 Y-93 F200;	
N7 M99;	
O3	子程序 3
N1 G91 G01 Z-4;	
N2 G90 G01 X-52;	
N3 G03 X-60 Y-43 R8;	
N4 G01 Y-53;	
N5 G03 X-52 Y-61 R8;	
N6 G01 X-30;	
N7 G00 X30;	宽度 26 mm 凹槽的 XOY 方向的平面轮廓铣削程序
N8 G01 X52;	
N9 G03 X60 Y-53 R8;	
N10 G01 Y-43;	
N11 G03 X52 Y-35 R8;	
N12 G01 X10;	
N13 G00 X0 Y-50;	
N14 M99;	
O4	子程序 4
N1 G91 G01 Z-4;	
N2 Y27;	
N4 G03 X-20 R8;	宽度 16 mm 凹槽的 XOY 方向的平面轮廓铣削程序
N5 G01 Y55;	
N6 G00 X-28;	
N7 M99;	

（三）仿真加工

① 进入数控铣仿真软件并开机；

② 机床回零；

③ 输入加工程序；

④ 调用程序；

⑤ 安装工件并确定编程原点；

⑥ 装刀并设置刀具参数；

⑦ 自动加工；

⑧ 测量工件；

⑨ 退出数控仿真软件。

小　结

本项目以一较复杂的典型零件为案例，将数控铣削中常用的各种加工手段做了一个综述，涉及的加工内容包括平面、内外轮廓、二维型腔、孔和螺纹等，运用的编程指令有单段移动、固定循环和宏程序等，是对前面所学的数控加工工艺知识和编程技巧的一次综合应用。

思考与习题

一、简答题：

综合类零件的加工，设置加工路线时应注意哪些问题？刀具半径补偿的应用有哪些技巧和注意事项？

二、项目训练题：

1. 如图 3.6-9 所示为一个凸台外轮廓的零件图，毛坯为 $\phi80$ mm×30 mm 棒料，工件上下表面已经加工，其尺寸和粗糙度等要求均已符合图纸规定，材料为 45♯钢。

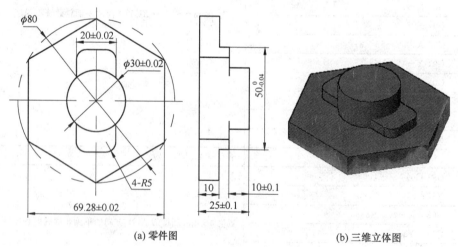

(a) 零件图　　　　　　　　　　　　(b) 三维立体图

图 3.6-9　外凸台零件图及三维立体图

2. 如图 3.6-10 所示为十字凹槽工件的零件图，毛坯为 120 mm×120 mm×25 mm，工件上下表面已经加工,其尺寸和粗糙度等要求均已符合图纸规定,材料为45♯钢。

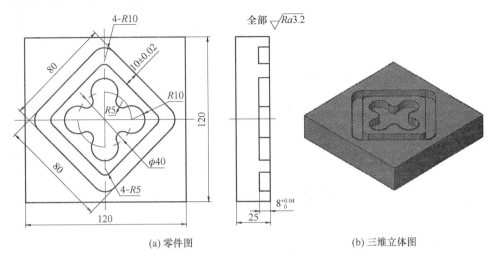

(a) 零件图　　　　　　　　　　(b) 三维立体图

图 3.6 - 10　十字凹槽零件图及三维立体图

3. 如图 3.6 - 11 所示为垫板零件图,毛坯为 180 mm×160 mm×25 mm,工件上下表面已经加工,其尺寸和粗糙度等要求均已符合图纸规定,材料为 45♯钢。

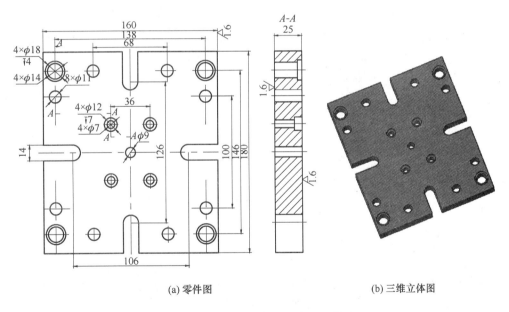

(a) 零件图　　　　　　　　　　(b) 三维立体图

图 3.6 - 11　垫板零件图及三维立体图

参 考 文 献

［1］余英良. 数控加工编程及操作［M］. 北京：高等教育出版社，2005.
［2］蒋建强. 数控加工技术与实训［M］. 北京：电子工业出版社，2006.
［3］杨伟群. 数控工艺培训教程［M］. 北京：清华大学出版社，2002.
［4］朱明松. 数控车床编程与操作项目教程［M］. 北京：机械工业出版社，2008.
［5］朱明松. 数控铣床编程与操作项目教程［M］. 北京：机械工业出版社，2007.
［6］张美荣. 数控机床操作与编程［M］. 北京：北京交通大学出版社，2010.
［7］吴新佳. 数控加工工艺与编程［M］. 北京：人民邮电出版社，2009.
［8］冯志刚. 数控宏程序编程方法、技巧与实例［M］. 北京：机械工业出版社，2007.
［9］陈洪涛. 数控加工工艺与编程［M］. 北京：高等教育出版社，2009.
［10］庞浩. 数控加工工艺［M］. 北京：北京理工大学出版社，2007.
［11］顾京. 数控加工编程与操作［M］. 北京：高等教育出版社，2003.
［12］刘战术. 数控机床与加工实训［M］. 北京：人民邮电出版社，2006.
［13］韩鸿鸾. 数控铣工/加工中心操作工（中级）［M］. 北京：机械工业出版社，2008.
［14］周晓宏. 数控车床操作技能考核培训教程（中级）［M］. 北京：中国劳动社会保障出版社，2005.
［15］王信友. 数控加工与编程［M］. 北京：北京交通大学出版社，2010.